世界

朱月华 · 墨刻编辑部——编

世界图书出版公司

北京·广州·上海·西安

伟大建筑奇迹

世界伟大建筑奇迹

2 发现伟大建筑奇迹

10 埃及古文明建筑艺术

44 前哥伦布时期中美洲文明建筑艺术

世界伟大建筑奇迹目录

GREAT ARCHITECTURAL WONDERS

60 欧美及基督文明建筑艺术及扩展

发现伟

谈起纽约，会自然想到手举火炬的自由女神像；
提起悉尼，便想到贝壳形状的歌剧院；至于埃及的金字塔、罗马的圆形竞技场、希腊的神庙……
更是文明与建筑永远分割不开的印记。每个时代，每一个地方，每一座城市，
总有一种代表性建筑，它不仅反映当地的历史经历，更是该地文明的象征。

大建筑奇迹

各类型世界文明建筑艺术

在旅行中，首先能对旅人产生视觉冲击的人类文化成就，非建筑艺术莫属。通过建筑的三度空间，可以带领你穿越几千年的人类文明历史演进；通过建筑结构与形式，可以进而了解不同文明对于建筑物的不同思考。

建筑的发展始于文明之初，随着地域、种族、气候、信仰、生活方式不同，人类逐渐发展出属于自己文明的脉络，然后通过征战、交流、传播，站稳世界建筑舞台。

埃及文明首先上场，在公元前近三千年的历史里，创造出金字塔、方尖碑、神庙等巨型建筑，方石、圆柱、轴线式设计的神庙建筑开世界建筑的先河，当古老文明走到尽头，地中海另一端的古希腊文明代之而起。

爱琴海是欧洲文明的起源，接下来的两千多年岁月，欧洲建筑领导了世界建筑潮流。从古希腊、古罗马，到基督教兴起之后，基督文明主宰整个欧洲建筑、绘画、音乐艺术的发展。世界各大文明中，唯独欧洲建筑具有清楚的发展脉络，古典时期、拜占庭时期、仿罗马式、哥特式、文艺复兴式、巴洛克式、洛可可式、古典主义、历史主义、新艺术、当代建筑……每个时期的风格与形式都有一套清楚完整的论述。16世纪之后，随着地理大发现，帝国殖民主义兴起，所谓的欧洲风格遍布全球，直到现代，欧洲文明仍然是世界建筑的主流。

除了基督文明之外，以宗教信仰为前提而发展出来的建筑艺术还包括印度教、佛教及伊斯兰教。佛教诞生于公元前6世纪，伊斯兰教则直到公元7世纪才诞生，尽管没有埃及历史悠久，但两者的建筑形式，多少都各自融合了印度次大陆以及西亚近东地区的当地风土，并且这两地分别属于印度河流域文明及两河流域文明的发源地。既然是宗教建筑，信徒祭祀及朝拜的寺庙和清真寺自然成为这两大文明建筑的代表。

中国建筑在世界建筑艺术中自成一格，以木构框架为主要承重体系，屋顶形式复杂多变，中国传统建筑不强调突出单体，而以建筑的排列组合、实体和空间相互搭配取胜，不求高耸，而是横向层层向外开展。即便后来佛教东传，中国都能把外来文化转化为自己的独特形式。日本建筑承袭自中国，同样属于整个东方建筑艺术体系。

在欧洲人来到美洲之前，美洲建筑也是独自发展的，和埃及不约而同都产生了金字塔形状的建筑，只是一个是皇室的陵墓，一个则是作为宗教献祭之用，且在金字塔顶端盖了神庙。

王权与信仰的力量

　　不论哪个时代创造出什么样的建筑，除了现代因为技术精良、资本募集、建筑师创意而产生古人不能及的建筑形式之外，能够称得上伟大的建筑的，大致可分为两种类型：一是因为王权统治而诞生的王宫、陵墓或防御工事，另外就是基于信仰的力量所促成的教堂、寺庙、清真寺或神庙。在古代，这两者经常是合而为一的，当王权与信仰结合，其产生的力量往往超越人类尺度所能完成的，故而能创造"奇迹"。

　　这些巨大工程背后所代表的是成千上万的人力、巨额的财力、高超的艺术技巧、严密的社会组织，以及强大的资源管理能力，而王权统治无疑是最大的驱动力量，促使着这些君王生前所住的宫殿、死后埋葬的陵墓，以及威吓敌人的防御工事逐一完成。

　　北京紫禁城内有九千多个房间，得动员上百万人才能完成；北京颐和园以及俄罗斯圣彼得堡的冬宫，如果不是当年慈禧太后、俄国女皇耗费巨大国家财力，不会在短时间内建成今日所见的规模；法老为自己身后所打造的金字塔，除了古埃及人展现超乎想象

的天文、建筑、数学、几何等知识之外，若非古埃及社会严谨的行政管理制度，是无法动员成千上万的技工、农民来采石、凿石、搬运的。

当然，宗教信仰不仅合理化了统治者的正统性和权威，更是团结平民百姓投身伟大工程的力量来源。

在埃及，阿布辛贝神庙虽名为神庙，但其实是王权的纪念物，大殿门口四尊巨大的拉美西斯二世(Ramesses II)雕像除了用来威吓敌人之外，也要告诉自己的子民："朕即是神。"这可以从神庙里敬奉的，除了三座守护神之外，第四尊就是拉美西斯二世自己的事实得到证明。

三千多年后，同样的手法也可以在柬埔寨的吴哥窟中看到。大吴哥城百茵庙(Bayon)中著名的"吴哥的微笑"，据说就是吴哥王朝阇耶跋摩七世(Jayavarman Ⅶ)本身，颇有把自己化身为佛祖的味道。

伟大建筑的缔造者

尽管人力、财力、权力、信仰很重要，却更需要一位能发挥创意及提供技术的执行者，一位伟大的建筑师有时候就等同于一座伟大建筑，名留千古。

在埃及，伟大的祭司印和阗(Imhotep)被奉为埃及的建筑之神与医药之神，他发明了圆柱建筑，同时也是史上第一个使用"方石"的人。他的天才创意使得埃及金字塔能在短时间内突破技术，从阶梯到弯曲，进而成为人们今日所见到的三角锥形金字塔。

在欧洲，每个时代总能诞生几位代表性的建筑师，而他们通常也是艺术史上著名的艺术大师，例如文艺复兴时期的米开朗琪罗、巴洛克艺术家贝尼尼。梵蒂冈的圣彼得大教堂更是集合了意大利史上建筑天才的风格于一体，包括布拉曼特(Donato Bramante)、罗塞利诺(Rossellino)、山格罗(Antonio da Sangallo)、拉斐尔(Raphael)、米开朗琪罗、贝尼尼、巴洛米尼(Borromini)、卡罗马德诺(Maderno)、波塔(Giacomo della Porta)、冯塔纳(Demenico Fotana)等。

伊斯兰世界里，也诞生过伟大的建筑师。军人出身的土耳其建筑师锡南(Koca Mimar Sinan)曾经让拜占庭风格的圣索菲亚教堂起死回生，转变成奥斯曼风格的清真寺。他一生盖了超过三百座清真寺，而其代表作苏雷曼尼亚(Sülemaniye)清真寺，也为奥斯曼帝国的清真寺立下典范，由他的弟子所盖的伊斯坦布尔蓝色清真寺，也无法超越锡南的成就。

进入现代建筑领域之后，建筑师的地位更显重要。高迪之于圣家堂、埃菲尔之于埃菲尔铁塔、伍重(Jørn Utzon)之于悉尼歌剧院，还有赖特的纽约古根海姆美术馆、盖里(Frank Gehry)的毕尔巴鄂古根海姆美术馆、贝聿铭的卢浮宫玻璃金字塔，都将建筑物与建筑师画上等号。

当然，现代建筑与过去经验是截然不同的，新的建材加上电脑辅助，再结合建筑师的创意，终于解放了建筑的形式，除了追求垂直高度的摩天大楼，难以捉摸的建筑样貌也一再颠覆传统。

不论传统或现代，也不论动机为何，人类在建筑工艺上追求极致的表现，不仅创造出不朽艺术，更宣示了永恒的价值。

埃及古文明建筑

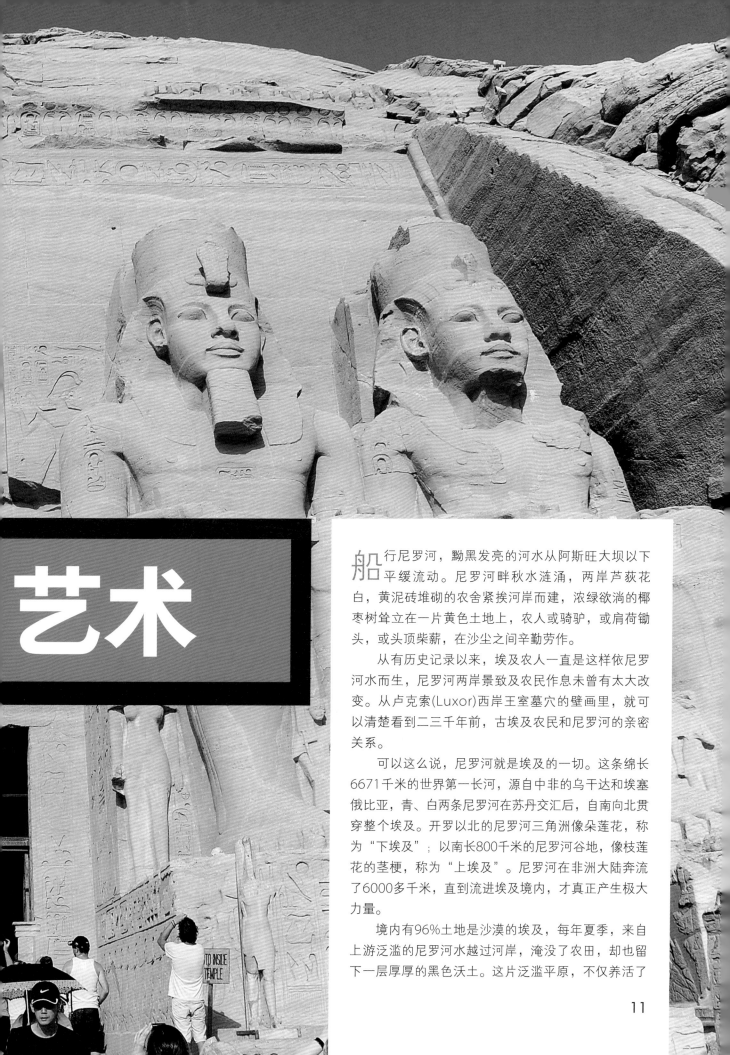

艺术

船行尼罗河，黝黑发亮的河水从阿斯旺大坝以下平缓流动。尼罗河畔秋水涟涌，两岸芦荻花白，黄泥砖堆砌的农舍紧挨河岸而建，浓绿欲滴的椰枣树耸立在一片黄色土地上，农人或骑驴，或肩荷锄头，或头顶柴薪，在沙尘之间辛勤劳作。

从有历史记录以来，埃及农人一直是这样依尼罗河水而生，尼罗河两岸景致及农民作息未曾有太大改变。从卢克索(Luxor)西岸王室墓穴的壁画里，就可以清楚看到二三千年前，古埃及农民和尼罗河的亲密关系。

可以这么说，尼罗河就是埃及的一切。这条绵长6671千米的世界第一长河，源自中非的乌干达和埃塞俄比亚，青、白两条尼罗河在苏丹交汇后，自南向北贯穿整个埃及。开罗以北的尼罗河三角洲像朵莲花，称为"下埃及"；以南长800千米的尼罗河谷地，像枝莲花的茎梗，称为"上埃及"。尼罗河在非洲大陆奔流了6000多千米，直到流进埃及境内，才真正产生极大力量。

境内有96%土地是沙漠的埃及，每年夏季，来自上游泛滥的尼罗河水越过河岸，淹没了农田，却也留下一层厚厚的黑色沃土。这片泛滥平原，不仅养活了

世世代代的埃及子民，更孕育出拥有高度社会组织与工艺技术的埃及古文明。

根据古埃及的历法，一年分为泛滥(Akhet)、耕种(Peret)、收割(Shemu)三季，埃及人的生活循着这三个时节周而复始地运作着。由于尼罗河一年至少有三个月的泛滥季，农地无法耕作期间，空下大批闲置的农工，如此庞大的人力，正好被法老用来盖金字塔、神庙，以及复杂的坟墓建筑群。

今天旅人来到埃及，不论从非洲第一大城开罗开始，还是从阿斯旺溯尼罗河北上，所有埃及古文明精华，全数集中在尼罗河沿线。其中尤以吉萨(Giza)金字塔、卡纳克阿蒙(Amun at Karnak)神庙、阿布辛贝(Abu Simbel)神庙，并列为埃及三大必看的古文明遗址。这三座遗址恰好呈北、中、南分布，吉萨金字塔就在开罗附近，卡纳克阿蒙神庙居于尼罗河谷地中部的卢克索，阿布辛贝神庙则位于埃及最南端与苏丹的交界之处。从这三处不朽的古文明，恰好可以看出尼罗河对埃及建筑的影响，以及古埃及人的高度智慧。

尼罗河年年所呈现的洪水与干旱，依尼罗河所划分出的上埃及与下埃及，再加上白昼与黑夜、黑暗与光明、死亡与诞生等自然现象，使得埃及人在意识上对二分的概念极为执着，这种概念就表现在建筑与都市规划上。

卢克索即两千多年前新王国时期的首都底比斯(Thebes)，都城跨越尼罗河两岸，是当时全球最大的城市。日出的东方代表重生，因而崇拜阿蒙(Amun)太阳神的神庙遍及东岸；日落的西方代表死亡，于是皇家陵墓都建于西岸，从这里就可以明显看到古埃及文化二元对立的特质。

埃及神庙建筑有着巨型塔门、坚实的护墙、高耸的方尖碑、一排排刻着象形文字和宗教图案的圆柱，以及供奉神祇的圣坛。卢克索东岸两座最著名的神庙当数卡纳克阿蒙神庙和卢克索神庙，而以卡纳克阿蒙神庙最具可看性，尽管现在所残存的遗迹还不到当年的十分之一，却依然保持着埃及神庙典型的磅礴气势。

埃及神庙建筑有几个元素深深影响着后世，这其中包括了圆柱以及轴线式设计的神圣建筑。圆柱的概念来自成束的芦苇，原本是用来固定泥砖墙的，后来变为石材建筑中的基本要素；而埃及建筑师把纸莎草、莲花、棕榈叶形状雕在圆柱头的手法，也被后来的古希腊建筑师借用。

发明圆柱建筑的，就是被奉为埃及的建筑之神与医药之神的大祭司印和阗(Imhotep)。他同时也是建

筑史上第一个使用"方石"的人，也就是把坚硬石材磨平拼成一个光滑的连续平面。这也足以说明金字塔的石块为何可以堆叠得这么工整，而石缝之间连一张薄纸也插不进去。

所谓的轴线式设计，指的是神庙愈往内走，空间愈小，也愈暗、愈隐秘，最后放置神祇及圣船的圣坛，只有法老和祭司得以进入。以卡纳克阿蒙神庙为例，最外面的节日广场与挤满大柱的多柱大厅恰好成强烈对比，再往后头的圣坛走，变得十分阴暗，只有屋顶的栅格窗会透进些许光线。

位于埃及最南端的阿布辛贝神庙，在众多埃及神庙中却是个例外。它建在人迹罕至的埃及与苏丹的交界处，距离埃及的南方大城阿斯旺(Aswan)还有近300千米之遥。这座神庙除了敬奉神明之外，最主要的功能就在于扬显建庙者的威武功绩及威吓敌人。

这座由三千年前拉美西斯二世(Ramesses II)所打造的神庙，是直接在砂岩山壁上雕刻出来的，里面所敬奉的，除了三座守护神之外，最重要的就是拉美西斯二世自己。把守门面的四尊拉美西斯二世巨像，以神圣不可侵犯的眼神吓退来自南方的努比亚人和苏丹人。

说到金字塔，当然是任何人来到埃及必定朝圣之地。开罗西南方的尼罗河西岸，自吉萨以南，迤逦着一长串大大小小约80多座金字塔。其中最知名的，当然是吉萨那三座排成一列的金字塔，仿佛天上猎户星座掉下来的一串腰带。

三座吉萨金字塔分别属于古王国时期的胡夫(Khufu)、他的儿子哈夫拉(Khafre)、孙子孟卡拉(Menkaure)所有。关于金字塔，科学家与考古学家永远探索不尽，至今仍然遗留许许多多的谜团未解。不过可以确信的是，尼罗河在石材的运输上扮演了极重要的角色。尼罗河上游阿斯旺采石场的大块花岗岩，就是从这条大运输动脉以平底船或木筏运送到下游盖神庙、建金字塔的。

今天在阿斯旺仍然可以见到这样的采石场，其中有一座未完成的方尖碑，足以说明古埃及人是如何把一大片花岗岩块雕琢成那样高耸入云的方尖碑，至于重达500吨的石碑究竟如何运送，甚至竖立起来，仍然没有最合理的答案可以解释。

古埃及的谜团永远探索不尽，而这些挺立在尼罗河与沙漠边缘的建筑，尽管在两千多年前就结束了辉煌的历史，然而它的光辉却延续在其他文明的建筑里，特别是欧洲文明的起源"古希腊"。

古埃及法老王朝建筑

吉萨金字塔Giza Pyramid

位于埃及开罗市南方约11千米处

高不可攀，埃及金字塔就是这样的态度，它不仅夸耀高度、年岁，更自傲于那谜样的建构技巧。

公元前2000多年，开罗南方的吉萨高原开始矗立一座座金字塔，它因何而建，如何拔地而立，激发各地探险家、考古学家、历史学家、天文学家、地理学家、科学家及艺术家永无止境地探索。汗牛充栋的学术专论不断出版，从推断古埃及人具有废止地心引力的法力，到精密的天文、数学计算，巍峨的金字塔始终笼罩着神秘的氛围，静默地禁锢着未知的文化与智慧，穿梭千年时光，成为古代七大奇迹硕果仅存的唯一。

4000多年前，法老选择归葬在这片风沙遍野的沙砾地，一声令下，数万名民工聚集凿石，在风沙中堆砌出世界之最的陵墓，这是金字塔迄今唯一可确认答案的作用，其他有关金字塔的一切还隐在迷雾中。

首创打造金字塔这项概念的，是法老左塞尔(Zoser)的大祭司印和阗(Imhotep)。他杰出的建筑素养，引发他为天神之子的法老打造一座通天陵墓的灵感，创造出顶天立地的阶梯金字塔。法老斯奈夫鲁(Snefru)接续再造弯曲金字塔，最后终于催生出空前绝后的三角锥形金字塔。这前后"实验"的时段未超过60年的时光。

首座在吉萨高原矗立的胡夫金字塔高达146.59米，耗费250万块巨石，是最大手笔，随后建造的哈夫拉金字塔和孟卡拉金字塔体形渐次微缩。祖孙三代金字塔的四面均面对正东、正南、正西、正北，排列的方位费尽疑猜。一百多年来，各国学有专精的专家使出浑身解数，推论这三座金字塔是按预先缜密的规划，在特定的地点依特定的方位建造，以期在特定的时辰达成特定的目的。这些诸多特定是否成立，背后的原因为何，目前均缺乏实证，唯一可确认的是，古埃及人在短促的时间内发挥超乎理解的智慧，造出匪夷所思的大型建筑物，其所展现的自信和能力，令今人也难以超越，他们理当已贴近永恒。

古埃及人拥有超乎想象的天文、建筑、数学、几何等知识，掌控令人咋舌的精确度，金字塔所呈现的方位、各项体积数据仍充满无解的谜团。而如何将坚实的石块削切出精准的斜度，并将重达2.5吨的巨岩堆叠至146米高，更是隐藏了近5000年的秘密。

后世的人只能根据蛛丝马迹猜测当时建筑的景况。希腊历史学家希罗多德(Herodotus)曾在公元5世纪造访埃及，事后在其著述中载明古埃及人是利用木造的起重机吊升石块，这种耗工费事的方式不如利用斜坡运石的理论合理。

至于工人们所使用的工具，目前推断包括木槌、铜凿及测量直角和水平的器具等，简单但十分实用。关于参与建造金字塔的劳工，并不是像好莱坞电影所描述的那样强迫奴隶在铁鞭下卖命。埃及古物学家认为建造金字塔是以一批学有专精的技工为班底，再招募民工、农人(逢泛滥季休耕时期)进行采石、凿石、搬运，上万名人力与长达数十年的建造工时，显现古埃及社会已发展出严谨的行政管理制度。

金字塔就形同令法老复活的工具，古埃及人深信参与建造金字塔必会得到天神庇佑，就凭着单纯的信念和信心，埃及人打造出了地表上最接近永恒的建筑。

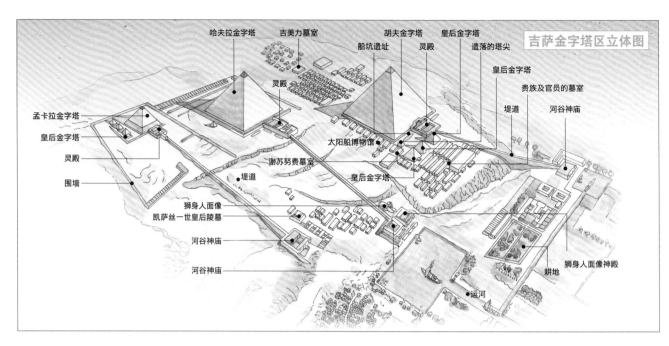

吉萨金字塔区立体图

哈夫拉金字塔　吉美力墓室　　胡夫金字塔　皇后金字塔　遗落的塔尖

船坑遗址　灵殿　　　皇后金字塔

灵殿　　　　　　　贵族及官员的墓室

孟卡拉金字塔　　　　　　　　太阳船博物馆　堤道　河谷神庙

皇后金字塔　　　　谢苏努费墓室

灵殿　　　　　　　堤道　　皇后金字塔

围墙

狮身人面像

凯萨丝一世皇后陵墓　　　　　　　　狮身人面像神殿

河谷神庙　　　　　　　　耕地

河谷神庙　　　　运河

 ## 孟卡拉金字塔
The Pyramid of Menkaure

据传，孟卡拉王逝世时金字塔尚未完工，继位的夏塞斯卡夫(Shepseskaf)赶工兴建，外层原拟铺设红色花岗岩，仅完成一半就改铺石灰岩。现今金字塔底部外层还残留原始加铺的红色花岗岩，且显现出仓促完工的样貌。

孟卡拉金字塔的体积仅及胡夫金字塔的1/10，塔内的珍藏一直未遭盗贼觊觎，直至1837年，英国上校理查德·维瑟(Richard Vyse)及工程师约翰·佩林(John Perring)发现入口进入墓室，才打破维持了4500年的宁静。隔年，理查德·维瑟将孟卡拉王石棺装船运往英国，但中途沉船，被迫离乡的法老最后沉入海底。

原始高度：约66米　**现今高度：**约65米
底边长度：103.4米　**角度：**51°20′

皇后金字塔

三座皇后金字塔已呈倾圮，最东侧的金字塔推测为皇后卡蒙罗内比蒂二世(Khamerernebty II)的。

河谷神庙

遭沙土掩埋的河谷神庙于1908年曾被清理过，美国考古学家乔治·赖斯纳(George Reisner)在此发掘出数座孟卡拉王雕像。现藏于埃及考古博物馆中的"孟卡拉王三人组雕像"就是在此出土的。

哈夫拉金字塔
The Pyramid of Khafra

哈夫拉为胡夫之子，他所建造的金字塔比胡夫金字塔略小，但因坐落的地势较高，且角度较大，因而乍看之下反比胡夫金字塔高大。在19世纪之前，人们深信哈夫拉金字塔内未建墓室，直到1818年3月2日，意大利探险家贝尔佐尼(Giovanni Belzoni)发现了塔内的密道及墓室。现今金字塔北面留有两道入口，离地约10米高的入口就是当年贝尔佐尼所凿开的洞口，另一道为供游客进入的开口。

在现今三座金字塔中，只有哈夫拉金字塔保留有石灰岩原貌的原始塔顶，虽已斑驳，但可供后世想象金字塔原貌。而独一无二的狮身人面像，更使哈夫拉金字塔独具无可取代的地位及知名度。

原始高度： 143.5米
现今高度： 136.4米
底边长度： 215.25米
体积： 1659200立方米
角度： 53°10′

©彭浩诚摄

狮身人面像
The Sphinx

这座身长74米、高20米的石像，并不是由人工堆砌石块而成，而是以整座石灰岩小丘雕成。它的面容是根据哈夫拉王的相貌刻造，蹲踞在金字塔前守护着皇家石棺。有关它是法老形象具体化这项说法，源自立于狮爪间的石碑。

灵殿

长110米的灵殿，以重达400吨的花岗岩打造而成，遗憾的是，后遭逢无节制的拆搬破坏，现今仅余倾圮的遗迹。

胡夫金字塔
Great Pyramid of Khufu

建于第4王朝的胡夫金字塔，年岁最长，体型也最大。

4500年前，胡夫成功地建起高达146.59米的金字塔，四边侧面正对着东、西、南、北四极，底座是毫无瑕疵的正四方形，边长230.33米，误差微乎其微。

这座命定为陵墓的大型金字塔，至少动用约3万名民工切割运自图拉(Tura)及阿斯旺采石场的石灰岩和花岗岩石块。每块石块平均重达2.5吨，数量超过250万块，总重量几近700万吨，建成的金字塔体积达2583283立方米，可纳入整座梵蒂冈的圣彼得大教堂。拿破仑曾估计石块总量可筑成一道高2米、厚30厘米环绕法国边界的石墙。

数学家指出金字塔塔顶至底边1/2处这段长度，与底边一半长度的比例，和黄金分割比率1.618相符，而如以金字塔中心为圆心、高度为半径画一圆，则其圆周周长和金字塔底部周长相等。另一方面，天文学家则指出，能定出正北方位的大熊星座内的开阳星(Mizar)和小熊星座内的帝星(Kochab)，在公元前2467年在北方成一直线，拥有丰富天文知识的埃及人即借此定出金字塔的方位，专家也因此推算出胡夫金字塔是于公元前2580—前2560年建造的(偏差源自这两颗恒星当时与地轴之间的角度未真正呈现90°)。而金字塔内承材支撑的窄室的通风孔道呈37°28′指向天龙座，法老墓室通风孔道呈38°28′指向猎户座，这些都不会是偶然的因素，但究竟这些数据及推测代表何种意义，目前还是疑云重重。

原始高度：146.59米　**现今高度：**139.75米

底边长度：230.33米

体积：2583283立方米(一说2521000立方米)　**角度：**51°50′47″

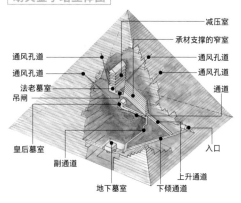

胡夫金字塔立体图

减压室
承材支撑的窄室
通风孔道
通风孔道
通风孔道
通风孔道
法老墓室
吊闸
通道
皇后墓室
入口
副通道
上升通道
地下墓室
下倾通道

皇后金字塔

三座小型金字塔分别安葬皇室成员，包括皇后哈努特森(Henutsen)及法老的母亲赫特弗瑞丝(Hetepheres)。

遗落的塔尖

这座位于金字塔东南角落的塔尖应原属胡夫金字塔，现已残损。金字塔塔尖通常镶饰天然金银合金，以反射太阳(神)的光芒于大地。

太阳船博物馆
Solar Boat Museum

复原的木船长43.4米、宽5.9米、吃水深度为1.5米、排水量为45吨。据推测，这艘船并不具航行实用性，可能是依据太阳神的信仰，令法老的亡灵能追随太阳神拉(Ra)每日驾着太阳船航行直到来世。

金字塔的兴建之谜

工具

这些工具可协助测量星辰定出建造金字塔的方位，以及定出岩块垂直、水平及倾斜度。

定方位

观察围绕天极的星辰升落完成天文观测记录，进而定出南北方位。

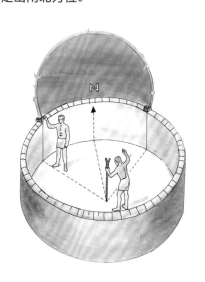

搬运岩块

推断是将岩块放在平橇上，利用圆木作为滚轴，移运到指定位置。

金字塔兴建方式1

造出螺旋形的斜坡层层加筑，最后削去坡面即成三角锥形金字塔。

金字塔兴建方式2

建造一面宽广的坡道，斜坡高度随金字塔逐渐筑高而增高，最后去除斜坡即竣工。

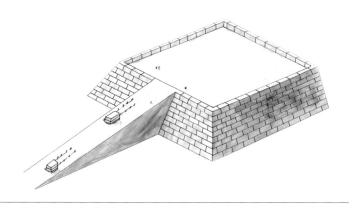

卡纳克阿蒙神庙 Temple of Amun at Karnak

位于埃及卢克索(Luxor)市区北方约2千米处

　　如同其他古文明帝国，古埃及人同样深信世间的一切都是由神灵们所创造及管辖，万能的神祇掌控生命与死亡、丰饶与贫瘠、循序与紊乱，为了祈求诸神庇佑，古埃及人广建神庙，分别敬奉"掌管"该地区的神祇。

　　神庙建筑形式随着朝代更迭而有所不同，高大的塔门、坚实的护墙展现宏伟气势，神庙周身墙、柱密布繁复的雕刻，法老奋勇杀敌、敬奉诸神、接受神祇加冕、赐福等场景一再重复，强化法老与神祇之间的关系。无

人能估算得出神庙的建筑成本，石材、人工、财力、时间等任何一项耗资绝对都是天文数字。

　　神庙的管理者为祭司，祭司的地位崇高，但每日敬神的例行工作也不少，除了进入圣坛膜拜神祇，每日须两度为神祇净身、奉献食物，并持续薰香、泼洒汲自圣湖的圣水。

　　对古埃及人而言，圣洁的神庙并不抽象，它还兼具医院和学校的功能，攸关民生的大事也在此商讨议定，也许正因如此，古埃及人始终觉得神祇离他们并不远。

　　卡纳克阿蒙神庙建筑群(或称卡纳克阿蒙·拉神庙 Temple of Amun-Ra at Karnak)所创下的规模和成就既是空前，也是绝后。占地逾100公顷的面积，多达10座塔门拱卫着20多座庙堂，无论停留多久，总感觉是走马看花。

　　神庙所在地古时称Ipetisut，意为"精选之地"，这块首选宝地献给了至高无上的阿蒙神。在中王国时期，阿蒙神仅是个区域性的神祇，直到希克索斯王朝

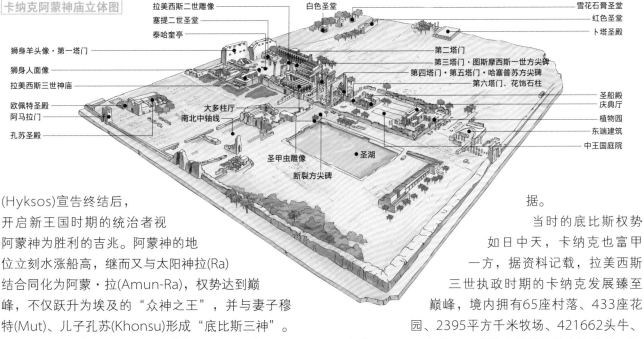

卡纳克阿蒙神庙立体图

拉美西斯二世雕像
塞提二世圣堂
泰哈奎亭
白色圣堂
雪花石膏圣堂
红色圣堂
卜塔圣殿
狮身羊头像·第一塔门
狮身人面像
拉美西斯三世神庙
欧佩特圣殿
阿马拉门
孔苏圣殿
大多柱厅
南北中轴线
第二塔门
第三塔门·图斯摩西斯一世方尖碑
第四塔门·第五塔门·哈塞普苏方尖碑
第六塔门.花饰石柱
圣船殿
庆典厅
植物园
东端建筑
中王国庭院
圣甲虫雕像
断裂方尖碑
圣湖

(Hyksos)宣告终结后，开启新王国时期的统治者视阿蒙神为胜利的吉兆。阿蒙神的地位立刻水涨船高，继而又与太阳神拉(Ra)结合同化为阿蒙·拉(Amun-Ra)，权势达到巅峰，不仅跃升为埃及的"众神之王"，并与妻子穆特(Mut)、儿子孔苏(Khonsu)形成"底比斯三神"。

位于卡纳克中心的阿蒙神庙便这般气势磅礴地诞生了，即便阿蒙神庙的南北面各扩建了穆特圣殿及孔苏圣殿，但阿蒙神庙始终是权势中心。从中王国时期萨努塞一世(Senwosert I)建起首间小圣堂，到托勒密王朝时期的整建，扩建工程前后跨越近两千年。每一位统治者无不处心积虑地为这座神庙锦上添花，留下确凿的敬神证据。

当时的底比斯权势如日中天，卡纳克也富甲一方，据资料记载，拉美西斯三世执政时期的卡纳克发展臻至巅峰，境内拥有65座村落、433座花园、2395平方千米牧场、421662头牛、83艘船及81322名劳工。这些全数是为敬奉阿蒙神，阿蒙神的地位显然不仅未受阿肯纳顿宗教革命影响，反而加倍受到民众崇敬拥护。而阿蒙神的祭司也如愿达到权倾天下的目的，最后酿致祭司干预朝政、篡夺王位，导致埃及走入了混乱的黑暗时期，直到亚历山大大帝挥军而入，埃及才恢复平静安定。

狮身羊头像·第一塔门
Ram-Headed Sphinxes · First Pylon

神庙现今的入口大道是拉美西斯二世所铺建，可通达与尼罗河相通的泊船小池，第一塔门后的露天庭院内，还残留着原安置在大道上的多座狮身羊面像。大道两侧罗列着象征阿蒙神的狮身羊头像，在狮掌中央还立着法老雕像。巍峨的第一塔门目前推断是第30王朝的奈坦波一世(Nectanebo I)所建，塔门未经雕饰的粗糙外表及高低不一的外形，显示处于未完工的状态。站在塔门前，循着笔直的中轴线及微微升高的路面往内望，可远眺位于最里端的圣船殿。

塞提二世圣堂Temple of Seti II

用砂岩及花岗岩建成的圣堂虽冠上塞提二世之名，实际上是安放底比斯三神圣船的地方。

第二塔门

第二塔门始建于霍伦哈布(Hore-mhab)统治时期，但直至塞提一世(Seti I)时期才竣工，后来曾遭阿肯纳顿拆毁部分建筑。

狮身人面像Sphinx

这座小巧的狮身人面像推断是仿自图唐卡门面容。

拉美西斯二世雕像
Statues of Ramesses II

第二塔门前立有两尊拉美西斯二世雕像，一作行走状，一作立定状。至于立于法老双脚间的小型雕像是何身份有两种说法，一说是皇后纳芙塔蒂(Nefertari)，一说是钟爱的女儿宾坦塔(Bint'anta)，目前尚无定论，但前者说法比较可信。

拉美西斯三世神庙Temple of Ramesses III

低矮的塔门前立有两尊拉美西斯三世雕像，走入前庭可见法老仿冥神欧西里斯(Osiris)的立像，壁上雕刻着庆典情景，庭院后方为小型多柱厅和圣坛，整体建筑宛若尼罗河西岸拉美西斯三世灵殿(Medinet Habu)的缩小版。

大多柱厅Great Hypostyle Hall

整座神庙的精华就落在这处多柱厅，面积广达5400平方米，可同时容纳梵蒂冈的圣彼得大教堂及伦敦的圣保罗大教堂。134根巨柱形成一座深不可测的柱林，位于中央的12根双排立柱高达 21米(一说23米)，直径达6.3米，周围环绕122根高15米的石柱，巨柱周长需六七人同时张开双臂才能环抱。

所有的石柱饰有纸莎草柱头，现今留存的高侧窗显示当初覆有盖顶，由高窗引进柔和的阳光，使整座厅堂幻化成一片湿软的沼泽地，飘逸着强韧的纸莎草。高墙上还留有描述庆典情景的浮雕，整件工程始于阿曼和阗三世(Amenhotep III)构思，塞提一世(Seti I)着手兴建，直到拉美西斯二世即位接手才竣工。

泰哈奎亭
Kiosk of Taharqu

这座露天的亭阁原立有10根饰有莎草纸柱头的石柱，现仅存1根高21米的立柱了。这座亭阁据推测应是为阿蒙神和太阳神结合举行仪式之处。

第三塔门·图斯摩西斯一世方尖碑Third Pylon · Obelisk of Tuthmosis I

第三塔门为阿曼和阗三世所建，后来曾遭拆除用作兴建户外博物馆的建材。紧依第三塔门的方尖碑原有4座，分别为图斯摩西斯一世(Tuthmosis I)及三世所建，现仅余1座矗立在原处，这座方尖碑高19.5米、重120吨(一说为高23米、重143吨)。

第四塔门·第五塔门·哈塞普苏方尖碑
Fourth Pylon · Fifth Pylon · Obelisk of Hatshepsut

第四塔门及第五塔门都是由图斯摩西斯一世所建，两座塔门间有座小巧的圣堂，哈塞普苏女王原在此立有两座方尖碑，现仅存1座，高29.56米(一说高28.5米)、重达325吨，另一座方尖碑拦腰断裂后现安置在圣湖边。另有一说，目前立的方尖碑顶端部分为后来重制，断掉的部分就是躺在圣湖边的那一段。

埃及的方尖碑都是以整块花岗岩雕成，当时哈塞普苏女王下令阿斯旺采石场的工人在7个月内造出两座覆有金箔的方尖碑献给卡纳克阿蒙神庙，显示古埃及严密的组织结构及精湛工艺。这两座方尖碑碑身四面铭刻着哈塞普苏女王名字及建造细节，东面及西面的铭文特别献给她的父亲阿蒙神，借此强调她继位的合法性。

第六塔门·花饰石柱
Sixth Pylon

　　第六塔门由图斯摩西斯三世所建，壁上还留有标榜征战战绩的浮雕，洋洋洒洒的，后世称图斯摩西斯三世为首位帝国主义者不是无原因的。立于塔门后的花岗岩石柱，分别饰有代表上下埃及的莲花及纸莎草的柱头，难得一见地协调且典雅。

圣船殿
Sacred Bargue Sanctuary

　　这座小殿堂为亚历山大大帝弟弟菲力普·阿伦德厄斯(Philip Arrhidaeus)所建，殿内还留有安置阿蒙神圣船的基座，壁上雕有敬奉阿蒙神的浮雕。站在殿内往外望，目光循着微微缓降的中心轴路面可远眺多柱厅。圣殿外壁浮雕是热闹的庆典场景，线条及构图相当精致，注意不要错过。

中王国庭院
Middle Kingdom Court

　　据推断，中王国庭院是卡纳克阿蒙神庙最早的兴建地，但原来的建筑早已荡然无存，仅留存少许石块铺陈在碎石地上。

圣湖Sacred Lake

　　圣湖面积广达9250平方米，容积达26000立方米，可满足邻近神庙所需。

庆典厅Great Festiral Hall

　　庭院后方的庆典厅是图斯摩西斯三世为自己打造的，西北角的入口立有法老穿着庆典服饰的雕像，厅内的立柱仿造帐篷支柱，以展现这位法老长年征战以军帐为家的历练。在基督徒侵入时期，庆典厅一度被改作教堂，因而柱身上留有许多与基督教相关的图案。

植物园Botanical Garden

　　多幅残留的浮雕展示图斯摩西斯三世连年征战，在异域所遇的奇异动植物。

东端建筑Eastern Temple

　　神庙最东端的建筑包括聆听殿(Temple of Hearing Ear)、拉美西斯二世壁龛都已倾圮。此处原立有埃及最大的方尖碑，据传于公元前330年左右移往罗马，现矗立于罗马拉特拉诺的圣乔凡尼广场(Piazza San Giovanni in Laterano)上的方尖碑，即可能原立于此处。

圣甲虫雕像Giant Scarab

　　圣甲虫象征着太阳神经过夜间旅程后，在破晓时分重生的形象"赫普立"(Khepri)，学者们推断这可能就是这座圣甲虫自西岸阿曼和阗三世灵殿，移到代表再生、复活的东岸的原因之一。

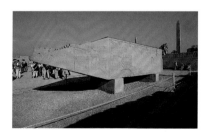

断裂方尖碑Fallen Obelisk of Hatshepsut

　　哈塞普苏女王下令建造的方尖碑，其中一座还矗立于第四塔门及第五塔门间，另一座拦腰断裂的柱身安置在此处，游客可近赏方尖碑精美的雕刻。

卢克索神庙Luxor Temple

卢克索神庙堪称埃及神庙建筑的最佳范例，其历史需要追溯到哈塞普苏女王时期。不过该女王时期的杰作全遭毁损，因此，卢克索神庙的建筑史"只能"从三千多年前的阿曼和阗三世谈起，迄今所见的卢克索神庙，多半出自阿曼和阗三世之手。

阿曼和阗三世为了扩大庆祝欧佩特庆典(Feast of Opet)的规模，将卢克索神庙改建为底比斯三神的"南方圣殿"(South Sanctuary)。这里是阿蒙神的南方私人住所，也是每年泛滥季欧佩特庆典举行时，阿蒙、穆特和孔苏相会的地点，当时繁盛之情可见一斑。

然而阿曼和阗三世的继承人阿肯纳顿(Akenaten)

并未子承父业，因意识到信奉阿蒙神的祭司地位高涨，甚至有凌驾法老的态势，为遏止此事继续发展，阿肯纳顿掀起宗教改革。他排除阿蒙独尊太阳神阿顿(Aten)，并将帝号"阿曼和阗四世"(Amenhotep IV)改为"阿肯纳顿"(Akenaten，意为"阿顿的仆人"或"阿顿光辉的灵魂")，颠覆埃及两千多年的传统，改变多神崇拜，倡导一神论，进而瓦解祭司阶级制度，自立为唯一的祭司。

为与过往历史彻底划清界限，阿肯纳顿还将首都由底比斯迁往阿玛尔纳(Tell al-Amarna)，两万多人因而展开长达320多千米的行程，前往新都奉献阿顿神。阿

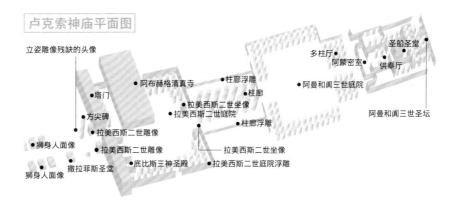

卢克索神庙平面图

立姿雕像残缺的头像
阿布赫格清真寺　柱廊浮雕
塔门　　　多柱厅　圣船圣堂
方尖碑　　阿蒙密室　供奉厅
拉美西斯二世坐像　　柱廊
狮身人面像　拉美西斯二世雕像　拉美西斯二世庭院　阿曼和阗三世庭院
拉美西斯二世雕像　柱廊浮雕
拉美西斯二世坐像
狮身人面像　撒拉菲斯圣堂　底比斯三神圣殿　拉美西斯二世坐像　阿曼和阗三世圣坛
狮身人面像　　　拉美西斯二世庭院浮雕

狮身人面像 Sphinxes

　　昔日这排阵容浩大的狮身人面像直通卡纳克神庙，考古学家推测，绵延长达3千米的它们，当初数目可能多达730座，现今虽然只遗留约58座，但仍令人印象深刻。

　　肯纳顿的宗教狂热，使他无视严重的经济衰退，更疏于联系同盟，让埃及陷入重重危机。在位17年的阿肯纳顿逝世后，有关他的一切都遭新的执政者舍弃，埃及重拾古老而熟悉的传统，不但首都迁回了底比斯，祭司也重建阶级制度，继位的图坦卡门和霍朗赫布(Horemhab)重修卢克索神庙，"底比斯三神"恢复了往日的地位。

　　卢克索神庙的扩建工程一直持续到亚历山大大帝统治时期，后来进驻的罗马人曾在神庙附近设立军队营区，这也是为什么阿拉伯人称此区为"al-quṣūr"(防御工事)，衍生出今日"Luxor"的地名。后来，随着城市的发展，该神庙附近挤满房舍、商店与工作坊，甚至一度成为城市的一部分，于是一座清真寺就在14世纪时大模大样地兴建于神庙中。如今这座代表伊斯兰势力的阿布赫格清真寺(Mosque of Abu al-Haggag)依旧伴随着卢克索神庙，再加上后半部曾经被当成教堂使用的阿蒙密室，形成卢克索神庙三种宗教融合的奇特面貌。

撒拉菲斯圣堂 Chapel of Seraphis

　　公元126年，罗马皇帝哈德良(Hadrian)在自己生日时建造了这座圣堂。

埃及古文明建筑艺术 ◆ 古埃及法老王朝建筑

25

方尖碑 Obelisk

布满雕刻的方尖碑为拉美西斯二世所建，但西侧的方尖碑于1833年被移往法国，1836年矗立于巴黎协和广场上。

拉美西斯二世雕像 Statues of Ramesses II

塔门前原立有拉美西斯二世的两尊坐像及四尊立像，现仅余位于塔门中央的两尊坐像和塔门西侧的一尊立像。这两尊坐着的法老头戴统一上下埃及的双王冠，基座侧面壁画浮雕是尼罗河神哈比(Hapy)捆绑莲花及纸莎草的画面，象征统一上下埃及。

立姿雕像残缺的头像 Statues of Ramesses II

尽管如今只剩一尊立姿雕像，不过塔门前方还保留了一个立姿雕像残缺的头像，可以近距离欣赏法老的神韵。

塔门 Pylon

这座塔门高约24米、宽约65米，浮雕刻着拉美西斯二世的多场英勇战役，其中包括与西台人(Hittite)交战的著名卡迭石(Kadesh)战役，但刻痕已残缺模糊。

阿布赫格清真寺 Mosque of Abu al-Haggag

这座盘踞在庭院边缘的清真寺，兴建于14世纪，今日相互挤压的局面纯因不同时期建造而成，既然无法拆除只能彼此包容。

拉美西斯二世庭院 Great Court of Ramesses II

拉美西斯二世不仅立了方尖碑、雕像，更扩建了塔门、庭院，并调整建筑的轴线，将庭院方位偏转向东，得以和卡纳克神庙相对，这就是卢克索神庙的中轴线并未成一条直线的原因。该庭院环绕着双重柱廊，柱头装饰着含苞待放的纸莎草花苞，但立于庭院内的拉美西斯二世雕像多已残缺。

拉美西斯二世庭院浮雕 Reliefs of Great Court of Ramesses II

装饰于柱廊墙壁上的浮雕，描绘了法老献神以及民众准备各项供品参与欧佩特庆典的情景。

底比斯三神圣殿 Triple-Barque Shrine

这座敬奉阿蒙、穆特、孔苏三神的小圣殿，原建于哈塞普苏女王时期，后经拉美西斯二世重建。

柱廊
Colonnade of Amenhotep III

这座美丽的柱廊是阿曼和阗三世为一年一度的欧佩特庆典所增建的元素，法老将它当成后方阿蒙密室的入口，内有14根巨大的石柱，每根高达19米，柱头装饰有纸莎草花盛开的花苞。

多柱厅 Hypostyle Hall

由4排各8根立柱构成的多柱厅，是原本欧特神殿的第一室，32根立柱形成一道通廊，通往殿后的圣坛。

供奉厅 Antechamber

穿过阿蒙密室之后，就是围绕着柱廊的阿蒙神的供奉厅。

阿蒙密室 Chamber of Amun

位于多柱厅正后方的阿蒙密室，在公元3世纪的罗马时期，被一座加盖的壁龛封挡，这种其他宗教入侵神庙改变原始结构的例子时而可见。阿蒙密室的两侧分别坐落着穆特和孔苏的圣殿。

柱廊浮雕 Reliefs of Colonnade of Amenhotep III

此处浮雕完成于图坦卡门统治时期，当时的埃及信仰重回底比斯三神的怀抱。两侧墙上描绘着欧佩拉庆典的热闹场景，西墙描绘神祇和民众自卡纳克神庙出发走向卢克索神庙的场景，东墙描绘返回卡纳克神庙游行的情景，场面热烈缤纷，堪称图坦卡门留予神庙最精彩的献礼。

圣船圣堂
Barque Shrine of Amun

阿曼和阗三世建造的圣船圣堂，后由亚历山大大帝改建，因此，这座方形石室四周外墙上布满法老装束的亚历山大敬奉诸神的浮雕，还可以看见以象形文字书写亚历山大大帝的王名圈。

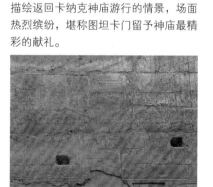

拉美西斯二世坐像 Statues of Remesses II

这两尊拉美西斯二世坐像均以黑色花岗岩雕成，脚边立着皇后纳芙塔蒂(Nefertari)的雕像。

阿曼和阗三世圣坛
Sanctuary of Amenhotep III

这处圣坛曾经是卢克索神庙中最神圣的地方，位于该神庙最底部，如今依稀可见昔日耸立阿蒙神像的基座。

阿曼和阗三世庭院 Sun Court of Amenhotep III

占地宽广的庭院三面环绕着双重柱廊，柱头同样饰有古典的纸莎草束雕饰，少数还残留原有的色彩。

哈塞普苏女王灵殿
Mortuary Temple of Hatshepsut

🏠 | 位于埃及卢克索(Luxor)西岸，自东岸码头搭渡轮至西岸码头后搭计程车前往

这座灵殿是天才建筑师塞奈姆特(Senemut)的杰作，灵殿坐落在危崖环伺的谷地中，两道宽阔的斜坡将三座平广的柱廊建筑串联起来，造型简单明快。

哈塞普苏女王(Hatshepsut)是埃及史上赫赫有名的女王，她的父亲是图斯摩西斯一世(Tuthmosis I)，哈塞普苏嫁给继位的哥哥图斯摩西斯二世(Tuthmosis II)为妻，在成为寡妇之前未生育皇子，因此，她辅佐庶子继承皇位。不过，不久，哈塞普苏即展露野心夺取王位，自立为法老。

为了树立权威，哈塞普苏以男装示人，她穿起法老的缠腰布，并戴起假须，凭借着惊人的意志力及侍臣的忠心建立起专属的政权。她在位15年的功勋，全记录在这座神殿内，包括远征到朋特(Punt)的壮举。哈塞普苏逝世后，图斯摩西斯三世夺回王位，并愤恨地毁去哈塞普苏的雕像、浮雕及名字，直到19世纪时才由考古学家重新唤起对她的记忆。

这座坐落于底比斯山脚下的神殿，刚好沉浸在阳光的阴影下，这正是建筑师匠心独具之处。从入口处一排林立人面狮身像的通道直达大殿，大殿分成三层，中间是斜坡走道。廊柱是神殿建筑的一大特色，更值得欣赏的是里面的壁画，描绘了哈塞普苏的重要事迹，这些壁画在1906年经过重新整修。第一层柱廊左侧里的壁画以搬运方尖碑的过程为主题，古埃及人利用船只将方尖碑从阿斯旺运送到卡纳克阿蒙神庙，右侧的壁画则展现法老狩猎的场景。第二层的左侧壁画重现哈塞普苏女王从红海到朋特的情景，右侧则描绘了哈塞普苏女王的神圣诞生，指称她是太阳神阿蒙的女儿。

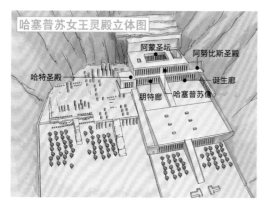

哈塞普苏女王灵殿立体图

阿蒙圣坛　阿努比斯圣殿　哈特圣殿　诞生廊　朋特廊　哈塞普苏像

哈塞普苏像 Statue of Hatshepsut

第三层柱廊外侧立着哈塞普苏女王仿冥神欧西里斯姿势的雕像，戴着假须的她刻意展现男性特质。立于此处的雕像原已被图斯摩西斯三世所毁，如今所见为利用碎石块重塑而成。

哈特圣殿 Hathor Chapel

数十根方柱及圆柱构成的柱林，柱头上雕饰着哈特(Hathor)女神的头像，哈特圣殿十分壮观。旁侧墙上雕刻着大批驾船及行军的兵士向哈特女神致敬，以及以牛造型出现的哈特女神舔舐哈塞普苏女王手等浮雕。

阿努比斯圣殿 Anubis Chapel

该圣殿保存情形略胜哈特圣殿，壁画依稀可见原来的色彩，哈塞普苏女王的相关浮雕已遭图斯摩西斯三世销毁，现今只见图斯摩西斯三世敬奉阿努比斯神(Anubis)、拉·哈拉克提神(Ra-Horakhty)等场景。

朋特廊 Punt Colonnade

在第二层左侧廊柱的左墙上，留有哈塞普苏女王远赴朋特的经历，画面自左而右描述阿蒙·拉神(Amun-Ra)交付远征任务、埃及舰队自海岸出发、朋特国王及肥胖的王后出面迎接、两国交换礼品等场景。朋特到底位于何处，目前尚无确切答案，一般认为埃及舰队是由今日的红海苏伊士湾出发，因此，推测朋特是在索马里(Somalia)境内。无论如何，哈塞普苏女王此番远征携回了没药树、肉桂、象牙、黑檀木、豹皮等物，无论就实质收获或是她个人声望都是一趟丰收旅程。

诞生廊 Birth Colonnade

位于第二层右侧的诞生廊浮雕是诸神关照哈塞普苏女王的诞生画面，繁复的浮雕一再强而有力地宣告哈塞普苏女王为神祇的化身，以证实她继承王位的合法性。

阿蒙圣坛 Sanctuary of Amun

穿越柱廊即通达一处多柱庭院，左侧有敬奉法老的圣室，右侧为敬奉太阳神的圣室，位于中央底端紧依崖壁的就是崇高的阿蒙圣坛。

拉美西斯三世灵殿
Medinet Habu (Mortuary Temple of Ramesses III)

🏠 | 位于埃及卢克索(Luxor)西岸，自东岸码头搭渡轮至西岸码头后搭计程车前往

拉美西斯三世灵殿堪称新王国时期最具代表性的建筑群。拉美西斯三世一生战功彪炳，曾经击溃中东的利比亚，也曾出兵攻打巴勒斯坦，在他即位第8年即击败海上来袭的敌人，因此他喜欢把自己比拟成古埃及鹰头战神曼图(Mont / Monthu)。

拉美西斯三世也热爱大兴土木，从他在这座灵殿里修建了多间停棺神殿，以及祭祀太阳神阿蒙、象征法老之母的穆特、月神孔苏的祭坛，就不难看出端倪。该灵殿所在之地，古时称为"Djamet"，据传是阿蒙神首次出现之处，因而早在灵殿建造之前，此地已被视为圣地。

在这座超大型的建筑群里包含了神殿、皇宫、储藏室、行政办公处、祭司的住所等，最精彩的数中庭石壁上的战争浮雕，具有宣扬国威的功用，特别是在埃及对抗利比亚的胜利之战中，可以看见拉美西斯三世在战场上的英姿；另一项精彩之处，则是石柱上诸神形象的雕刻。

虽然，拉美西斯三世征讨所向无敌，然而古埃及当时已开始面临经济压力，再加上后宫发生叛乱引发社会动荡，在灵殿建成后，法老个人崇拜的风潮逐渐式微。在第20王朝晚期，这里成为底比斯西岸的行政中心，建造帝王陵墓的工人前来抗议罢工、索取拖欠的工资，居民涌进灵殿躲避战祸……环抱灵殿的防御高墙终究有其底线，当底比斯沦入基督徒手中时，灵殿也无可幸免地遭受侵犯，甚至改建成了教堂。尽管如此，拉美西斯三世灵殿终因其特殊的行政地位及防御价值，免于毁灭的命运。

入口 Entrance
古时，灵殿的入口前端建有码头衔接运河及尼罗河。

女祭司神殿
Tomb Chapel of the Divine Adorers
通过叙利亚门后，左侧有座第25~26王朝所建的神殿。神殿的作用有多种说法，一般认为是属于供奉阿蒙神的女祭司神殿，小前庭的浮雕现已移藏开罗的埃及博物馆，但留存殿内的雕刻同样精彩动人。

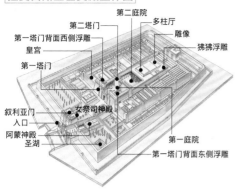

拉美西斯三世灵殿立体图
第二庭院
第二塔门
多柱厅
第一塔门背面西侧浮雕
雕像
皇宫
狒狒浮雕
第一塔门
叙利亚门
入口
女祭司神殿
阿蒙神殿
圣湖
第一庭院
第一塔门背面东侧浮雕

第一塔门 First Pylon

虽然上层的泥砖建筑已被损毁，但气势依然惊人。外墙浮雕是拉美西斯三世对抗努比亚人(西侧)及叙利亚人(东侧)的场景，事实上，拉美西斯三世从未与此两族交战，主要是仿拉美西斯二世灵殿的形式而雕。

多柱厅 Great Hypostyle Hall

多柱厅已呈露天，残留的立柱还保有原来的色彩，两侧墙上浮雕是拉美西斯三世接受底比斯三神的赐福场景。

第一庭院 First Court

东侧浮雕毁于基督徒之手，西侧圆柱浑厚坚实，墙面并辟有观景窗供法老出席观礼。

叙利亚门 Syrian Gate

这座楼高两层的建筑物既具有防御功能，也是法老与妻妾休憩的娱乐场所，拉美西斯三世的第二任妻子就是在此策划暗杀法老，为其子潘特维拉(Pentwere)夺取继承权的，事后密谋者全数遭逮捕并处死，但拉美西斯三世也在案件审理期间过世。

圣湖 Sacred Lake

这座圣湖除了供日常敬奉使用外，膝下无子的妇女会在夜间前来圣湖沐浴，祈求艾西斯(Isis)让她们受孕。

雕像 Statues

拉美西斯三世和图特神(Thoth)的残破雕像立于殿后。

第二塔门 Second Pylon

该塔门外墙留有拉美西斯三世大战海上部族的浮雕，这些海上部族主要来自爱琴海、地中海区域，均被他英勇击退。

第二庭院 Second Court

基督徒曾占据此处，因而两侧雕像都遭毁坏。西侧墙面上雕刻了38行象形文字，记述拉美西斯三世灵活运用战术，成功封锁敌人船只，击败利比亚人及海上部族的功勋。同侧墙面上另一端又见拉美西斯三世军队计算敌军断手的浮雕，血腥地强调战绩，令人触目惊心。

狒狒浮雕 Reliefs of Baboon

在古埃及信仰中，狒狒与太阳神有关，在此浮雕中，狒狒们与拉美西斯三世一起膜拜神祇。

埃及古文明建筑艺术 ◆ 古埃及法老王朝建筑

阿布辛贝神庙 Temple of Ramesses II (Abu Simbel)

位于埃及和苏丹的国界边，距离埃及阿斯旺(Aswan)约297千米

阿布辛贝神庙享有与狮身人面像、金字塔齐名的盛誉，但在19世纪之前，它仅是一则掩埋在沙土中的传说。

1813年3月，瑞士历史学家贝克哈特(Johann Ludwig Burckhardt)首度揭开这项传说秘闻，4座深埋在沙中的巨型雕像泄漏了神庙所在。1817年，另一位意大利探险家贝尔佐尼清除了入口的沙土，沉睡了11个世纪的拉美西斯二世终于被欧洲人所唤醒。自此，包括意大利、法国、德国等多国学者涌入阿布辛贝，这项创世纪的发现使学者们忘却沙漠燥热的煎熬，德籍考古学家海因里希·施里曼(Heinrich Schliemann)甚至称这项发

现可媲美特洛伊城再现。

阿布辛贝神庙确实是空前的建筑奇迹，它耗时20年建成，敬奉着孟斐斯(Memphis)的守护神彼特(Ptah)、底比斯的守护神阿蒙·拉(Amun-Ra)、赫里奥波里斯(Heliopolise)守护神拉·哈拉克提(Ra-Horakhty)，以及拉美西斯二世自己。从把守门面的威武巨像到记录战役的繁复浮雕，已足使拉美西斯二世生前逝后都名扬天下，他所企求的永垂不朽已然达成。

唯一对拉美西斯二世构成威胁的是，20世纪60年代兴建高坝的决策。为了抢救阿布辛贝神庙，51国专家学者齐赴埃及，联合国教科文组织集资3600万美金，选定比原址高约62米处为新址，赶工整建岩床，同时将阿布辛贝神庙及纳芙塔蒂神殿切割成一千多块石块，小心翼翼地搬运至新址重新组建，这项浩大工程于1968年9月宣告完工。

完成组合后的阿布辛贝神庙背倚人造假山，内殿上端覆盖着一座可承重10万吨的混凝土，外观与19世纪重现天日时一样。3000多年前的建筑手笔与现代工程的再造魄力都令人叹为观止。

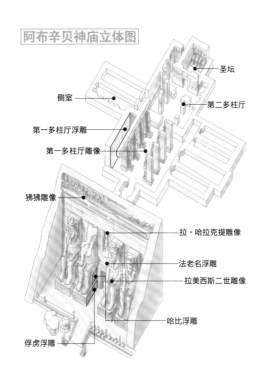

阿布辛贝神庙立体图

圣坛
侧室
第二多柱厅
第一多柱厅浮雕
第一多柱厅雕像
狒狒雕像
拉·哈拉克提雕像
法老名浮雕
拉美西斯二世雕像
哈比浮雕
俘虏浮雕

法老名浮雕

拉美西斯二世不朽的名字镌刻在臂上椭圆形的雕饰中。

俘虏浮雕

紧邻入口的雕像基座浮雕是被俘虏的敌人，一侧为非洲人、一侧为亚洲人。

狒狒雕像

正面顶端罗列着敬迎朝阳的22只狒狒雕饰。

拉美西斯二世雕像

4座巨型石像高达20米，头戴"那美斯"头饰及一统上下埃及的双王冠，右侧第二尊石像的头部毁于公元前27年发生的地震。立于雕像脚边的为皇室成员，包括拉美西斯二世的母亲图雅(Muttuy)，皇后纳芙塔蒂(Nefertari)，儿子阿蒙赫克普谢夫(Amenhirkhopshef)、拉美西斯王子(Ramesses)，女儿宾坦塔(Bint'anta)、妮贝塔薇(Nebttawi)、梅丽塔蒙(Merytamun)等。

第一多柱厅雕像

第一多柱厅长18米、宽16.7米，中央两侧立着8座拉美西斯二世雕像，雕像高10米、背倚方形大柱，左侧头戴代表上埃及的白冠，右侧头戴统一上下埃及的红白双冠，双手在胸前交叉，执握着连枷权杖及弯钩权杖，姿势仿冥神欧西里斯，象征着法老永生不朽，顶篷绘有女神奈荷贝特(Nekhbet)展翅护卫上埃及。

哈比浮雕

再往上看，上端的浮雕内容为尼罗河神哈比(Hapy)捆绑莲花及纸莎草象征统一上下埃及。

拉·哈拉克提雕像

位居神庙正中央上端的拉·哈拉克提两手握着象征拉美西斯二世帝号的代表物，两旁还立着拉美西斯二世手捧麦特(Maat)敬献的雕像。

第一多柱厅浮雕

　　精彩的浮雕描述了拉美西斯二世征伐的战绩。最具代表性的为北面描绘公元前1275年掀起的卡迭石战役，拉美西斯二世在画面中驾着双轮马车、张弓猛击希泰族，四周雕满大批部队行军、激烈的肉搏战斗、敌军车毁人亡、四散逃逸等景象，人物总数超过千人，宛若一篇璀璨的史诗。

侧室

　　侧室的浮雕描述法老敬奉诸神的情景。

第二多柱厅

　　厅内4根方形立柱及四壁浮雕是法老敬奉诸神的宗教仪式场景。

圣坛

　　4位神祇由左至右为彼特(Ptah)、阿蒙·拉、拉美西斯二世、拉·哈拉克提，安坐在整体建筑的中轴线上，每年逢10月20日及2月20日这两天，阳光会穿越前厅射入圣坛，奇妙的是，只有3位神祇受光，唯独冥神彼特依然隐在阴暗中。对于这种现象及日期代表的意义，学者尚无定论，一派认为与法老即位周年庆有关，另一派则指出所有坐向相同的建筑都可引光入室，因此日期代表的意义不大，两派唯一的共识是法老可借太阳神获取新生的能量。

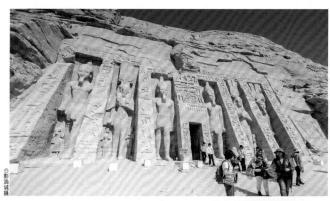

纳芙塔蒂神殿
Temple of Nefertari

　　与阿布辛贝神庙相邻的小型神殿是拉美西斯二世专为爱妻纳芙塔蒂所兴建的，规模虽不大，但整体结构与阿布辛贝神庙相仿，4座拉美西斯二世雕像及2座纳芙塔蒂雕像嵌入正面斜壁。不寻常的是，依据传统皇后雕像一律立于法老腿侧膝部以下位置，拉美西斯二世打破规范，赐予纳芙塔蒂平起平坐的地位，且在神殿内外多处镌刻夫妻两人并列的名字，充分显示纳芙塔蒂对拉美西斯二世的重要性。

　　6座雕像的脚边立着皇室子女，以入口为界，两侧各立着相同的6尊小像，其身份自左至右为儿子美雅图姆(Meryatum)、梅里尔(Meryre)，女儿梅丽塔蒙、荷努特塔薇(Henttawi)，儿子拉希尔韦内梅夫(Rahirwenemef)、阿蒙赫克普谢夫。

　　神殿内由多柱厅、通廊、圣坛组成，多柱厅立有6根石柱，柱头镶雕女神哈特的头像，四壁布满拉美西斯二世及纳芙塔蒂向哈特、麦特、穆特、塞蒂斯(Satis)、荷鲁斯(Horus)、艾西斯、卡努(Khnum)、孔苏、图特等诸神敬奉鲜花及燃香的情景。北墙及南墙浮雕是拉美西斯二世和纳芙塔蒂向哈特敬献纸莎草，化为牛形的哈特女神乘船航行于纸莎草丛中，画面精致动人。

费丽神殿Temple of Philae

 | 埃及阿斯旺(Aswan) Agilika Island

同样是遭受建坝水淹的威胁，但与阿布辛贝神庙相较，费丽神殿的命运更加多舛。

早在1902年首度兴建阿斯旺水坝时，费丽神殿已遭水淹。到了1932年，第三度扩建水坝时，费丽神殿所在的费丽岛全部沉入水下，当时的游客只能从船上俯瞰费丽神殿水下的模糊倩影。20世纪60年代开始启动高坝兴建工程后，意味着费丽神殿将永沉水底，于是联合国教科文组织开始进行抢救工作，决意将这座神殿迁往附近比费丽岛高20米且地貌类似的阿基利卡岛(Agilika Island)。

由于神殿已遭水淹，因此先在费丽岛四周建起了一道封闭的围堰，抽干堰内河水后，再将45000块岩石切割拆除，移往附近的阿基利卡岛后按原貌重建，整个工程耗资3000万美金。1980年3月，费丽神殿宣告重建完毕，其新貌与往昔并无二致。尽管艾西斯女神的信仰最初可追溯到公元前7世纪，不过这座神殿目前保留下来最古老的建筑，约可追溯到公元前3世纪时的法老内克塔内布一世(Nectanebo I)统治时期。至于这片遗址中最重要的部分，则是从托勒密二世(Ptolemy II)任内开始建造，并且不断增建长达500年的时间。在罗马统治初期，这座神殿备受呵护，彰显罗马统治者对埃及信仰的包容，迄今已历3000多年岁月，费丽神殿依然屹立于尼罗河的怀中，且俨然已成为阿斯旺迷人的地标之一。

戴克里先之门 Gate of Diocletian

戴克里先之门据推断应是为庆祝胜利所造的拱门遗迹，从河上远观景色更胜一筹。

第一塔门 First Pylon

第一塔门始建于托勒密五世及六世时期，直至托勒密十二世时期才完成整体雕饰。壁面浮雕是法老奋勇杀敌的场景，塔门前原立有一对雕刻象形文字和希腊文的方尖碑，现仅余一对石狮守门。

第二塔门 Second Pylon

壁面浮雕是托勒密六世敬奉欧西里斯、艾西斯、荷鲁斯等神祇的场景。塔门旁的巨碑重达200吨，记载着位于尼罗河第一瀑布(First Cataract)附近的多德卡舒伊诺斯(Dodekaschoinos)地区对艾西斯神殿的诸多奉献。

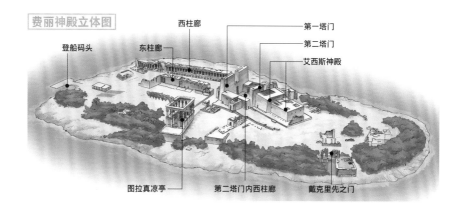

费丽神殿立体图

登船码头　东柱廊　西柱廊　第一塔门　第二塔门　艾西斯神殿

图拉真凉亭　第二塔门内西柱廊　戴克里先之门

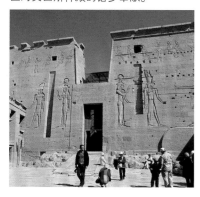

第二塔门内西柱廊 Western Colonnade of Second Pylon

西柱廊规模不大，但柱身雕饰精彩，柱头镶雕女神哈特头像，值得细赏。

图拉真凉亭 Kiosk of Trajan

又称为"法老之床"(Pharaoh's Bed)的图拉真凉亭，由14根立柱及半墙环抱，精致的柱头雕为混合式风格，最初可能盖有木头屋顶，现已成露天。神殿开有两道门，其中一道面对着尼罗河，推断是初始登岛的入口。

艾西斯神殿 Temple of Isis

前厅立有10根浮雕石柱，墙面浮雕是托勒密王朝君王敬奉诸神场景。这座多柱厅前半部为露天，后半部有盖顶，天顶浮雕是展翅的女神奈荷贝特。走过布满浮雕的通廊，后方的圣坛室内原立有两尊艾西斯雕像，现藏于法国卢浮宫及英国大英博物馆中。

东柱廊 Eastern Colonnade

前庭的东侧列柱未完工，柱廊南端供奉努比亚守护神阿瑞斯努菲斯(Arensnuphis)的神殿、位于中段后方的狮首人身曼陀罗(Mandulis)小神殿、位于北端供奉祭司印和阗的殿堂都已倾圮。

西柱廊 Western Colonnade

32根立柱保存良好，柱头雕饰为混合形式，整体建筑为托勒密三世所建，柱廊壁面浮雕是罗马统治时期的杰作，壁上的开窗原可眺望相邻的毕佳岛(Biga Island)。

埃及古文明建筑艺术 ◆ 古埃及法老王朝建筑

37

荷鲁斯神殿Temple of Horus

位于埃及阿斯旺(Aswan)北方约105千米处，距离埃及孔翁波(Kom Ombo)约60千米

荷鲁斯神殿堪称埃及保存最好的神殿，不仅塔门、外墙、庭院、神殿都维持原貌，浮雕内容更涵盖古埃及崇拜的诸神传说，无怪乎被推崇是一部集神殿建筑、神学、象形文字于一处的图书馆。

这座砂岩打造的神殿是由托勒密三世于公元前237年开始兴建，因适逢上埃及动荡不安，工程断断续续持续了180年，直到公元前57年托勒密十二世时期才竣工，慢工出细活的品质历经两千多年还十分动人。

荷鲁斯神殿坐落在埃德芙(Edfu)，在古埃及被称为"Djeba"，埃及人始终深信此地正是传说中鹰神荷鲁斯大战杀父仇人赛特(Seth)之处。神殿内布满了两位神祇作战的浮雕，也留有哈特每年从登达拉(Dendara)逆流而上与丈夫荷鲁斯相会的浪漫场景。大量的神祇传说在神殿里轮番演出，无论看门道或看热闹，荷鲁斯神殿都令人着迷。

诞生室

位于神殿前方的诞生室，是为了庆贺荷鲁斯和哈特之子哈松图斯(Harsomtus)的诞生所建，可见到哈特哺育爱子的浮雕。

塔门

高耸的双塔门浮雕是托勒密十二世屠杀敌人向荷鲁斯献祭的场景，入口两侧立着两尊以黑色花岗岩雕成的荷鲁斯像。

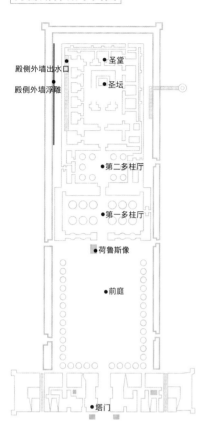

荷鲁斯神殿平面图

殿侧外墙出水口 ●圣堂
殿侧外墙浮雕 ●圣坛

●第二多柱厅

●第一多柱厅

■荷鲁斯像

●前庭

●塔门

●诞生室

前庭

东、西、南三面柱廊环抱着前庭，32根石柱柱头呈现混合式风格。

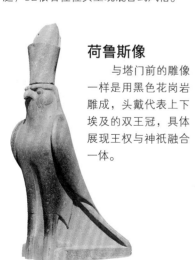

荷鲁斯像

与塔门前的雕像一样是用黑色花岗岩雕成，头戴代表上下埃及的双王冠，具体展现王权与神祇融合一体。

第一多柱厅

厅内立有12根雕饰繁复的石柱，紧邻入口的两侧原为纸莎草纸文献储藏处及祭司更袍行涤净礼的所在。

第二多柱厅

壁上浮雕是建殿的庆祝仪式及荷鲁斯和哈特所乘的圣船。东侧墙面辟有出口可通往殿外通道，西侧则有两间放置供品的小室。

圣坛

经过通廊就来到位于殿后的圣坛，这座内室宛如殿中殿，结构高大坚实，东、西、南三面环设敬奉明(Min)、欧西里斯(Osiris)、哈特(Hathor)、孔苏(Khonsu)、拉(Ra)等诸神的小圣室，繁复的浮雕布满各壁。圣坛中央立着高约4米的圣龛，由整块花岗岩雕成，如磐石般矗立着。

圣堂

位于圣坛后方的圣堂里安放着圣船，前端饰有荷鲁斯木雕胸像，材质虽讲究但已显破旧，不过，在两千多年前，它可是密封在实心坚牢的松木大门后，只有法老或大祭司可接近。

殿侧外墙浮雕

古时，埃德芙当地每年都会举行一场"胜利庆典"，并按例演出一场荷鲁斯为父报仇的好戏，其概况就雕刻在神殿的外墙上。在这出脍炙人口的好戏中，谋杀冥神欧西里斯的赛特化身为体型娇小的河马(在古埃及人的眼中，河马是不怀好意的生物)，荷鲁斯持10支鱼叉刺向河马身体不同部位报了父仇，最后致命的一击，通常由法老或祭司上场扮演荷鲁斯执行。庆典的压轴活动是大家分食河马形状的糕饼，意味着完全消灭恶魔赛特。

殿侧外墙出水口

神殿旁侧外墙上的出水口为狮头形状。

埃及古文明建筑艺术 ◆ 古埃及法老王朝建筑

39

哈特神殿 Temple of Hathor

🏠 | 位于埃及卢克索(Luxor)北方约60千米处的登达拉(Dendara)，距离卢克索约1.5小时的车程

登达拉的哈特神殿和艾斯纳的卡努神殿都是托勒密王朝(Ptolemaic Dynasty)时期的建筑，而最独特的是，哈特神殿是唯一一座能确认建造日期的神殿。兴建于公元前54年7月16日，稍晚增建的欧西里斯圣堂则于公元前47年12月28日动工。这些精确的日期数字源自殿内所绘的黄道图，专家们利用史料结合图中的星辰，推算出惊人的明确结果。

为了面朝尼罗河，神殿打破了传统的坐落方向，将东西向改建成南北向，此外更舍弃了巍峨的塔门，建筑风格上展现了极大的转变。殿内敬奉神祇哈特及其丈夫荷鲁斯、儿子哈松图斯(Harsomtus，又名Ihy)。虽然基督徒损毁了神祇面容，但多柱厅、圣坛、圣湖等主建筑保存良好。

精美的浮雕是哈特神殿无与伦比的资产，许多雕刻还维持着千年不改的色彩，显现往昔热闹的庆典仪式和丰富的天文知识，给予后世考古工作者极大的惊喜与振奋。

多柱厅外观

外墙浮雕是罗马皇帝提比略(Tiberius)、克劳狄乌斯(Claudius)敬奉哈特、荷鲁斯等诸神的场景。低围的半墙式设计，可清楚看见立柱柱头雕饰着有牛耳的哈特女神头像。

多柱厅天顶雕饰

仔细欣赏多柱厅精致的天顶雕饰，东侧尤其精彩，描绘天空女神努特(Nut)伸展身子撑起宇宙，并分别于天顶两端展现努特在黄昏吞噬太阳，到了清晨又诞生太阳的情景。图中的18艘小船其实是历法计算的方式，每艘船代表10天，180天构成了半年。

多柱厅

24根立柱柱头并不是雕饰着传统的纸莎草或莲花，而一律是哈特女神头像，遗憾的是，许多女神容貌已遭基督徒毁损。

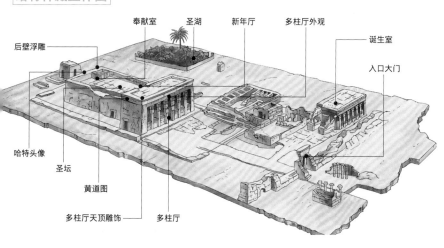

哈特神殿立体图

后壁浮雕
哈特头像
圣坛
黄道图
多柱厅天顶雕饰
多柱厅
奉献室
圣湖
新年厅
多柱厅外观
诞生室
入口大门

哈特头像

殿后外墙的中央饰有哈特女神庞大的头像，墙头顶端还装饰着狮头出水口。

诞生室

这间诞生室为罗马皇帝奥古斯都为哈特女神及其子哈松图斯所建，前端左右各有一间储藏室，两侧还有柱廊，柱头饰有庇佑分娩的保护神贝斯像。

新年厅

这间挑高的小厅是新年期间举行宗教仪式的地方，隐藏于错综复杂的通道后方，让人有柳暗花明的惊喜感。

圣坛

通过第二多柱厅及通廊就来到殿内的圣坛。庞大的石室圣坛为十多间小室所包围，由壁上浮雕可以推知圣坛内原设有石龛，安置着哈特雕像以及每年赴埃德芙会见丈夫荷鲁斯所乘的圣船，但现今都已荡然无存。

奉献室

位于屋顶后端的奉献室环绕着12根石柱，每年新年期间，供奉于圣坛内的哈特女神雕像，就会循西侧阶梯被抬入奉献室迎接旭日，象征与太阳神结合，仪式完成后，再循东侧阶梯返回圣坛。庆典盛况雕刻于石梯两侧的墙壁上。

黄道图

神殿内两侧设有石梯通达屋顶，屋顶前端有两间圣室敬奉冥神欧西里斯，东侧的圣室天顶留有著名的圆形黄道图，显示出当时卓越的天文知识。不过，真品收藏于法国巴黎卢浮宫，圣室内所见为仿制模型。

后壁浮雕

殿后外墙的西侧雕刻着末代女王克丽奥佩脱拉(Cleopatra)和她与恺撒所生的儿子小恺撒(Caesarion)双双敬奉哈特女神的场景，女王纤细的蜂腰为当时主流美学的表现。

圣湖

圣湖四周被围墙环抱，四个角落都设有阶梯通往湖底。传说荷鲁斯大战赛特的戏码，以及哈特与荷鲁斯的婚礼仪式都是在此举行。不过，现今湖水已干涸，长满了绿树及灌木。

孔翁波神殿Temple of Kom Ombo

位于埃及阿斯旺(Aswan)北方约45千米处的孔翁波

名称原意为"大量(Kom)黄金(Ombo)"的孔翁波，是古埃及黄金之都的旧址，在托勒密王朝时期，这里为重要的军事基地。而埃及人与努比亚人之间的金矿交易，甚至与埃塞俄比亚(Ethiopia)的大象交易，都以此为据点，从而带动了此地繁荣。到了近代，因兴建阿斯旺高坝产生人工湖纳塞湖，许多努比亚人迁居于此，更增添了孔翁波的另类面貌。

位于西侧小山丘上的孔翁波神殿，是同时供奉鹰神(荷鲁斯的一个化身)和鳄鱼神索贝克(Sobek)的神殿，在埃及绝无仅有，不仅因为它是少数献给"恶神"的神殿，更因为它采用双神信仰与双神殿的形制。

孔翁波最初的名称为"Pa-Sobek"，也就是"索贝克的领地"之意，昔日常见鳄鱼爬上沙质河岸暴晒太阳。古埃及的居民除了崇拜象征正面力量的神祇，也膜拜令人害怕的事物，于是鳄鱼被当成赛特化身之一，成了敬畏的对象。据说，因为不宜信仰"恶神"，因此将索贝克与鹰神放在一起，另一方面也展现不分善恶之间的宗教平等。

根据考证，这座神殿可能建在中王国时期的遗址

上，今日所见的建筑大约于公元2世纪时由托勒密六世(Ptolemy VI)开始兴建，由托勒密八世(Ptolemy XIII)完成内外的廊柱厅，至于周边的城墙则由罗马第一任皇帝奥古斯都增建于公元30年左右，只不过大部分多已毁损。而殿内的浮雕大多是在托勒密十二世及罗马时期完成的，虽然历经长时间的沙埋土掩及基督徒的破坏，主结构依然完好。神殿坐落在传统的东西轴线上，北侧供奉鹰神，南侧供奉鳄鱼神，对称的建筑结构构成神殿全貌。

建筑正面与柱头

建筑正面是双入口形式，分属鹰神和鳄鱼神，他们各自拥有自己的祭司。立柱柱头为混合式，中央门楣上端留有托勒密十二世敬奉神殿的题词。

通廊及第一、二多柱厅

两座多柱厅各林立着10根立柱，通廊左边献给鹰神，右边属于鳄鱼神索贝克所有，从立柱和浮雕中便能发现其主角是谁。

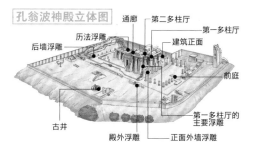
孔翁波神殿立体图

后墙浮雕　历法浮雕　　通廊　第二多柱厅
　　第一多柱厅
　　　　建筑正面
　　　　　前庭
古井
　第一多柱厅的
　　主要浮雕
殿外浮雕　正面外墙浮雕

诞生室

诞生室位于鹰神神殿中，装饰其屋顶的鹰神壁画依旧色彩缤纷。诞生室是鹰神出生的地方，其浮雕可见艾西斯分娩和哺育鹰神的场景。

后墙浮雕

神殿外围有一条通道，可通往后墙浮雕，在这里除了可看见荷鲁斯之眼外，还有一组内容类似于外科手术器械的浮雕，包括手术刀、骨锯、牙科器材等。目前推论因古时常有信徒来此膜拜鹰神祈求治愈疾病，因此，这组器具可能与宗教献祭仪式有关。

殿外浮雕

神殿敬奉的鹰神(左)及鳄鱼神(右)手持代表生命之钥的"安卡(Ankh)"，居中的椭圆形图饰刻着法老的名字。在浮雕的另一面，可以看见类似男性生殖器的图案，它是生殖之神明(Min)的简化象征。

前庭

前庭的前方原立有高大的塔门，两侧建有高墙，现今都已倾圮，庭中所立的16根石柱也仅余残柱。

历法浮雕

神殿中的浮雕记载了奉献贡品的日期与数量，标示了古时历法的计算方式，十分珍贵。

古井

神殿外还留有一口深井，这曾是神殿的重要水源，传说也供信徒行净身礼用。

鳄鱼木乃伊博物馆

神殿外有一座小型博物馆，里面收藏了十几只鳄鱼木乃伊，甚至还有小到尚在蛋中的模样，相当特别。

建筑正面外墙浮雕

面对建筑左边的浮雕叙述了鹰神和朱鹭神图特(Thoth)为托勒密七世举行涤净仪式的故事。

埃及古文明建筑艺术　◆　古埃及法老王朝建筑

前哥伦布时期中美

洲文明建筑艺术

前哥伦布时期(pre-Columbian)指的是在欧洲人还没发现新大陆之前，美洲地区一直存在着两大文明区块，一是中美洲以玛雅与阿兹特克为主的文明，一是南美洲的印加文明，这两处文明所遗留下来的建筑，至今仍是考古的重要依据。

1492年哥伦布发现新大陆，欧洲人大幅改变了对世界的认知，也从此改变了美洲的命运。1500年左右，西班牙征服者从墨西哥湾上岸，发现了前所未见的古老文明隐身在雨林里，对中美洲文明的城市布局和建筑留下深刻的印象。

中美洲曾经崛起过的文明，其散布的范围大致包括了今天的墨西哥、危地马拉、洪都拉斯及萨尔瓦多等国家，依照时间先后，较著名的有萨波特克(Zapotec)、玛雅(Maya)、托尔特克(Toltec)、秘兹特克(Mixtec)、阿兹特克(Aztec)等文明。

这些文明通常被划分为以墨西哥高原、河谷为主的"高地"和以墨西哥湾区为主的"低地"两个区域。不论哪个时期或区域，基本上拥有许多相似的文化特征，包括建筑、城市规划、球场、金字塔神庙、活人献祭等。以最具代表性的金字塔为例，玛雅人主

要用它作为国王或领导人的陵墓，而阿兹特克人则主要将其作为活人献祭使用。

为举行祭拜美洲虎神、战神、羽蛇神而进行的活人献祭仪式，阿兹特克城市设计发展出一套标准的城市中心建筑模式：在城市的中心是一座大广场，广场上可供集会、宗教舞蹈、娱乐活动；广场周围是阶梯状的金字塔，由一条宽敞的大道连接，拾宽阔的阶梯而上，金字塔顶端有一座神庙，也就是神明的居所，然后在这里进行活人献祭仪式。

中美洲文明的建筑多半就地取材，人民的住所很少留下任何痕迹，耐久性的建材则专属于神祇，建筑的位置是依天文观测而决定的，以便与天体运行相互辉映，象征地球与宇宙之间的和谐。

在尤卡坦半岛的低地，玛雅人以独特的石灰岩"cantera"打造城市；在墨西哥高原的高地，阿兹特克人则使用轻质的火山岩"tezontle"，这是种暗红色的浮石，城市的地基可以浮在湖泊的沼泽地上。

除了金字塔神庙，中美洲文明中较知名的建筑形式还包括球场及天文台。大部分的中美洲部族都会举办球赛，输球的一方作为祭祀牺牲祭品，因此球场成为城市中另一个重要的集会与宗教仪式中心。球赛的规则是以臀部或身体其他某部位将实心橡皮球顶进高高架在球场上的石环为胜利。球场就位于金字塔神庙附近，两者之间有供贵族显要观赏球赛的看台相连。

至于观测星象用的天文台，也显示他们在天文、历法等科学方面的成就。以奇琴·伊察(Chichén Itzá)的卡拉克天文台(Caracol)为例，整个结构包括3米高的塔身以及两层环绕着塔中央螺旋梯的圆形观测台，这是到目前为止，在玛雅建筑中所发现的唯一一幢有拱顶的圆形建筑。

至于南美洲的印加文明，它与中美洲的阿兹特克文明几乎同时开展，然后同样覆灭于外来殖民者的手中。印加帝国的幅员涵盖了南美洲安第斯山脉全境，相当于今天的厄瓜多尔、秘鲁、玻利维亚、智利、阿根廷等国的总和。

印加人具有高度的组织能力，他们的天分展现在大规模的土木工程及军事工程上，其最显著的建筑特色就是浩大的巨石工程，石头一层层叠高，石缝之间不靠任何泥灰就能紧密结合。

印加文明最知名的印记，就是位于安第斯山山巅的马丘比丘。除此之外，25000千米的网状道路系统，将首都库斯科(Cuzco)和帝国急速拓展的疆土连接起来，其工程壮举足以与欧洲的罗马道路系统相匹敌，尤其那条伟大笔直的"皇家栈道"(Royal Road of Mountain)，宽9米，沿线6000千米都筑了高墙，是整个交通网路的主干道。印加人无疑创造出全世界最精湛的石造工程，可惜的是，这一切傲人的成就，却随着西方殖民者入侵，戏剧性地戛然而止。

玛雅文明·阿兹特克文明·印加文明建筑

特奥蒂瓦坎Teotihuacán

位于墨西哥的墨西哥城东北部约40千米处，车程约1小时

特奥蒂瓦坎是最知名的中美洲文明遗迹，一向被认为是阿兹特克帝国伟大的遗迹。不过，这个伟大的遗迹一直是令人不解的谜题，从来没有人知道谁原本居住在此，他们可能是操着秘兹特克语的奥尔梅克–西卡兰卡人(Olmeca-Xicalanca)，或是托托纳克(Totonac)一族。迄今尚未研究出他们的来源，仅知道在公元前100年(约中美洲文明前古典时期)就有人在此定居，并且兴建有大型建筑。

特奥蒂瓦坎被死亡大道划分为四块，整座城市约20平方千米，控制着墨西哥河谷。建于中美洲后古典时期

的特奥蒂瓦坎太阳神庙，是当今世界上最大的金字塔遗迹，而月亮神庙则约建在古典时期。

公元150—200年，这里人口曾达到20万人，是当时全球第6大城市。人们大量开发自然资源、增加农业生产量、发明新技术和建立贸易系统，到了公元4世纪时，特奥蒂瓦坎的文化版图几乎遍及中美洲各地，甚至还扩展到现今危地马拉的玛雅城市提卡尔。

大约到了公元700年，特奥蒂瓦坎开始走下坡路，很多推测说是因为城市过大，无法负担所有居民的食物。出土文物显示，许多新建筑加盖在旧建筑的上方，到了公元850年，仅有少数的人居住在郊区。一直到特奥蒂瓦坎没落后几个世纪，在纳瓦特尔语(Nahuatl)中这里都一直被称为特奥蒂瓦坎(Teotihuacán)。然而，它最原始的名字、在此居住人的语言和人种都尚未被证实。

当阿兹特克人在14世纪建立起他们的首都特诺奇提特兰(Tenochtitlán)时，特奥蒂瓦坎已经是一个荒废的城市，不过他们却对它广大的面积和城市规划留下了深刻的印象，因此开始重建，将特奥蒂瓦坎变成阿兹特克帝国的宗教祭祀中心。阿兹特克人相信这个荒废的城市是由神明所建，为此他们将其命名为"特奥蒂瓦坎"，意思是"人成为神的地方"。

当西班牙人在16世纪毁灭特诺奇提特兰时，并未发现特奥蒂瓦坎的金字塔遗迹，这里才能丝毫未损地保留原来的风貌。一直到狄亚兹独裁政府掌权时，一连串的挖掘才开始。

特奥蒂瓦坎人使用跟玛雅人类似的数学符号，也同样使用260天为一年的"神历"和365天为一年的太阳历，或许是受到更古老的奥尔梅克文明所影响。因为特奥蒂瓦坎文明并没有像玛雅人一样刻制纪念碑和使用象形文字，使得考古学家对它的认识更少。当然特奥蒂瓦坎文明的神话也影响到阿兹特克人，像羽蛇神(Quetzalcóatl)、雨神(Tláloc)、水神(Chalchiuhtlicue)、火神(Huehueteotl)等。

死亡大道Calzada de los Muertos

死亡大道是特奥蒂瓦坎遗迹的中心主轴，月亮金字塔建在死亡大道的南北纵轴的尽头，死亡大道宽40米，自月亮金字塔到城堡这段路约2千米远，根据考古学家的研究，它还向南延伸3千米。而横贯死亡大道的中心轴大道同样也是40米宽，长约4千米，这条路被羽蛇神宫殿和碉堡所中断，有可能是以往的市集聚集处。死亡大道上还包含了5或6个广场，从纵横两条中心轴延伸出去的小路达4千米远，也就是特奥蒂瓦坎的郊区。

太阳金字塔Pirámide de Sol

太阳金字塔建于公元100年，位于死亡大道的东边，底座占222平方米，高度超过70米，由300万吨的石块、砖块堆砌而成，完全没有利用任何金属工具或轮子建造。

阿兹特克人相信这座金字塔是献给太阳神的，而1971年考古学家在金字塔内部，发现了一条长100米的隧道通往金字塔的底端洞穴，在这里发现了关于宗教的工艺品。因此认为有可能是在金字塔建造之前，居住于此的人便在这里祭祀太阳神。

在特奥蒂瓦坎鼎盛时期，金字塔的外观是红色的，有可能是因为夕阳的照射所产生的效果。想要爬上太阳金字塔顶端得需要一点儿体力，248级阶梯引领你登到金字塔的顶端，从这里可一览整个特奥蒂瓦坎遗迹。

碉堡与羽蛇神神庙
Ciudadela & Templo de Quetzalcóatl

这个大型的区块通称为碉堡区，被认为是高层统治阶级的居住区，四面有390米长的石墙，四周有15座金字塔包围着中庭，而其中一座就是羽蛇神神庙。

羽蛇神神庙奇特的建筑与装饰非常有趣儿，它约建于公元200年，之后又被其他的金字塔所覆盖。

从建筑上来看，它是以石雕来装饰的 "talud-tablero"（一种特殊建筑，斜墙面上装饰以不同层次的雕像）风格，这也是整个遗迹中唯一采用此种风格的建筑物，这些浮雕代表着水蛇。

羽蛇神神庙原本应有7面阶梯，但现今仅存4面。阶梯上以浮雕装饰，在横向的条面上则有吐尖牙的羽蛇神，脖子上以11片花瓣的花装饰，一旁还有长着4只眼睛、2只尖牙的奇特雕像，这可能是雨神或是火神；阶梯两侧还有几个蛇头一路排下来。

月亮金字塔
Pirámide de la Luna

虽然月亮金字塔的体积比太阳金字塔小，但在比例上优雅许多。它建在较高的土地上，因此顶端的高度与太阳金字塔一样高。根据考古学家的研究，月亮金字塔整体完工约在公元300年左右。

位于金字塔前的月亮广场，同时也是周遭12座神庙平台的广场，不过也有人提及天文学的理论，将月亮金字塔包含在内成为13座，正是中美洲文明神历中计算天数的系统，而位于广场中央的祭坛，可能是举办宗教仪式时跳舞的地方。

蝴蝶宫殿
Palacio de Quetzalpapálotl

位于月亮广场西南方的蝴蝶宫殿，考古学家认为是祭师的居所，这座宫殿与另一座建筑相通，不过却建于不同时期。因一种称为格扎尔—蝴蝶(Quetzal-Butterfly)的像鸟又像蝴蝶的动物图腾被刻画在宫殿内中庭的梁柱上而得名。其图腾上的动物眼睛以黑曜石装饰，被象征火与水的符号包围。宫殿格局为一具有中庭的长方形建筑，面对中庭的每一面都有宽广的道路通往其他房间，中庭的东面走道通往前厅，前厅前就是通往月亮广场的阶梯。

美洲虎宫殿Palacio de los Jaguares

比蝴蝶宫殿还低的美洲虎宫殿，是一座被覆盖过的建筑。考古学家发现，特奥蒂瓦坎文明的每段时期都有不同的功用。之所以被命名为美洲虎宫殿，是因为遗留几幅砖红色的美洲虎壁画，壁画中的美洲虎神穿戴着羽毛的饰品，吹着以海螺做成的乐器，有可能是向雨神祈祷的祭典仪式。

羽毛海螺神庙
Templo de los Caracoles Emplumados

这是考古学家在蝴蝶宫殿下发掘的另一座建筑，在一座平台上的周边有彩色壁画，描述着一只绿色的鸟从嘴里吐出水来，另外还有羽毛海螺和具有四片花瓣的花装饰着宫殿的外观。

博物馆Museum

位于太阳神庙南方50米处的博物馆，主要展示过去几十年间考古学者收集的资讯和出土的文物。

数个刻画着重要女神像的石碑竖立在博物馆门口，代表着土地、水源和生育的意义，展间展示着出自这块土地的矿物资源和特奥蒂瓦坎人如何运用这些资源，同时还有许多雕刻在贝壳或动物骨头上的艺术品、陶器等。在博物馆中心还有一个大型的特奥蒂瓦坎遗迹模型，可让游客一览全貌。

奇琴·伊察Chichén Itzá

🏠 | 位于墨西哥尤卡坦半岛北部

　　奇琴·伊察是由伊察(Itza)族(玛雅人的一支)所兴建的巨大都城，该邦最初为玛雅人于公元9世纪建立，公元987年左右，奇琴·伊察又被原本居住在墨西哥中央高原图拉(Tula)的托尔特克人入侵。如今所见到的奇琴·伊察的遗迹，是混合了玛雅和托尔特克两种文化的综合体，其建筑既表现出玛雅人的智慧与冷静，又不乏托尔特克人的剽悍和雄伟。在外来文化的刺激下，正在走向衰落的玛雅文明，出现了一次复兴。

　　奇琴·伊察的兴盛时代约在11、12世纪，1224年，这个城邦的伊察人王朝被科康人推翻，从此一蹶不振。科康人继而打败了乌斯马尔，成为尤卡坦半岛上的霸主。科康人建有玛雅潘城(Mayapán)，玛雅的名字也由此而来。1441年，乌斯马尔率领诸弱小城邦联合反抗玛雅潘的霸权统治，一举焚毁了玛雅潘城，玛雅因战争衰落了。

　　后来的玛雅人吸取了托尔特克人对羽蛇神的崇拜文化，所以可在奇琴·伊察遗迹里同时看到玛雅的雨神和托尔特克的羽蛇神。融合墨西哥中部高原的建筑和普克建筑(Puuc，尤卡坦半岛和坎佩切北部的特定玛雅建筑形式，其建筑特征是石块屋舍的底部纯粹以长方形的石块砌成，而房屋上方则以充满象形符号的马赛克图形石块砌成)，让奇琴·伊察在尤卡坦半岛的遗迹显得独特，尤其是大金字塔和金星平台都是在托尔特克文化进入奇琴·伊察后所建的。

　　当玛雅的领导人将政治权力中心迁移到玛雅潘城，而仅将奇琴·伊察作为宗教祭祀中心的首府时，奇琴·伊察便开始步入衰落时期，至于奇琴·伊察为何在14世纪时被完全遗弃，至今仍旧是个谜。

库库尔坎神庙(大金字塔)
Templo de Kukulkan(El Castillo)

在奇琴·伊察的中心，伫立着一座占地3000余平方米的金字塔神庙，神庙由塔身和台庙两部分组成。金字塔底座呈四方形，每边长55.5米，塔身有9层高，向上逐层缩小至梯形平台。庙内立柱饰有浮雕，图案为玛雅人崇拜的羽蛇神和勇士。

神庙是玛雅人为供奉库库尔坎羽蛇神而修建的，玛雅人认为带羽毛的蛇神是天神和雨神的化身，可以带来风调雨顺，而"羽蛇神"也是托尔特克文明的主神。

库库尔坎金字塔高约30米，四周各由91级台阶环绕，加起来一共364阶，再加上塔顶的羽蛇神庙，共有365阶，象征一年的365个日子。每年春分和秋分的日落时分，北面一组台阶的边墙会在阳光照射下形成弯弯曲曲七段等腰三角形，连同底部雕刻的蛇头，宛若一条巨蟒从塔顶向大地游动，象征着羽蛇神在春分时苏醒，爬出庙宇，秋分日又回去。每一次，这个幻象持续整整3小时22分，分秒不差。

天文台El Caracol

这是奇琴·伊察遗迹中重要的建筑物之一。天文台约建于公元900—1000年，包含一个长方形的平台和一个陡斜的墙面，加上一个圆的飞檐。平台的西侧有两级阶梯，阶梯旁以缠绕的羽蛇作为装饰。天文观象台就建于平台中央的圆形塔式高台，内有旋转梯连接各层，平台上层窗户的开凿适合天文观察需要，完全可以掌握在特定的日子内观察特定的星座。玛雅人十分重视天文观察，他们通过观察天象，很早就掌握了日食周期和日、月、金星等运行规律，并制定了一年365天，每四年加闰一天的玛雅历法。

前哥伦布时期中美洲文明建筑艺术 ◆ 玛雅文明·阿兹特克文明·印加文明建筑

帕莲克Palenque

🏠 | 墨西哥帕莲克镇郊外

帕莲克在公元300—900年为玛雅人的文化艺术中心，史学家推断，如果玛雅文化能继续发展，有可能超过高度文明的欧洲。

帕莲克是西班牙人所取的名字，它在玛雅时期真正的名称至今尚未考证出。帕莲克自东向西沿河谷地带平缓延伸11千米，奥托罗姆河从市中心缓缓流过，一座长50米的拱形引水渡槽横跨河面。

城内的神庙、宫殿、广场、民舍等依坡而建，形成雄伟壮观的古代建筑群。最著名的建筑是宫殿，高高耸立在一个梯形平台上，平台底边长100米、宽80米，四周有4座庭院环绕。外墙用岩石垒砌，内部装饰华丽，四壁有壁画、浮雕和各类雕刻，做工精细，技艺高超。

根据考古学家的研究，帕莲克约在公元前100年就有人居住，到公元600—700年达到鼎盛。公元615—683年由一位畸形足的国王帕卡尔二世(Pakal II)执政，他执政期间，建造了许多广场和建筑，其中最令人赞叹的就是为他自己建造的大型陵墓"碑铭神庙"(Temple of the Inscriptions)，因此帕莲克有"美洲的雅典"之称。

帕卡尔二世的儿子强·巴鲁姆二世(Chan Bahlum II)继承了王位，他继续创造出帕莲克独特的艺术和建筑风格，完成了碑铭神庙内的地下密室工程，并且建造出庞大的十字建筑群(Grupo de la Cruz)。他在建筑群的每座神庙顶端放置一块石碑，可见受到其他玛雅城市包括位于危地马拉的提卡尔(Tikal)和靠近比亚埃尔莫萨(Villahermosa)的康马尔卡寇(Comalcalco)金字塔的建筑风格影响。

帕莲克最后一位强势执政的国王是查卡拉三世(Chaacal III)，他在公元722年登上王位，在他执政期间也兴建了不少建筑物。到了10世纪时，帕莲克被遗弃了，由于其位于墨西哥雨林区，经过千年，被热带丛林所湮没，一直到18世纪才重见天日。

碑铭神庙Temple of the Inscriptions

这是帕莲克最令人注目的神庙，旁侧为皇家墓室(Templo XIII)和骷髅头神庙(Templo de la Calavera)。

碑铭神庙可说是帕莲克最高的建筑，金字塔建有8层，在金字塔的顶端有一道69级阶梯的中央阶梯，引领到平台上的3间神庙。碑铭神庙的主厅后墙嵌着两块灰色大石板，上面镌刻着620个玛雅象形文字，排得十分整齐，如同棋盘上一颗颗棋子。这碑铭到底记录着什么，考古学家至今仍未解开。

考古学家在神庙底下的一个大石室里，发现了帕卡尔国王的墓室，墓室内红色的石棺用整块岩石凿成，并且雕刻着各种花纹。国王戴着绿玉面具，身上也戴着手镯、脚环、耳环与戒指等各种装饰品。

宫殿El Palacio

碑铭神庙的对面就是帕莲克的皇宫，它是由13间带地窖的房子、3座地下画廊和1座高塔组成的拥有4个庭院的宫殿。根据研究，这处皇宫至少耗费了200年的时间建造，并经历了数位帕莲克的国王，尤其是帕卡尔国王。

一座5层方形高塔伫立在宫殿的正中心，在玛雅文明的遗迹中，从未有类似的建筑物，因此许多人对这座高塔持有不同的解释，较多人认为这是祭师和贵族观察天象、研究天体运行的地方。

提卡尔Tikal

位于危地马拉提卡尔国家公园内，与之距离最近的城镇是弗洛雷斯(Flores)

和多数知名的玛雅文明遗迹最大的不同是，提卡尔隐身在危地马拉北部的皮坦(Petén)丛林中，高耸的金字塔穿出浓密的雨林顶端，迎向太阳。

钻木取火的证据显示，大约在公元前700年，玛雅人就开始在附近定居，公元前200年，已经有复杂的建筑群自提卡尔北方的卫城建立起来。到了公元250年左右，也是美洲古典时期的早期，提卡尔已经是玛雅很重要的一座城市，不但人口众多，更是玛雅的信仰、文化、商业中心。

美洲古典时期中期，相当于公元6世纪，提卡尔更进一步发展为一座拥有10万人口、超过30平方千米的大城市。不过，提卡尔随后却陷入衰败期，直到公元700年前后，俗称"巧克力王"的阿卡考(Ah Cacau)继承了王位，一举把提卡尔推向巅峰，不仅增强了提卡尔的军事力量，更写下玛雅文明史上最辉煌的一页。今天提卡尔大广场(Great Plaza)附近多数遗址，都是这个时期留下的，而阿卡考自己就葬在一号神庙底下。

10世纪，提卡尔和其他古典时期的玛雅城市一样，突然神秘地被弃置。16世纪西方大航海时代来临，西班牙传教士曾经简略提到这个地方的建筑，直到1848年，危地马拉政府派出探险队，才发掘出这个古文明遗址。

20世纪50年代，人们在提卡尔的丛林中兴建了一座简易机场；20世纪80年代，从邻近城镇弗洛雷斯通往提卡尔的道路修好，使人们进入提卡尔更为便利；1997年，包含提卡尔玛雅遗址在内的提卡尔国家公园，被列入世界文化与自然双重遗产名录。

数以千计的建筑，包括神庙、宫殿、金字塔、球场，都由提卡尔的玛雅人所建。整座提卡尔遗址的精华，落在中央大广场这个昔日权势的中心，一号神庙与二号神庙隔着广场遥遥相对。在极盛时代，提卡尔的金字塔神庙超过三千座，每座神庙之间，是宫殿和贵族的

住所，在神庙之前的平台上，矗立着一排排颂赞提卡尔诸王功绩的石碑和祭坛。

高44米的一号金字塔神庙，又称为"大美洲豹神庙"，就是阿卡考王为自己所打造的，然后由他的儿子接力完成，他的墓穴里摆满了陪葬品，其中包括1963年发现的玉面具。

二号金字塔神庙原本几乎和一号神庙一样高，目前只剩38米。玛雅金字塔神庙的形制大同小异，金字塔由高台叠成，内部用土石填实，神庙就坐落在金字塔的塔顶，庙内有三间小殿，庙顶上耸立着一个形如发冠的空心屋脊，比庙身还高两倍。神庙正面上部有浮雕装饰，涂满五颜六色的图案，不过这些装饰今天只剩下斑驳色块。

整座遗址的最高处是最西侧的四号神庙，高达64米，应该完成于阿卡考王儿子的手中，位于金字塔顶端的"双蛇头神庙"，是到目前为止在中美洲所发现最高的古代建筑。

马丘比丘Machu Picchu

位于秘鲁库斯科(Cuzco)城外122千米处

对多数来到秘鲁或者是南美洲的游客来说，其主要目的就是一睹失落的印加帝国古城"马丘比丘"。马丘比丘是最知名的印加(Inca)帝国遗址，四周高山环绕，丛林密布，在1531年到1831年西班牙统治秘鲁期间，一直是一座消失在山巅的城市。

在1911年被美国历史学者海勒姆·宾厄姆(Hiram Bingham)发现之前，只有少数原住民魁加族(Quechua)知道马丘比丘的存在，甚至海勒姆·宾厄姆也以为他发现的是印加堡垒维卡邦巴(Vilcabamba)。

"马丘比丘"在印第安魁加语中是"古老山峰"之意，遗址位于海拔2350米的维坎诺塔(Vilcanota)山脉东侧的一个鞍部上，在斜坡上有梯田，城市下方的河谷深达610米。

从马丘比丘缜密的建筑形式和与大自然融为一体的规划中，可以推断这是1400年印加帕乔库迪(Pachakuti)大帝的手笔。他在南美洲建立了一个大帝国，统治范围包括今天的秘鲁、玻利维亚、厄瓜多尔、智利等地。他曾经模仿印加圣兽美洲狮的身形，把库斯科改建成一座睥睨世界的美洲狮城。

对印加帝国而言，马丘比丘面积不大，却意义非凡。整个马丘比丘可分为城区和农田两大区域，城区又以中央广场为界，分为上城和下城，上城地势略高于下城。城市下方都是梯田，被泉水所包围，足以让住在城里的人自给自足，种种迹象显示这里是印加人祭祀的圣地。从梯田往南，则是蜿蜒在陡峭山壁的印加古道，用来联系库斯科。

遗址里有宫殿、浴场、神殿、祭坛、广场、仓库，以及150多间屋子，由高低不平的台阶联结起来，街道狭窄整齐有序，所有建筑都由山顶上的灰色花岗岩构成，不论就建筑学或美学而言都是天才之作。有些石头重达50吨，砌得十分精准，没有泥灰连接，但连薄薄的刀刃也插不进去。

在印加时代，马丘比丘的社会或宗教功能作用为何仍有许多未知，从过去发现的骸骨男女比例为一比九的情况下，原本推测此地可能是训练女祭司的圣地或是印加国王的后宫。不过，这个说法已经在2002年被推翻，新发现的墓穴遗骸显示，男女比例是相当的。

城内的主要遗迹包括太阳神殿、拴日石、老鹰神殿、中央广场等。太阳神殿是马丘比丘唯一的圆柱体建筑，可以说是马丘比丘最精良的石造建筑。在印加帝国时期，只有国王和祭司能在此祭拜，每年6月21日冬至清晨，太阳第一道光芒会从东边的窗口直射在神殿的圣石上。

马丘比丘其中一项基本功能是天文观测，这可以从拴日石(The Intihuatana stone)得到证明。拴日石就是日晷，在每年3月21日和9月21日的春分、秋分正午，太阳刚好立在拴日石柱的正上方，不会留下任何阴影。古印加人相信这根柱子可以绑住太阳，在冬至时将太阳带回来。

印加人崇拜太阳，太阳神(Apu Inti)是他们最重要的神灵，印加国王自称为"太阳之子"。然而这个由帕乔库迪大帝所建立的帝国，最终还是覆灭在外来殖民者西班牙人的手中。

欧美及基督文明

建筑艺术及扩展

到欧洲不能不看建筑，建筑主宰了欧洲城市的外貌，走过欧洲各大城市，就仿佛阅读过一部厚重的西洋建筑史，即便是20世纪之后跨洋北美洲的现代建筑，也延续着欧洲建筑的发展脉络与思维。

欧洲文化从希腊罗马时期开始算起，已有三千多年的历史，从公元前1100年到公元476年西罗马帝国败亡为止，是欧洲建筑史上的"古典时期"。

在希腊地区，以克里特岛上的米诺安文明最早出现曙光，克诺索斯王宫是巅峰时期代表性建筑，承续其文化的则是希腊半岛上的迈锡尼。然而真正影响后世的希腊建筑，就是进入希腊文化黄金时期的雅典神殿，直到今天，神殿圆柱的三大样式——多立克式(Doric)、爱奥尼克式(Ionic)及科林斯式(Corinthian)，仍然受到世界各地的广泛运用。希腊人追求人与宇宙间的和谐，表现在建筑上则是力求美学的极致，以及呼应天然环境的契合，而柱廊、剧场、广场等建筑形式，对后世在城市空间的规划上，都有很大的影响。

罗马帝国在公元前30年并吞了希腊、埃及之后，建筑技术更进一步向前跨越，在欧洲许多地区，一直要到17、18世纪，才发展出等同罗马人水准的建筑

技术。罗马人天性较实际，与民生相关的建筑包括道路、桥梁、水道、隧道、排水道、下水道系统、浴场等，随着罗马人征战各地，以罗马为核心向外扩散。

最道地的罗马式建筑，非圆形竞技场莫属。比起靠圆柱支撑的希腊长方形神庙，竞技场的结构更复杂。四层楼的竞技场外观，除了把三大柱式都运用上，罗马人还把爱奥尼克式与科林斯式结合，发明复合式(Composite)柱式。至于拱门及圆顶，罗马人的技术可谓炉火纯青，公元2世纪所建造的万神殿，其直径43.5米的圆顶，到19世纪之前，一直是世界最宽的。

罗马帝国分裂后，东罗马帝国的君士坦丁堡则产生了"拜占庭建筑"，最具代表性的就是位于土耳其伊斯坦布尔的圣索菲亚大教堂，圆球状的屋顶，夸大了教堂外观的力学美。

拜占庭的圆顶向西越过亚得里亚海，则成为威尼斯圣马可大教堂的希腊式十字形五个圆顶；向北至俄罗斯，为了避免冬天下雪时压垮浅圆顶，于是发展出洋葱形圆顶。

公元476年，西罗马帝国灭亡，进入黑暗时期，欧洲建筑陷于停顿状态。不过在黑暗时代的封建化社会，由于罗马教皇的统治，基督教得到广泛的传播，从此主宰了欧洲人的思想与信仰。早期基督教建筑，以"大会堂"(Basilica)长方形建筑样式，继承了罗马人的传统。

直到10世纪社会秩序渐趋稳定，一种"仿罗马式"的建筑艺术应运而生，建筑最大的特色，就是把厚重坚固的基础加在拱顶工程上。这段时期不论是教堂、修道院或城堡，都具有防御性堡垒的功能。

随着城市运动兴起，12世纪诞生了"哥特式建筑"，建筑物渐趋华丽，象征着社会经济状况慢慢富裕了，欧洲人愿意花更多钱取悦上帝。创新的工程技术结合一套新的建筑语汇，创造出一种全新的教堂建筑风格。

伸向无际苍穹的尖塔，尖拱形高窗、飞梁、扶壁、彩绘玻璃、圆形玫瑰窗，都是哥特式教堂的最大特色。走进哥特式教堂，阳光透过彩色玻璃窗，营造出一股神秘感；精雕细琢的壁画雕刻，幅幅是经典的圣经故事；高大的内部空间，产生了上升的力道，让人仿佛置身于天堂里的神宫。

于是欧洲各个大城市开始互相较劲，看看谁盖的教堂最高、最壮丽，世界上最知名的哥特式教堂，首推法

国的夏特大教堂与巴黎圣母院、德国的科隆大教堂、英国的坎特伯雷大教堂，以及意大利的米兰大教堂。

15世纪20年代，哥特风格的意大利米兰大教堂才开始兴建。然而与此同时，240千米以外的佛罗伦萨，建筑风格已悄悄改变，圣母百花大教堂的巨大红色圆顶揭示着新时代的来临。

这就是15世纪兴起的文艺复兴运动。欧洲从中世纪对宗教的迷思中走出来，重新发现人本的价值，所要复兴的，就是古典时期对完美比例及天人合一的美感。这个思维表现在建筑上，就是建筑物的几何图形、线条或任何柱式，比例都要经过精密的计算以及理性的处理，增一分则太多，减一分则太少。

意大利的文艺复兴风潮从佛罗伦萨发轫，接着是罗马，然后威尼斯。由米开朗琪罗所设计的圣彼得大教堂圆顶，把文艺复兴风格推向极致。

当建筑物的结构趋于成熟，建筑师只能朝装饰下功夫。文艺复兴晚期，矫饰主义非常受欢迎，于是矫饰、华丽的"巴洛克建筑"从17世纪起，开始在欧陆攻城略地，意大利贝尼尼为圣彼得大教堂圆顶下设计的圣体伞和广场上环抱的双列柱廊，堪称代表作。巴洛克晚期，更为享乐、感官的"洛可可风"出现，法国凡尔赛宫的镜厅把建筑物的"奢华"发挥到极限。

18世纪下半叶，欧洲回归希腊罗马的"新古典主义"，开始重寻古典的简单、雍容之美。巴黎的凯旋门明显承袭了古罗马厚重的建筑风格。

原本在欧洲建筑史上，每个时代都有一个属于自己的风格，但19世纪中叶之后，有仿哥特式，有仿文艺复兴式，有仿巴洛克式，也有回归古典式，把各种建筑类型融为一体，这就是所谓的"历史主义时期"。伦敦国会大厦就是哥特复兴式建筑的最佳例证。

19、20世纪之交，人们对新科技、新建材，再加上新风格的探寻，已使建筑的发展走向一个全新的时代。新建筑型式的产生不再限于欧陆，也很难用某一种风格规范所有地区，一直到20世纪结束为止，新艺术、构造理性主义、国际现代主义、后现代多元主义……都以当代建筑概括。新技术打造出过去不可能产生的空间、高度与线条，于是摩天大楼竞相追逐高度，剧院、公共建筑，甚至住宅，都有了全新的面貌。不仅建筑师极尽展现个人风格与想象力，建筑的发展更超越了国界与洲界，而且永无止境。

雅典卫城与帕特农神庙
Acropolis & Temple of Parthenon

位于希腊雅典市中心

　　公元前5世纪前后是雅典最鼎盛的时期，雅典人在这时候开始于70米高的山丘上建立卫城的神庙、剧场等。所谓"卫城"高丘上的城市，有两种意义，一是祭祀的圣地，建有雄伟的神庙，同时也是都市国家(Polis)的防卫要塞。

　　从雅典卫城的结构及功能，我们可以想象2500年前人类城市文明的形态，同时也能从中了解当时的神话及信仰，是研究欧洲文明起源的一个非常重要的根据。其中，帕特农神庙完成于公元前430年左右，当时的雅典王培里克利斯(Perikles)积极设立民主体制，并大力推广文化、艺术活动，将雅典文明带向最鼎盛的时期。

　　从帕特农神庙的结构、造型及功能性，就可以想象当时建筑艺术的精湛，而建造这座大型建筑的工程技术，更是超越其他文明之上，即便在今日机械发达的时

代，也很难达到当时精致而细腻的功夫。

　　除了帕特农神庙，同时期的其他建筑作品，如卫城山门(the Propylaea)的廊柱形式、伊瑞克提翁神庙(Erechtheus)的6个少女石柱雕刻及南边的雅典娜尼克神庙(Temple of Athena Nike)等，都号称是希腊古典艺术的典范。

　　对于古典建筑及雕刻有兴趣的人来说，雅典卫城绝对是朝圣地：粗重厚实的多立克式圆柱及细腻的爱奥尼克式圆柱是古典主义建筑的两个基本元素，在当代许多公共建筑上仍然可以看到这两种形式的影子。

　　登上山顶映入眼帘的帕特农神庙更是许多现代建筑的完美典范，大英博物馆就是依循它的形式结构建造完成的。这座长70米、宽31米、高10米的大型殿堂，是为了祭祀雅典的守护神雅典娜而建，在当时注重数学和

逻辑的文化风气下，以最精密的计算完成建筑设计，因此在视觉上永远保持力与美的张力。

　　除了建筑本身有许多经典的美学观点，装饰建筑用的雕刻品、浮雕品等又是另一门学问。由于许多浮雕都是关于古雅典人祭祀的盛况、战争的现场描绘，我们可以从中窥探当时社会的习俗、人们的衣着及使用的器皿等各种生活细节，同时，更可以从雕刻作品中看到当时对于美的观感、理想的身材比例，等等。

　　雅典卫城的雕刻作品是由当时希腊最有名的雕刻家菲迪亚斯(Pheidias)制作。经过多次地震灾害，大部分浮雕及雕塑都倒塌埋没，经过考古学家不断地挖掘及修复，现在我们可以在卫城博物馆中看到大部分的作品。

　　雅典卫城是雅典，甚至可说是整个希腊在文化上发展的地标，更是人类古文明发展的里程碑。

画廊Pinakotheke

在山门北边(左手边)的建筑为从前用来存放朝圣者捐献的绘画、财宝等的地方。

卫城山门Propylaea

中央可以看到粗重、样式简单的多立克式圆柱，左右两翼的建筑物则采用细而精致的爱奥尼克式圆柱，这两种刚柔混合的建筑形式是雅典卫城的特征。

卫城博物馆
Acropolis Museum

这里收藏了许多从卫城遗迹中挖出来的雕刻和装饰品，其中以装饰帕特农神庙的大理石雕刻最多。

雅典王神庙Erechtheion

该神庙于公元前408年完成，最引人注目的是6个少女像石柱，少女像又称为卡利亚提兹(Caryatids)，现在作为建筑梁柱的只是模型，真正的遗迹保存在卫城博物馆里，其中有一个存放在大英博物馆。

狄俄尼索斯剧场
Theatre of Dionysus

剧场建于公元前600年左右，可以容纳15000人。在希腊神话中，狄俄尼索斯是酒与戏剧之神，所以每4年一次的酒神祭典，人们会在这个半圆形的剧场演出戏剧祭祀酒神。

帕特农神庙廊柱

帕特农神庙的廊柱横边有8个、长边有17个，混合了较细的爱奥尼克式圆柱和粗重的多立克式圆柱。前者特征是柱顶有卷涡形装饰，因为较修长，可以增加神庙空间不被柱子占满；后者除了一道道沟之外，力求简洁没有其他装饰，讲求实用性，是整个建筑结构力量的支撑。

海罗德斯阿提卡斯剧场
Odeion of Herodes Atticus

剧场建于公元161年，是阿提卡斯的富豪海罗德捐赠给雅典市的礼物。现在看到的大理石座位是全部经过翻新修建的，可以容纳6000人，每年夏天的雅典庆典在这里举行音乐会。

雅典娜神像

以象牙打造的雅典娜神像，身上装饰着金碧辉煌的战袍和头冠。帕特农神庙是祭祀雅典守护神雅典娜的神庙，雅典娜神像就放置在神庙中央。

阿波罗圣域(德尔菲考古遗址)
Sanctuary of Apollo

🏠 | 位于希腊雅典西北方约178千米处的德尔菲(Delphi)

德尔菲在迈锡尼时代末期就已经出现组织完整的聚落，随着公元前8世纪时来自克里特岛的祭司们将对阿波罗神的信仰传入希腊中部，这座城镇才真正开始发展。随着阿波罗祭仪的流传和神谕的声名远播，许多希腊的大事也都是根据阿波罗的神谕裁示决定的，这使得德尔菲到了公元前7世纪时，已经成为一处广为世人所知的宗教中心，拥有整套完整规划的祭祀方式。

然而到了基督教统治时期，德尔菲逐渐失去了它在宗教上的重要性。公元4世纪时，迫使希腊人改教的拜占庭皇帝，下令禁止信仰阿波罗，同时停办皮西亚庆典(Pythian Games)，这也使得德尔菲从此退出当地的宗教舞台。于是阿波罗圣域逐渐埋藏于荒烟蔓草间，直到1892年，法国考古学家的发现，才使得这片遗迹得以重现于世人的眼前。

竞技场Stadium

举办运动赛事的竞技场建于公元前5世纪，长180米，主要为了赛跑而设计，北面有12排座位，南面有6排，共可容纳7000人。

罗马市集Roma Agora

　　罗马市集如今在一片长方形的广场前，只剩下部分廊柱和拥有半圆拱形的建筑遗迹。这里昔日林立着商店，贩售与祭祀相关供品及朝圣者沿途所需的备品，热闹之情可以想象。

圣道Sacred Road

　　在通往山上的圣道前段，沿途耸立着多座只剩残垣断壁的献纳像和献纳纪念碑，它们都曾收藏着多座希腊城市献给阿波罗的供品，用来感谢神明对其战争胜利或重大活动的保佑。

宝库Treasuries

　　此段圣道称为"宝库交叉点"(Treasuries Crossroad)，坐落着希基欧人宝库(Treasury of Sikyonians)、提贝人宝库(Treasury of Thebans)、贝欧提人宝库(Treasury of Beotians)、波提迪亚人宝库(Treasury of Poteideans)和斯芬尼亚人宝库(Treasury of Siphians)。在贝欧提人宝库和波提迪亚人宝库之间，有一块"大地肚脐"(The Omphalos)之石，由于德尔菲被认为是世界的中心，因此这是大地肚脐的所在。

雅典人宝库
Treasury of Athenians

　　这幢多立克式建筑以大理石打造，建筑正面的三角平台叙述雅典对马拉松的战役，四面的浮雕大约出现于公元前505—前500年，分别描绘对亚马孙族(Amazon)的战役、歌颂大力士海格立斯、赞许忒修斯(Theseus)的成就。

希皮尔岩Rock of Sibyl

　　在雅典人宝库和雅典人柱廊之间，是大地之母盖娅(Gea)的祭坛遗迹。附近有一块造型奇特的希皮尔岩，相传德尔菲的首位祭司便是坐在这块岩石上，向盖娅女神请示神谕的。

阿波罗神庙
Temple of Apollo

　　耸立于山间平台上的阿波罗神庙，是整座圣域甚至德尔菲的核心。今日所见的神庙是公元前330年第5度重建的，共分3层，四周围绕着柱廊，中央的主殿另有一圈围廊，神庙最深处为祭司宣告神谕的圣坛所在。

雅典人柱廊
Porch of the Athenians

　　长30米、宽4米的面积，立着一根根以独块巨石打造的廊柱，根据记载于柱座上的铭文说明，该柱廊兴建目的在于展示从对波斯海战的胜利中搜刮而来的战利品。

剧场Theatre

　　这是昔日皮西亚庆典举办音乐和戏剧竞赛的场地，兴建于公元前4世纪，座位共35排，可容纳5000人，舞台正面原本装饰着海格立斯的战功，如今收藏于博物馆中。

克诺索斯皇宫Knossos

位于希腊南端的克里特岛(Crete)

希腊神话中，有牛头人身怪物和大迷宫的故事。故事说米诺安国王米诺斯破坏了与海神波塞冬的约定，米诺斯为了不让妻子产下的牛头人身怪物危害人民，就建造一座大迷宫，将怪物困在其中，每年以7男、7女作为献祭。

这个传说一直没有相关证据可证明，直到1900年，英国考古学家阿瑟·伊文思(Sir Arthur Evans)发现了克诺索斯遗迹，并持续挖掘出大量古物，才填补了这段历史上的空白。

它不但证实米诺安文明的存在，同时也因为遗迹中出现复杂大型宫殿和多个房间，让大迷宫多了几分真实性。现在在克诺索斯遗迹的入口处，可看到一座阿瑟·伊文思的雕像，用来纪念这位学者对古希腊史前历史的贡献。

仓库Magazines

一排排沟形的建筑遗迹就是仓库，小间的仓库储存室中放置着一些陶罐，可能是用来储存油、小麦种子、古物等的。在东门附近有两只巨大的陶罐，罐上立体的纹饰非常美丽，这一类陶罐在考古博物馆中还有更多，显示当时的米诺安王国人口非常众多。

列队壁画走廊Corridor of the Procession Fresco

彩绘壁画描绘了捧着陶壶的青年排队前行的画面，因这条走廊可通往宫殿中庭，故推测是记载献礼给国王的盛况。献礼的对象可能是中庭南边壁画中所描绘的百合王子(Prince of Lilies)。现在整面墙都已刮下重新修复，展示于伊拉克里翁考古博物馆(Heraklion Archeological Museum)中。

主阶梯Grand Staircase

阶梯通往下层的房间，显示出克诺索斯宫殿复杂的建筑。据估计，整个宫殿有1200间以上的房间，这里所看到的就是容纳许多房间的楼层，现在看来只有4层，原本应更多。令人吃惊的是，这些房间经设计拥有极佳的采光，如今还能看到墙上的盾形壁画，但原本色泽应该更加鲜艳丰富。

皇后浴室 Queen's Bathroom

这是参观重点之一，因为从这里可以看到克诺索斯宫殿建筑的雏形，尤其是柱子，上粗下细的设计可能是为了顾及视觉上的平衡。柱子涂上鲜红色漆，顶端以黑色装饰。在伊拉克里翁考古博物馆里，还可看到雕刻精美的浴缸。

皇后房间Queen's Megaron

从结构上可以发现，克诺索斯宫殿以石块与木材混合建成，在门中间的壁面上装饰着非常美丽的花纹。皇后房间里的海豚壁画，是整座遗迹中最迷人的一部分，浅蓝色的海豚周围还有各色鱼群一起游泳，栩栩如生的景观，显示当时生活环境的讲究。

王道Royal Road

这个位于北侧入口的大坡道，推测是货物进出的门。墙上的壁画又是另一个精彩之作，一幅戏牛图，显示3名男女与一头公牛互相角力，似乎在表演特技。其他还有青鸟等色彩非常优雅的壁画，目前同样都存放于伊拉克里翁考古博物馆中。

阿格里真托神殿之谷
Valle dei Templi Agrigento

🏠 | 位于意大利西西里岛西南方阿格里真托(Agrigento)市区南面的谷地间

　　阿格里真托的神殿之谷是希腊境外最重要的古希腊建筑群。这里最早的建筑可追溯至公元前5世纪，现在的面貌虽屡遭天灾、战火及基督教徒的破坏，但保存还算完整。神殿之谷位居山谷间，坐拥山谷绿地，可远眺阿格里真托市区，还能远观地中海海景，令人感到心旷神怡。神殿之谷以神殿广场(Ple. del Templi)为中心，划分为东西两个区域，东部区域居高临下，拥有得以眺望远至海岸的景色的优势，这个区域里坐落着最古老的海格立斯神殿、保存完美的协和神殿，以及耸立于边缘的朱诺神殿。西部区域则散落着大量颓圮的遗迹，其中以残留巨石人像的宙斯神殿，以及仅存四根柱子的狄奥斯克利神殿最具看头。

海格立斯神殿
Tempio di Ercole

海格立斯神殿兴建于公元前520年，最初共有40根廊柱，撑起这座献给地中海世界知名大力士海格立斯的神殿，现在仅存8根廊柱，是经过英国考古学家哈德凯斯尔(Alexander Hardcastle)修复的。

有部分考古学家认为这座神殿其实是献给太阳神阿波罗的，因为它和位于希腊德尔菲(Delphi)的阿波罗神庙有着类似的结构。无论如何，海格立斯神殿始终都是阿格里真托最古老的一座神殿。

朱诺神殿
Tempio di Giunone

罗马人称宙斯的妻子赫拉为"朱诺"，她是主宰婚姻及生育的女神。建于公元前470年的朱诺神殿，上部结构虽已消失，但大部分的圆柱都保存完好，柱基长约38米、宽约17米，柱子高6.4米，原本应有34根石柱，如今残存30根。建于山脊上的朱诺神殿是阿格里真托所有神殿中视野最好的一座，一向被希腊人作为举办婚礼的地方。

狄奥斯克利神殿Tempio dei Dioscuri

狄奥斯克利神殿又称双子星神殿，是献给斯巴达皇后丽妲(Leda)和宙斯所生的双胞胎儿子卡斯托尔(Castor)、波吕克斯(Pollux)的。神殿建于公元前5世纪，但在与迦太基人的战争及地震中被破坏殆尽，1832年时曾做修复，目前剩下的4根殿柱是使用其他神殿的石材拼凑建成的。这里是神殿之谷中最常出现在明信片上的地标。

协和神殿
Tempio della Concordia

大约兴建于公元前430年的协和神殿，是西西里岛规模最大的一座多立克柱式神殿，它保存完整的程度以希腊神殿来说，仅次于雅典的帕特农神庙。

神殿最初祭祀的神祇已不可考，神殿的名字来自考古学家在神殿基座发现的拉丁文刻文。34支列柱环绕的协和神殿，在公元596年曾被当时教皇命令改建成圣保罗圣彼得大教堂，因此，地下有着坟墓，还设有部分密室。18世纪时，协和神殿以原本的设计重新整修，今日才得见如此完整的结构。

宙斯神殿
Tempio di Giove Olimpico

宙斯神殿建于公元前480年左右，长约113米、宽56米，是当时最大的多立克柱式神殿，不过从未落成，之后历经多次地震，再加上大量石材被运走用于兴建阿格里真托新城，令神殿只留下石头和柱座。

考古博物馆中看到的巨石人像(Telamone)，就安置在外墙上半部的柱间，双手高举的姿态，像被宙斯惩罚以肩擎天的巨人亚特拉斯(Atlas)，但其实石像的装饰性大于实质梁柱功能。高7.5米的巨石人像藏于考古博物馆中，神殿旁则有一尊仿制品。

贝尔加马(佩加蒙) Bergama(Pergamum)

🏠 | 位于土耳其贝尔加马镇，贝尔加马距大城伊兹米尔(Izmir)车程约2小时

　　小亚细亚最重要的一次大规模文化运动，是由马其顿的亚历山大大帝带来的希腊化运动，英年早夭的他死在巴比伦城。万里长征最后由历史观点来看，并不仅为打败波斯帝国，而是传播希腊文化，两河流域、安纳托利亚、埃及全在影响范围内。

　　亚历山大大帝死后，帝国分裂，他的几名将领瓜分天下，但希腊化运动并没有停止，反而更融合各地的文化特质，带来了希腊化时代最具代表性的佩加蒙风格，各种年龄阶层职业的人物都可成为雕塑的主题。如今佩加蒙最重要及大量的考古出土品，大多珍藏在德国柏林的佩加蒙博物馆(Pergamum Museum)。

　　亚历山大部下菲利塔罗斯(Philetarus)继承了佩加蒙一带的领土，曾经显赫一时的佩加蒙王朝，在欧迈尼斯一世(Eumenes I)时达到巅峰，是爱琴海北边的文化、商业和医药中心，足以和南边的以弗所(Efesus)分庭抗礼，享有"雅典第二"的称号。而其遗址就位于今天的贝尔加马(Bergama)小镇，主要遗址分成南边的医神神殿和北边的卫城两大部分，两地相距8千米，镇中心还有一座红色大教堂遗址及博物馆。

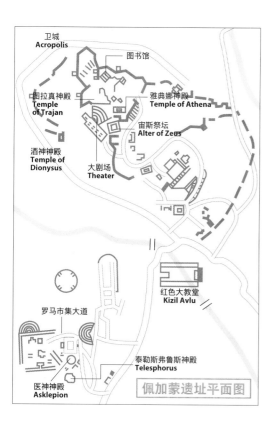

佩加蒙遗址平面图

卫城 Acropolis
图书馆
图拉真神殿 Temple of Trajan
雅典娜神殿 Temple of Athena
宙斯祭坛 Alter of Zeus
酒神神殿 Temple of Dionysus
大剧场 Theater
红色大教堂 Kizil Avlu
罗马市集大道
泰勒斯弗鲁斯神殿 Telesphorus
医神神殿 Asklepion

医神神殿Asklepion

说这里是医神神殿，不如说是一个医疗中心，年代约从公元前4世纪到公元4世纪。顺着罗马市集大道走进来，遗址里有两座医神神殿，一是希腊神话医疗之神阿斯克列皮亚斯(Asclepius)的神殿，另一个是泰勒斯弗鲁斯(Telesphorus)的神殿。

除此之外，还包括罗马剧场、图书馆及圣泉、澡堂。古时候人们不远千里来到医神神殿，主要靠着饮圣泉、按摩、洗泥巴浴、搭配草药、祭拜医神，来纾解疲劳、压力和治愈病痛。

卫城Acropolis

整座卫城雄踞于东北边险峻的山坡上，从市中心往北走，一路爬5千米的陡坡上山，穿过皇家大门，便进入这个曾经是伟大的希腊文明中心。

在颓圮的城墙范围内，主要建筑包括了宙斯祭坛(Alter of Zeus)、雅典娜神殿(Temple of Athena)、酒神神殿(Temple of Dionysus)、图拉真神殿(Temple of Trajan)、大剧场，以及曾经是全世界第二大、仅次于埃及亚历山大城的图书馆。

图拉真神殿是遗址里仅存的罗马时代建筑，是罗马皇帝哈德良(Hadrian)为他父亲图拉真一世(Trajan I)所建，全部以大理石打造，正面有6根、侧面有9根科林斯式石柱。宙斯祭坛高12米，浮雕描绘诸神与巨人间的战争神话，现在只留有基座，原件已在19世纪搬至德国柏林的佩加蒙博物馆。至于佩加蒙图书馆，尽管目前仅残存几根圆柱，但它曾收藏阿塔鲁斯一世(Attalus I)所收集的20万册羊皮书。

沿山坡而建的大剧场是目前遗址中最完整也最雄伟的建筑，分成3层80排座位，可以容纳上万名观众。剧场位于悬崖边缘，可俯瞰整个贝尔加马市区，视野更可无限延伸到地平线，是整个遗址最令人惊奇的地方。

红色大教堂Kizil Avlu

红色大教堂就位于市中心，建于公元2世纪，原本是祭祀埃及神明塞拉匹斯(Serapis)、艾西斯的神殿，在拜占庭时期改成大教堂，奉献给圣约翰。教堂长60米，宽26米，高19米。这就是在《圣经·启示录》中所提到的7座小亚细亚教堂的其中之一。

圆形竞技场Colosseo

意大利罗马Piazza del Colosseo

历经两千年的光阴，圆形竞技场依然巍峨矗立。这座全世界最大的古罗马遗迹，在罗马帝国最强盛的时期举行最血腥的斗兽赛，在罗马市民为之疯狂的同时，这座大型的活动舞台精密地操纵着残暴的人兽争战，还将竞技场灌满水，进行令人叹为观止的海战。

早在罗马共和国的末期就已有斗兽场，奥古斯都即曾建造木造结构的圆形竞技场，到了帝国时期，人与人格斗或人与兽斗这类的活动达到顶峰。罗马各地行省因而大量建造竞技场，建材由最早的木头到半木半石，最后才出现全以石头建造的大型竞技场。

最大的一座竞技场，正是韦斯巴芗（Vespasian）皇帝在公元72年下令建造的圆形竞技场，它是为庆祝征服耶路撒冷胜利而建的，提供战士格斗及与野兽搏斗的场地，规模之大据说总共动员了八万名犹太俘虏，无数生灵命丧其间，光开幕典礼亦有五千头狮、虎、豹和约三千名格斗士丧命。

残忍血腥的战士格斗及人兽斗，对当时的罗马人而言，是民族结合及帝国荣耀的象征，因此，这座超大型娱乐建筑宏伟壮观，融合希腊列柱和罗马圆拱门，完美展现力度和美感，为建筑工程极致完美的呈现。

兴建圆形竞技场是以实用性为主要原则，选定的地点原是尼禄皇帝的黄金屋（Domus Aurea），抽干原址的人工湖，铺上厚达7.5米的砂石作地基，是建筑工程史上的大创举。公元79年韦斯巴芗皇帝去世时，竞技场还没完成，8年后由他的儿子提托（Titus）皇帝建成并举行启用庆典，但主体建筑的装饰和完备是达米希恩（Domizianus）皇帝在公元81—96年陆续完成的。由于这三位皇帝皆属于弗拉维亚（Flavia）家族，因此圆形竞技场原名"Flavius"，公元7世纪才定名为"Colosseum"（英文名），这个名称使用至今。

　　"Colosseo"为"巨大"之意，其名的由来可能意指尼禄皇帝在竞技场旁竖立镀金巨大铜像。铜像高达35米，由希腊雕刻家季诺多罗(Zenodoro)所雕，作品称为"巨大的尼禄雕像"(Colosseo di Nerone)，竞技场便也以"巨大"来称呼了。

　　据说圆形竞技场的落成仪式进行了100天之久，格斗士、犯人(大多是基督徒)、野兽死亡无数，这种残忍的竞技形式直到公元404年，才被霍诺里乌斯(Honorius)皇帝禁止。教皇皮乌斯六世(Pius)曾在此立过一座大型的木制十字架，以净化此地、抚慰亡灵。

　　今天我们所见的圆形竞技场其实是椭圆形的，长轴是188米，较短的一轴是156米，圆周共长527米，阶梯高度57米；竞技场共有四层，底下三层由圆拱构成，这些圆拱还兼有分隔空间之用，壁上装饰着神话或英雄人物的雕像。竞技场乍看是全石头的硬建筑，但细节非常美丽，如每层辟有80扇圆拱，其间的廊柱刻有浮雕，第一层柱头为多立克式，第二层为爱奥尼克式，第三层为科林斯式。

　　圆形竞技场的外墙有四层，每一层设计的拱形门和柱子也都不一样，很值得细细观赏。

　　在竞技场内，一间一间位于地下层的密室就是关野兽的兽栏。在每一间兽栏的外边都有走道和活动阶梯，当动物准备出场的时候，用绞盘将兽栏的门拉起，再将阶梯放下来，动物就会爬上阶梯到竞技场内，因此在没有格斗表演时，这些野兽都被关在兽栏里面。

　　登上圆形竞技场的顶层，古罗马的气势立刻展现眼前：君士坦丁凯旋门、罗曼诺斯克风格的圣方济加教堂、维纳斯神殿的廊柱和提托凯旋门尽收眼底。

　　公元5世纪中期的一场剧烈地震，使圆形竞技场受损，后被改成防御碉堡使用。文艺复兴时期，有多位教宗直接将圆形竞技场的大理石、外墙石头取走，用作建造桥梁、教堂的建材，但圆形竞技场依然是古罗马时期遗留下的最大型的建筑物。竞技场内的争斗、英雄故事都已成过往，如今的它已成为罗马最受欢迎的景点。

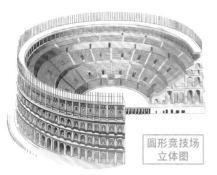

圆形竞技场
立体图

看台

看台约60排，由下而上分成五区，前四区为大理石座位。第一区为元老、长官、外国使节及祭司使用的荣誉席，皇室成员有独立包厢；第二区是骑士及贵族；第三区是富人；第四区是普通公民，根据职业而有不同席位；第五区为木制台阶的站席，给最底层的妇女、穷人和奴隶使用。

圆拱入口

竞技场内部全以砖块砌成，共有80个圆拱入口，使55000名观众能依序进场。

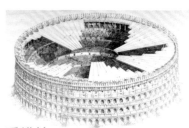

系缆桩

这些称为系缆桩(Bitte)的短柱是用来系紧遮阳布幕的，但现已全数毁坏。

平台

由墩座墙把观众隔开的宽广平台(Podio)，是为皇帝与有身份地位者保留的座位。

圆拱间立柱与吐纳口

80座圆拱之间以半突出的立体长柱分隔，底层为多立克式，中层长柱为爱奥尼克式，上层长柱为科林斯式。每层观众席间都设有让民众出入的吐纳口(Vomitorium)。最顶层原设有固定栏杆，以支撑巨大的遮阳布幕，然后再以缆绳系到地上的系缆桩。

底层穿廊

由底层穿廊及所设的阶梯，可到达任何一层观众席。中上层的穿廊可让民众自由移动，以便在很短的时间内找到座位。

万神殿Pantheon

🏠 | 意大利罗马**Piazza della Rontonda**

公元前25年时，这里是罗马帝国居民献给众神的殿堂，由阿格里帕(Agrippa)将军所建，公元110年毁于大火，当时的哈德良皇帝决定将其重建。

重建的万神殿在建筑上采用许多创新手法，并取用当代希腊建筑的概念，开创室内重于外观的新建筑概念。它的外观简单，仅有八根圆柱及简单山墙，而内部装饰细致。哈德良皇帝以圆顶取代长方形殿堂，并以彩色大理石增加室内的色调，拱门和壁龛不但减轻圆顶的重量，并有巧妙的装饰作用，给予后世的艺术家不少灵感。

公元609年，在教皇圣博尼费斯四世(Boniface IV)的命令下，万神殿改为教堂，之后便有不少国王、皇后及名人埋葬于此，包括文艺复兴三杰之一的拉斐尔。

现在欣赏这座神殿，可以从外头广场上的方尖碑看起，然后观赏神殿保存完整的外观，最后进入神殿的内部细看它奇妙的屋顶。在布内雷斯基(Brunelleschi)于1420—1436年完成佛罗伦萨百花大教堂(Dome)之前，万神殿的圆顶一直是世界上最大的圆顶，其建筑成就之惊人可想而知。

万神殿可说是罗马建筑艺术的顶峰之作，也象征帝国的国力，文艺复兴的建筑表现更深受万神殿的影响。

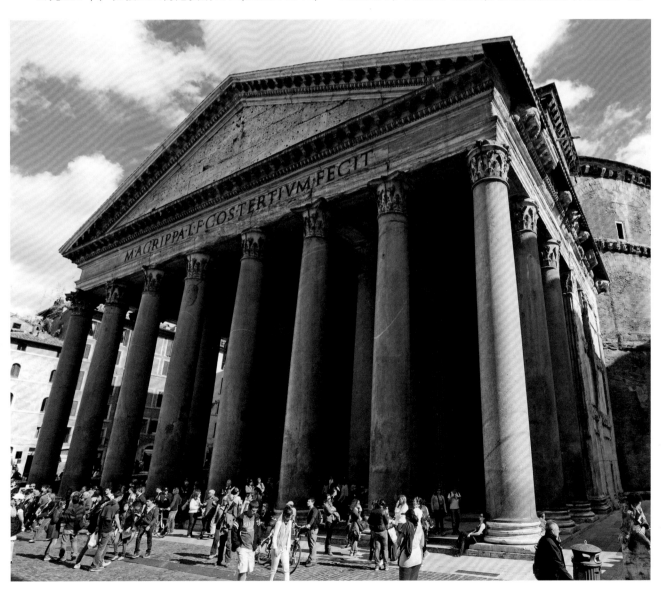

外观与门廊

它的外观简单，正面采用希腊式门廊，立面8根科林斯式圆柱高11.9米、直径1.5米，由整块花岗石制成，后方还有两组各4根圆柱，共同组成宽34米、深15.5米的门廊。上方的三角山墙上刻着"M·AGRIPPA·L·F·COS·TERTIVM·FECIT"，其实是"M[arcus] Agrippa L[ucii] f[ilius] co[n]s[ul] tertium fecit"的简写，意思是"马可仕·阿格里帕(卢修斯的儿子)三度打造此神殿"。

主祭坛

目前所看到的主祭坛及半圆壁龛，是教皇克雷芒十一世(Clement XI)于18世纪初建的，祭坛供奉一幅公元7世纪的拜占庭圣母子圣像画。

壁龛与礼拜堂

因为目前万神殿是一座名副其实的教堂，环绕着内部的壁龛和礼拜堂，上面的雕塑和装饰，都是万神殿改成教堂后历代名家之作。

名人陵寝

文艺复兴以后，这里成为许多名人的陵寝所在，文艺复兴三杰之一的拉斐尔、备受罗马人敬爱的画家卡拉契(Annibale Carracci)、意大利作曲家柯瑞里(Arcangelo Corelli)、建筑师佩鲁齐(Baldassare Peruzzi)，以及近代统一意大利的国王艾曼纽二世(Vittorio Emanuele II)及翁贝托一世(Umberto I)均葬于此。

圆顶

圆柱形神殿本身的直径与高度全为43.3米，穹顶内的五层镶嵌花格全都向内镂空，以减轻重量，大圆顶才能屹立千年不坠。仔细看，凹陷花格的面积逐层缩小，但数量相同，都是28个，衬托出穹顶的巨大，给人以一种向上的感觉。

万神殿采用上薄下厚结构，愈是下方基座，石材愈重，到了顶部，就只使用浮石、多孔火山岩等轻的石材混合火山灰，并浇灌混合天然火山灰、凝灰岩、浮石、多孔火山岩等不同材质密度的混凝土，总重达4535吨。

采光与地板

这整座建筑唯一采光的地方，就是来自圆顶的正中央，随着天光移动，殿内的墙和地板花纹显露出不同的光影，叫人赞叹建筑的完美。中央圆顶另有散热作用，下大雨时，从圆顶流下的雨水，会从地板下方的排水系统排出。大理石地面使用格子图案，中间稍微突起，当人站在神殿中间向四周看去，地面的格子图案会变形，形成大空间的错觉。

罗马议事广场 Foro Romano

🏠 | 意大利罗马圆形竞技场旁

罗马人统治过的城市，都会在议事广场(Foro)留下经典建筑。Foro就是英文的Forum，是指帝王公布政令与市场集中的地方，因此议事广场就是政治、经济与文化生活中心，在这公共广场里，有银行、法院、集会场、市集，可以说聚集了各个阶层的人民。

帝国时期首都罗马市中心的议事广场有别于其他城市，它特别称为"罗马议事广场"(Foro Romano)，因为它是专属于罗马人的，当时他们在此从事政治、经济、宗教与娱乐等活动。

罗马议事广场是由公元前616至公元前519年统治罗马的伊特鲁斯坎(Etruscan)国王塔魁纽布里斯可(Tarquinio Prisco)所建。公元前509年罗马进入共和时期，但市民仍然继续在广场上修建神殿，直到公元2世纪，整片罗马议事广场的建筑群才被明确界定完成。所以罗马的议事广场的建筑年代历经了伊特鲁斯坎、共和及帝国三个时期。

除了一一造访罗马议事广场里的每座古迹，建议还可走一趟帕拉提诺之丘(Palatino)，从帕拉提诺之丘北端的露台遥瞰罗马议事广场全景，也颇有风情。

❶提托凯旋门Arco di Tito

　　军人皇帝韦斯巴芗在暴君尼禄被杀后，结束帝国的混乱，随后他和长子提托在公元70年攻克犹太人，平定耶路撒冷的叛乱，这座凯旋门就是这场战役的纪念建筑。此座单拱古迹高15.4米，宽13.5米，深4.75米，坐落于早期的城市边缘，和阿匹亚古道交会的地方。至今凯旋门上的浮雕依旧清晰，包括提托皇帝、胜利女神及罗马哲人等人物。

❷马克森提乌斯和君士坦丁教堂
Basilica di Massenzio & Costantino

　　君士坦丁教堂是罗马议事广场上最庞大的建筑，原是由马克森提乌斯大帝于公元4世纪所建，当其战败遭罢黜后，便由君士坦丁继续完成，就像一般所谓的罗马教堂一样，商业与审判所的功能要大于宗教用途。

❸罗莫洛神殿
Tempio di Romolo

　　原本是建于公元4世纪的圆形神殿，在公元6世纪被改为圣科斯玛与达米安诺教堂(Chiesa dei Santi Cosma e Damiano)的门厅。

❹安东尼诺与法斯提娜神殿
Tempio di Antonino e Faustina

　　这座造型奇特的神殿，是罗马皇帝安东尼诺于公元2世纪为妻子所建，在他死后，这座神殿便同时献给这对帝后。中世纪时曾被改为米兰达的圣罗伦佐教堂，17世纪又被改建成为今天这种巴洛克教堂正面立于古罗马神殿中的形式。

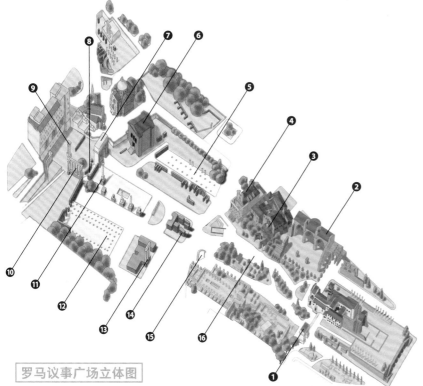

罗马议事广场立体图

❺雅密利亚大会堂
Basilica Emilia

原是多柱式的长方形大厅，侧边有两排的16座拱门，公元前2世纪时由共和国的两位执政官下令所建，不过并不是作为宗教用途，而是提供借贷、司法及税收等用途。

❻元老院Curia Iulia

这座重建的元老院建造于原元老院大厅的遗址上，是共和时期最高的政治机构。罗马的第一座元老院建于隔壁的圣马丁纳与路卡教堂，之后遭大火所毁，公元3世纪戴克里先(Diocleziano)皇帝下令重建，目前所见便是仿造的复制品。

❽公共演讲台Rostra

凯旋门右侧是公共演讲台，当年的罗马演说家就站在上面向人民发表意见或学问。"Rostra"这个字是指战舰之铁铸船首，是因为罗马人把被俘的敌船船头拿来装饰讲台四周。

❼塞维里凯旋门
Arco di Settimio Severo

三拱式的塞维里凯旋门高20.88米、宽23.27米、深11.2米，以砖和石灰石构成，再覆以大理石板，是公元203年元老院为庆祝塞维里皇帝在公元197年打败波斯军队的重大战功而建的，也是罗马广场的第一座主要建筑。从留下的罗马金币中可知，凯旋门上原有皇帝驾驭罗马式战车的雕像。

❾韦斯巴芗神殿
Tempio di Vespasiano

这三根残柱也是罗马议事广场的地标，原是属于韦斯巴芗神殿的多柱式建筑，是为罗马皇帝韦斯巴芗及继任其皇位的儿子提托而建。

❿农神神殿
Tempio di Saturno

这八根高地基的爱奥尼亚式柱群属于农神神殿，是公元6世纪重建之后的遗迹。最原始的建筑出现于公元前5世纪，是广场上的第一座神殿，为献给传说中黄金岁月时期统治意大利的半人半神国王，也就是象征幸福繁荣的农神萨图尔努斯(Saturnus)。

⓫佛卡圆柱Colonna di Foca

在公共演讲台前的这根高达13米的单一科林斯式柱，是议事广场最后的建筑，立于公元608年，是为了感谢拜占庭皇帝佛卡将万神殿捐给罗马教皇而建的。

⓬朱力亚大会堂
Basilica Giulia

该大会堂由恺撒兴建于公元前54年，但却是在他遭刺杀身亡后由其侄子奥古斯都完成的，在经过多次劫掠之后，只剩下今天这种只有地基及柱底的模样。

⓭卡司多雷与波路切神殿
Tempio di Castore e Polluce

此神殿兴建于公元前5世纪，是为了感谢神话中宙斯的双生子帮助罗马人赶走伊特鲁斯坎国王而建的。今天所见的废墟及三根科林斯式圆柱，则是罗马皇帝提贝里欧于公元前12年重建后的遗迹。

⓯火神神殿与女祭司之家
Tempio di Vesta

圆形的火神神殿兴建于公元4世纪，由20根石柱支撑密闭式围墙，以保护神殿内部的圣火。6名由贵族家庭选出的女祭司必须使圣火维持不熄的状态，否则将遭到鞭笞与驱逐的惩罚。一旦处女被选为贞女神殿的祭司，就得马上住进旁边的女祭司之家(Casa delle vestali)内。女祭司之家如今只剩下中庭花园及残缺不全的女祭司雕像，不过却是议事广场内最动人的地方。

⓮恺撒神殿Tempio di Giulio Cesare

此神殿是由奥古斯都于恺撒火化之处所建的神殿，表达对叔父恺撒的敬意。

⓰圣路Via Sacra

贯穿罗马议事广场的最主要古道称为圣路，它是因宗教节日时教士的行走路线而得名。

以弗所遗址Efes / Ephesus

位于土耳其塞尔丘克(Selçuk)西方约3千米处

爱琴海畔的以弗所,一直是游客造访土耳其的热门地点之一,面积广阔的古城遗迹,保存至今已有两千余年的历史。

公元前9世纪,已有以弗所存在的记载。在历经公元前6世纪波斯人的入侵后,希腊亚历山大大帝将其收复,开始这座城市的基础建设。亚历山大大帝去世后,后继者将城市移往波波(Bülbül)山与帕拿尔(Panayır)山的山谷间,这也是今日以城所在地。经过希腊文明洗礼后,罗马帝国几位帝王对以城喜爱有加,纷纷为城市建设加料,以城的繁华兴盛到达巅峰。

以弗所古城遗址于20世纪初陆续挖掘出土,残垣断壁随处可见,只有少数定点保留原貌。据史料记载,公元17年时一次大地震,严重摧毁以城,当时罗马人展开修护工作;不过后来的基督教文明兴起,以城作为信仰多神的希腊古都,逐渐被弃置形成废墟,甚至不少建材遭到拆解移作其他建筑使用。不过整体而言,它仍然是地中海东部地区保存最完整的古代城市,一年到头游客络绎不绝。

音乐厅Odeon

音乐厅建于公元2世纪，古罗马时为市府高级官员开会的议场，也兼作音乐厅使用。由看台后方有高墙、两侧有入口，看台与舞台间有供乐团演奏的半圆形空间等设计，可判定此处为罗马式建筑，其设计仿照剧场，但多了屋顶，能容纳1400人，不过屋顶早已坍塌。

市政厅Town Hall

市政厅建造日期可追溯至公元前3世纪，当时统治者为奥古斯都，不幸毁于公元4世纪末。厅内原分为几个不同的办公室，饰以黑、白大理石，每个厅里的神龛置有女神赫斯提雅，中厅则放着丰饶女神阿特米斯的雕像，并燃烧火苗象征以城的城市精神。这座建筑是献给阿特米斯女神的，后来挖出两具阿特米斯石雕，造型完好，现为塞尔丘克博物馆的镇馆之宝。

曼努斯纪念碑
Monument of Memnius

曼努斯为以城建筑水道桥知名的建筑师，他也是罗马独裁皇帝苏拉(Sulla，86BC)的孙子。稍早时以弗所人曾协助邻近的庞特斯(Pontus)王国抵抗罗马人入侵，庞特斯战胜罗马后，该国国王却下令屠杀那一区八万名的罗马人。为纪念此一悲惨事件，曼努斯遂建立此碑，保护该城的罗马子民。

图密善神殿与波里欧喷泉
Temple of Domitian & Pollio Fountain

在曼努斯纪念碑对面有一个二层楼高的石柱，就是图密善神殿遗址所在。神殿原长100米、宽50米，是罗马皇帝图密善为自己所建，里面供奉一座7米高的图密善雕像，雕像现存于以弗所考古博物馆内。在图密善神殿旁有个圆拱状的喷泉，为公元97年时名为波里欧的人所建。

克里特斯大道Curetes Street

循着斜坡往下看，居高临下的远处是图书馆建筑宏伟的外观。古时候这条顺势而下的通道可直通港口，道路下的下水道建设，从那时起即发挥着排除废水、污物的功能，此外还兼有运送木材和火苗的功用。

街道的两侧有保存较为完整的建筑。左侧是富有人家的房屋群及精品商店，在精品店墙上仍留着明显的壁画，地面上也有马赛克装饰。

海格立斯之门
Gate of Hercules

真正踏入克里特斯街之前，必须经过一座门，如今只剩两根雕有门神的石柱，这就是海格立斯之门，因为两根石柱上的门神都是大力神海格立斯。原本门拱上装饰着胜利女神尼克(Nike)的雕像，目前则陈列在一旁。此门的意义在于保卫前面市政府重地，也由此做出区隔，接下来即是一般公共设施和老百姓的房舍。

图拉真喷泉Trajan Fountain

拥有山形墙立面的图拉真喷泉建于公元2世纪初，是为了献给当时的罗马皇帝图拉真，两层楼的建筑，约12米高，前面喷泉池造型仍可辨识。

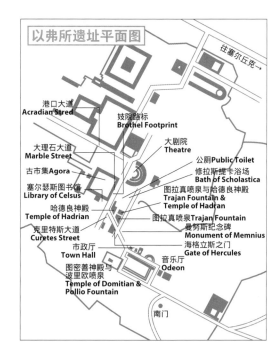

以弗所遗址平面图

港口大道 Acradian Stred
妓院路标 Brothel Footprint
大理石大道 Marble Street
大剧院 Theatre
古市集 Agora
公厕 Public Toilet
修拉斯提卡浴场 Bath of Scholastica
塞尔瑟斯图书馆 Library of Celsus
图拉真喷泉与哈德良神殿 Trajan Fountain & Temple of Hadran
哈德良神殿 Temple of Hadrian
图拉真喷泉 Trajan Fountain
克里特斯大道 Curetes Street
曼努斯纪念碑 Monument of Memnius
市政厅 Town Hall
海格立斯之门 Gate of Hercules
图密善神殿与波里欧喷泉 Temple of Domitian & Pollio Fountain
音乐厅 Odeon
南门

哈德良神殿Temple of Hadrian

哈德良神殿是典型科林斯式神殿的代表。内墙廊柱上有不同神话人物的雕刻，一侧属于希腊时代，另一侧刻画着亚马孙女人国的人物。正面拱门中央雕着胜利女神尼克，内墙正面的雕像是蛇发女妖美杜莎(Madusa)张开双手的样子，取其强悍特质来保护此庙。

公厕Public Toilet

从神殿向右侧小路拐入，一排挖洞的马桶，保留完好，长相古意，这个公厕没有隔间，在早期是群众的社交场所。古罗马人来此大小解，因为没有门正好可以和邻座闲嗑牙，果真具有社交功能。

修拉斯提卡浴场Bath of Scholastica

这个大型公共浴场位于哈德良神殿后方，兴建于公元1世纪，毁于公元4世纪的地震，后来由修拉斯提卡这位女子将它重建为一座3层楼的拜占庭式浴场，在通往大剧院的路上还有一座她的雕像，但头部已遗失。

塞尔瑟斯图书馆 Library of Celsus

公元2世纪，罗马领事官继任父亲塞尔瑟斯(Celsus Polemaenus)成为以城的总督，在父亲墓地上盖了这座壮观的塞尔瑟斯图书馆。规模在当时号称为小亚细亚第二大，曾藏书12000册，历经大火、地震，图书馆正面大门依然挺立，最近一次整修约为1970年。

大门一楼有4尊女神龛于石柱后面，分别代表智慧、命运、学问、美德，目前所见为复制品，真品藏于奥地利维也纳的博物馆中。面对图书馆右侧通往亚哥拉古市集有一座三拱门，名为梅佐斯和米特莱德兹(Mazeus & Mithridates)之门，这是罗马皇帝奥古斯都所赦免的两位奴隶为感念其恩所建。

大理石大道Marble Street

图书馆正巧位于克里特斯街和大理石大道交叉口。向右侧走，城门外就是热闹缤纷的市集了，如今面貌是一片满布石柱的废墟，却不难想象当年一摊摊比邻的叫卖小贩。循着大理石街向前走，可通到港口，古时的以城就是爱琴海畔的一个海港城，罗马人、北非人不时来此造访，交易热络。

大剧院Theatre

大剧院沿着帕纳伊尔(Panayır)山坡而建，规模可以容纳25000人，古时每当一年一度的节庆时，全城人都来此参加音乐会。史料记载，耶稣使徒保罗也曾在这里演说、传教，遭到群众的抗议、示威。

剧院的建立始于公元前3世纪，止于公元2世纪，因此剧院建筑风格，同时混合了希腊、罗马两种特色。半圆形造型、沿山坡而建是希腊剧院特色，不过拱门的入口又掺杂罗马建筑风。

妓院路标Brothel Footprint

大理石街值得一提的是地板上的一则广告。石板上刻着女人头部、左脚脚印、一颗心、钱币等四种象征物，这全与妓院(Brothel)有关。当时海港城艾尔索斯的船员或外来客，都是循着这广告而来的。这块石板等于告诉内行人："如果你有颗寂寞的心，比对你的左脚大小，大于广告上尺寸者，请带着钱币，向左前方前行，美丽的女子正等着你……"妓女这一行历史悠久，不过古人以石板广告取代今日红灯区煽情的外观，含蓄做法叫人称奇。而妓院就在大理石大道和克里特斯大道的交叉口。

港口大道Acradian Street

出了大剧场，就是港口大道，由此通往当时的港口。街道长500米、宽11米，两旁曾有商店，道路在罗马皇帝阿卡迪奥斯(Arcadius)时重修，于是以他的名字命名。

巴斯罗马浴池The Roman Baths

🏠 | 位于英国巴斯(Bath)Abbey Church Yard

对罗马人来说，澡堂是社交活动的重要场所，从一个人洗澡时使用的香料、按摩油的品质，乃至于随从人数的多寡，就可以看出这个人的社会地位；许多商业交易也都在澡堂中进行决定。同时，澡堂更是交换意见、高谈阔论的绝佳场所，泡在浴池中经常可以畅听哲学家们的先觉见解。

罗马浴池泡澡的程序是先到运动、游戏室活动一下，松弛身体，然后再进行桑拿或土耳其浴，最后到冷池中浸泡。在公元2世纪以前，男女混浴在公共澡堂中相当普遍，但后来哈德良(Hadrian)皇帝下令禁止，于是有的澡堂将男女洗浴的时间分开，有的则增建浴池，让男女能同时在不同浴池洗澡。

现今巴斯建筑物多为18—19世纪所建，唯一存留的罗马遗迹位于地面下6米，其中最著名的是2000年前的数个浴池遗迹，包括露天大浴池、泉水涌出的国王浴池(King's Bath)等，以及水和智慧女神苏莉丝·密涅瓦(Sulis Minerva)的镀铜神像。建议7、8月份入夜后前往，罗马浴池会点上火炬照明，忽明忽灭的火影映照在大浴池上，厚重石墩低语着罗马的故事，让人仿佛掉入数千年前的时空……

大浴池Great Bath

　　位于博物馆中心的大浴池是座露天浴池，19世纪70年代才被发现，深达1.6米，池边的阶梯、石头基座都是罗马时代的遗迹，四周都有阶梯通往水池，一旁的壁龛则设置长椅和小桌子，方便入浴者饮食。昔日的大浴池原本覆盖着一个高达40米的桶状拱顶，宏伟之姿可见一斑，想必也让当时前来沐浴的罗马人惊艳。

神庙 Temple

　　位于巴斯的这座神庙，是英国罗马时期两座真正的古典神庙之一，昔日供奉着苏莉丝·密涅瓦女神的雕像，如今只剩下残垣断壁供人追忆。该神庙三角门楣上的装饰，在罗马浴池的博物馆中展出。

圣泉 Sacred Spring

　　温度高达46℃的泉水、每日约900000升的涌泉量，这处罗马浴池的核心，过去因人类无法理解的自然现象而被认为是天神的恩赐，使它拥有"圣泉"的美名，也因此古罗马人在它的一旁兴建了一座献给苏莉丝·密涅瓦女神的宏伟神庙。即使历经几千年，这处出水口至今依旧汩汩溢出蒸腾的泉水与水汽。

马萨达Masada

🏠 | 位于以色列死海西南端一座岩石山顶

　　遗世耸立于约旦沙漠西侧尽头的一座岩石峭壁上，俯视着死海的绝美景观，马萨达这座起伏不平的天然要塞，由东朝西逐渐从450米的高度减缓为100米，使得它拥有难以攻克的特性。

　　名称源自希腊文的"堡垒"，这座犹太人眼中的圣城起源已不可考，只知道公元前40年时希律王(Herod the Great)曾经为了躲避帕提亚国王，而在此避难并进行大规模的建设。

　　公元66年，马萨达爆发第一次犹太人和罗马人的战争，围城的罗马人在这座高城的四周筑城，兴建营地、防御建筑与攻击斜坡，这些完整的罗马围城工事至今依旧可见，2001年被联合国教科文组织列为世界文化遗产。

圣索菲亚博物馆①Hagia Sophia Museum

🏠 | 土耳其伊斯坦布尔Küçük Ayasofya Street

查士丁尼大帝(Justinian I)下令建造的圣索菲亚教堂，是最能展现希腊东正教荣耀及东罗马帝国势力的教堂，同时也是拜占庭建筑的最高杰作，公元562年建成之时，是当时世界上最大的建筑，高56米、直径31米的大圆顶，历经千年不坠。

900年后，1453年，奥斯曼苏丹穆罕默德二世(Sultan Mehmet II)下令将原本是东正教堂的圣索菲亚教堂(Hagia Sophia)改建为清真寺(Ayasofya)，直到奥斯曼帝国在20世纪初结束前，圣索菲亚一直是奥斯曼帝国最重要的图腾建筑。

"Sophia"其实意指基督或神的智慧，穆罕默德二世攻下这个基督教最重要的据点刻意改造圣索菲亚教堂，移走祭坛、基督教圣像，用漆涂掉马赛克镶嵌画，代之以星月、讲道坛、麦加朝拜圣龛，增建伊斯兰教尖塔。从Basilica(教堂)变成Camii(清真寺)，再变成现在两教图腾和平共存的模样，圣索菲亚够传奇，也够独一无二了。

1935年，土耳其国父凯末尔将圣索菲亚改成博物馆，长期被掩盖住的马赛克镶嵌艺术瑰宝得以重见天日。圣索菲亚大圆顶下赫然写着"安拉"和"穆罕默德"的大字，和更高处的《圣母子》马赛克镶嵌画，自然地同聚一堂，伊斯兰教和基督教在此共和了。

①编者注：2020年，土耳其政府将圣索菲亚博物馆改为清真寺。

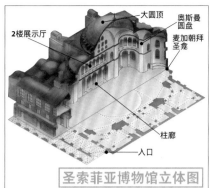

圣索菲亚博物馆立体图

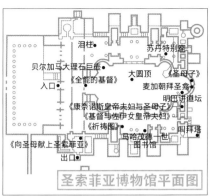

圣索菲亚博物馆平面图

大圆顶The Main Dome

希腊式大圆柱是拜占庭帝国的遗风，大理石石材是从雅典以及以弗所运来的，直径31米的大圆顶千年不坠，得力于来自爱琴海罗得岛(Rhodes)技匠烧出来的超轻砖瓦。在被改建为清真寺之前，大圆顶内部应该是画满《全能的基督》马赛克镶嵌画。

撒拉弗图像Seraph Figures

在圆顶下方基座，有四幅巨大的基督教六翼天使撒拉弗的马赛克图像，不过其中西侧的两幅，是在十字军东征时损毁后，以湿壁画方式复原的。

马哈茂德一世图书馆Library of Mahmut I

图书馆位于圣索菲亚一楼的右翼，属于奥斯曼后期增加的设施，由马哈茂德一世所建。在雕得非常精美的铁花格门里面，曾经收藏了5000部奥斯曼手稿，如今保存在托普卡匹皇宫里。

麦加朝拜圣龛Mihrab

圣索菲亚教堂入门正前方的主祭坛，被改成穆斯林面向麦加祈祷的圣龛，精致的墙面设计，是由佛萨提(Fossati)兄弟所完成的。壁龛两侧有一对烛台则是1526年奥斯曼征服匈牙利时掠夺回来的。

贝尔加马大理石巨壶 Marble Urns

这些大理石巨壶挖掘自公元前3世纪的贝尔加马遗址，于穆拉德三世(Murat Ⅲ)时移到当时的清真寺，作为贮水之用。

苏丹特别座Sultan's Loge

麦加朝拜圣龛左手边的金雕小高台是苏丹专属的祈祷空间，而且可以看到整个圣索菲亚内景。

泪柱Weeping Column

　　进入皇帝门，左边有一根传奇的石柱，叫泪柱。据说查士丁尼大帝有次头痛欲裂，当他走进圣索菲亚倚着泪柱休息时，头痛竟不药而愈。此后拜占庭人一旦头痛就来触摸大柱，久之，柱上出现一个凹洞，而传说的神迹也越来越神奇。今日，观光客纷纷把拇指插入柱子的凹洞，其他四指贴着柱面转一圈，传说这样愿望就会实现。其实这根大柱带着湿气，是因地底连着贮水池，由地底带起的湿气导致柱子像在流泪。

奥斯曼圆盘Ottoman Medallions

　　圆顶下大圆盘分别书写着安拉真主、先知穆罕默德，以及几位哈里发的名字，是19世纪伊斯兰的书法大家所写，也是当今世界上最大的阿拉伯字。

明巴讲道坛Minbar

　　明巴讲道坛位于麦加朝拜圣龛右手边，是由穆拉德三世于16世纪所设，典型的奥斯曼风格，基座为大理石。在圣索菲亚还是清真寺时，每周五伊玛目(Imam，伊斯兰教传道者)就坐在上面传道。

叫拜塔Minaret

　　看圣索菲亚的外观，四个角落分立四支尖塔，是圣索菲亚从教堂变成清真寺的最鲜明证据。

净洁亭Ablutions Fountain

　　出口处有座净洁亭，建于1728年，根据教规，穆斯林进入清真寺参拜得先洗脚、洗手净身。

圣索菲亚博物馆内的黄金镶嵌画

《全能的基督》Christ as Pantocrator／皇帝门

皇帝门上方有一幅《全能的基督》马赛克镶嵌画。基督坐在宝座上,右手手势表祝福,左手拿着福音书,上有希腊文写着:"赐予汝和平,我是世界之光。"基督两旁圆图内是圣母及大天使,匍匐在地的是东罗马帝国皇帝里奥六世(Leo VI)。这件公元9世纪的作品,意在显示拜占庭帝国的统治者是基督在俗世的代理人。

《基督与佐伊女皇帝夫妇》Christ with Constantine Ⅸ Monomachos and Empress Zoe／二楼回廊

拜占庭帝国权力最大的女皇帝佐伊(Empress Zoe),财富(一袋黄金)及书卷是马赛克镶嵌画中最有代表性的奉献物。画中佐伊女皇帝长了胡子,基督正赐福予她。

《康奈诺斯皇帝夫妇与圣母子》Virgin Holding Christ, flanked by Emperor John Ⅱ Comnenus and Empress Irene／二楼回廊

身着深蓝袍衣的圣母面容年轻,被认为是最好的圣母圣像画;康奈诺斯皇帝(John Ⅱ Komnenos)及皇后伊莲娜(Irene)的衣冠上缀满宝石,黄金马赛克金光闪闪。皇帝手上似乎捧着一袋黄金,皇后则手拿书卷。画作右侧的柱子上还有他们的儿子亚历克休斯(Alexius),但画完成没多久他就死了。

《圣母子》Virgin with the Infant Jesus on her Lap／主祭坛

顺着麦加朝拜圣龛视线往上抬,半圆顶上有一幅马赛克镶嵌画《圣母子》。圣母穿着深蓝色斗篷,抱着基督坐在饰满宝石的宝座上,基督虽为孩童,面容却十分成熟,衣服上贴满金箔。约是公元9世纪的作品。

《祈祷图》Deësis／二楼回廊

该画是希腊东正教圣像画的代表作品之一,描绘的是《最后审判》其中一景。居中的耶稣手势表祝福,左边的圣母虽只有残片,但悲悯的神情清楚可见,右边则是圣约翰。

《向圣母献上圣索菲亚》Virgin with Constantine and Justinian／一楼出口

圣母是君士坦丁堡的守护者,查士丁尼皇帝手捧圣索菲亚教堂、君士坦丁大帝手捧君士坦丁城,被认为是圣索菲亚成为希腊正教总教堂的证明。出口处放有一片反射镜,可以看清楚。

圣马可大教堂Basilica di San Marco

⌂ | 意大利威尼斯Piazza di San Marco

被拿破仑形容为"最华丽的厅堂"的圣马可广场，由一整片建筑群围成，其中最受注目的就数拥有五座大圆顶的圣马可教堂，它不仅只是水都的主教堂，更是一座非常优秀的建筑，同时也是一座收藏丰富艺术品的宝库。从正立面马赛克镶嵌画，到掠夺自君士坦丁堡又曾被拿破仑运回法国的四匹铜马真迹，都非常精彩。

公元828年，威尼斯商人成功地从埃及的亚历山大偷回圣马可的尸骸，水都的居民决定建一座伟大的教堂来存放城市守护圣人的遗体。威尼斯因为海上贸易的关系和拜占庭帝国往来密切，这段时期的建筑物便带有浓浓的拜占庭风，圣马可大教堂就是最经典的代表。

这座教堂的前身建于公元9世纪，供奉圣徒圣马

可的小教堂，在一场火灾后重建，于1073年完成主结构，至于教堂的正面五个入口及其华丽的罗马拱门是陆续完成于17世纪。

圣马可教堂融合了东、西方的建筑特色，从外观上来欣赏，它的五座圆顶据说是仿自土耳其伊斯坦布尔的圣索菲亚教堂，正面的华丽装饰是源自拜占庭的风格，而整座教堂的结构又呈现出希腊式的十字形设计，单是欣赏这些建筑上的特色就让人惊叹不已。

接下来，可见识其内部丰富的艺术收藏品，这些收藏都是来自世界各地的，因为从1075年起，所有从海外返回威尼斯的船只，规定必须缴纳一件珍贵的礼物，

用来装饰教堂。

教堂的内部从地板、墙壁到天花板上，都是细致的镶嵌画作，其主题涵盖了十二使徒的布道、基督受难、基督与先知以及圣人的肖像等，这些画作都覆盖着一层闪闪发亮的金箔，使得整座教堂都笼罩在金色的光芒里，难怪又被称为黄金教堂。

最值得参观的是，教堂中间后方的黄金祭坛(Pala-d'Oro)，高1.4米、宽3.48米，上面共有2000多颗珍珠、祖母绿和紫水晶等各式宝石；中央的圆顶则是一幅耶稣升天的庞大镶嵌画，是由一群优秀的工匠在13世纪所完成的。

欧美及基督文明建筑艺术及扩展 ◆ 拜占庭帝国建筑

❶正门及立面的马赛克镶嵌画

教堂的中央大拱门装饰着繁复的浮雕，描绘一年之中不同月份之各种行业。

教堂的正面半月楣皆饰有美丽的马赛克镶嵌画，描述圣马可从亚历山大被运回威尼斯的过程。这五幅画分别是《运回圣马可遗体》《遗体到达威尼斯》《最后的审判》《圣马可的礼赞》《圣马可运入圣马可教堂》。

❷铜马

正门上方四匹铜马是第四次十字军东征时，从君士坦丁堡带回来的战利品，1797年时又被拿破仑抢到法国，直到19世纪才又被送回威尼斯，不过目前教堂上方的是仿制品，真品存放于教堂内部。

圣马可大教堂立体图

❸圣马可祭坛

教堂最里面可见14世纪哥特式的屏幕，屏幕内是安放圣马可遗体的祭坛，据说圣马可的遗体曾在公元976年的大火中消失，新教堂建好后，才又重现于教堂内。就在圣马可石棺上方，有一座黄金祭坛，高1.4米、宽3.48米，上面共有2000多颗的各式宝石，如珍珠、祖母绿和紫水晶等。

❺雄狮、圣马可与天使

三角门楣内的展翅雄狮正是圣马可的象征，也成为威尼斯的象征。狮子手持《马可福音》，顶上的圣马可与天使雕像则是15世纪加上去的。

❹圆顶

主长廊的第一座圆顶主题为《圣灵降临》，以马赛克装饰化身为白鸽降临人世的圣灵。称为《圣母升天》的主圆顶，也是用马赛克装饰出天使、十二使徒，以及被他们包围住的耶稣及圣母。

圣凯瑟琳修道院St. Catherine's Monastery

🏠 | 位于埃及西奈半岛南部的中央位置

　　早在修道院建立之前，已有许多基督徒涌进西奈半岛，多半是为了躲避罗马君主的迫害，避居到这块《圣经》所提及的圣地清贫修行。直到公元4世纪，在君士坦丁大帝(Constantine the Great)袒护下，基督教徒得到自由发展，皇太后海伦娜(Helena)更在修道院现址兴建小教堂，成为希腊东正教修士静心修行的庇护所。

　　公元6世纪之后，东罗马皇帝查士丁尼以花岗岩叠砌出坚实高墙，并将小教堂扩建成今日所见规模，修士们在后堂拱顶添制一幅《基督变容》(Transfiguration)马赛克镶嵌画，教堂因而正名为"救世主基督变容教堂"(Church of the Transfiguration of the Savior Christ)，一直到圣凯瑟琳遗体被发现，教堂才有了今日的名称。

　　圣凯瑟琳于公元294年诞生于亚历山大港，她因虔诚信奉基督教而殉难。据传，天使将她的遗体移至西奈半岛的最高峰(现今这座高峰即命名为凯瑟琳山)。三个世纪之后，一名修士发现了圣凯瑟琳完好如初的遗体，将之运回修道院安置。圣凯瑟琳殉教事迹经由十字军传入了西方，使修道院成为信徒朝圣的圣地。

　　访客都必须牢记，这是一座谨守修道戒律的院所，因此，访客需注意服装整齐，不可穿着无袖上衣或短裤、短裙。此外，开放参观的地点及时间都严格受限，访客钻进窄小的入口，仅能参观"燃烧的荆棘"(Burning Bush)、"摩西井"(Well of Moses)遗址及教堂部分厅堂。修道院也不尽然会依时开放，访客要有心理准备。人潮拥挤在所难免，礼让是必要的朝圣礼仪。

高架入口

　　这是早期对外联系的唯一通道，人和物品都得装入篮子靠滑轮拉上入口。

燃烧的荆棘

　　根据《圣经·出埃及记》第三章记载，上帝显现在燃烧的荆棘火焰中，训令摩西带领子民离开埃及，这株常绿树木据说就是该荆棘的分枝。

钟楼

　　这栋钟楼是由修士兴建于1871年，楼内悬挂的9座钟是俄国沙皇所赠，现今只在宗教节日时敲响。

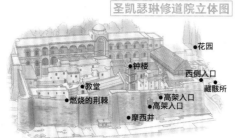

圣凯瑟琳修道院立体图

●花园
●钟楼
　　　　西侧入口
●教堂
　　　　　　　●藏骸所
●燃烧的荆棘
　　　　●高架入口
　　　　●高架入口
●摩西井

教堂

　　这座教堂建于公元542年，与海伦娜皇太后所建的小教堂融合成一体。留存至今的木门、圣像、廊柱已逾1400年历史，后堂半圆室拱顶保有《基督变容》马赛克图，居中为基督、摩西、以利亚、圣彼得、圣约翰及圣雅各，四周环有十二使徒像，每当清晨阳光射入，景象就宛如《马太福音》所载："基督面容灿如日，衣服白如光。"

花园

　　在贫瘠的花岗岩山脚下所辟建的这座花园，种有橄榄树、蔬菜及杏树、李树等，并设有墓地用来埋葬修士。

西侧入口

　　这道入口设有三道铁门，并不对游客开放。一旁另有一道已封闭的入口，入口上方保有倾倒口，作战时可将沸油淋下，阻挡入侵者。

摩西井

　　紧依城墙的这座井是修道院的主要水源，传说摩西就是在此遇见为羊群打水的西坡拉(Zipporah)，她后来成为摩西的妻子。

藏骸所

　　修士们去世后，先葬于花园内的墓地，而后再将骨骸挖出，安置在这所藏骸所内。屋内的头颅骨堆积如山，包括一具身着黑色法衣的骨骸，推测为公元6世纪的修士斯特凡诺斯(Stephanos)。

梅特欧拉Meteora

位于希腊中部塞色连平原(Thessalian Plain)的西北方

关于梅特欧拉山野间矗立着巨大裸岩的地貌源起，据地质研究是这一带曾是湖泊，水退却后，岩壁因风化、侵蚀等作用，逐渐变成现在的模样。

早从公元9世纪起，不少基督教徒为了躲避宗教压迫，纷纷逃到这片杳无人烟的地方来，在岩石的裂缝中或是洞穴里寻求生存的空间，逐渐也有修士尝试在悬崖峭壁之上建立修道的道场。为了隔绝外界的入侵及打扰，他们刻意不修路、不建阶梯，对外交通联系必须倚靠绳索、吊车等，真正与世隔绝，宛如自给自足的"天空之城"。

在15、16世纪，避难修道风气达到巅峰时期，梅特欧拉的修道院多达24间，直至20世纪20年代，这些修道院仍维持着没路、没便道、没阶梯的状态，现在所看到的道路、桥梁等设施都是后来才建的。

目前仅6间修道院开放供游人参观，各有各的作息时间，而且随时可能更动。修道院规矩严谨，入内参观须遵守服装要求，女士不可裸露手、腿，亦不可穿长裤，须在入口处借长裙围一圈才得以进入。修道院外表朴素，内部却堪称金碧辉煌，不过内部禁止拍照。

大梅特欧罗修道院
Great Meteoron

始建于14世纪中叶，位于本区内最宽大的岩石上，是梅特欧拉现存规模最大，也是最古老的修道院；内部的教堂则建于16世纪中叶，至今还保留着不少16世纪的桌椅，主教座椅由贝壳制成，圆顶的壁画是拜占庭艺术时期的杰作之一，都相当珍贵。

瓦尔拉姆修道院Varlaam

同样建于14世纪中叶，内部有一座向3位主教致敬的教堂建于16世纪，呈特殊的十字架格局。古老的塔楼还保存着一个16世纪的大橡木桶，当年修道院与世隔绝时用以储水、供水，早年的饭厅现在改成博物馆，陈列历史文件与法衣。游客还可看到以前的厨房、医疗室等。

圣史蒂芬女修院St. Stephen

位于东端的圣史蒂芬女修院，可以眺望卡兰巴卡小镇，漫步小镇街头也可以清楚欣赏到它的身影。这间修道院相当大，里面有许多珍贵的宗教壁画、手抄本、刺绣等，值得一看。

鲁莎努女修院Roussanou

位于瓦尔拉姆修道院东南方，和其他修道院比较起来海拔比较低、规模也比较小，曾经在第二次世界大战中遭受严重的损毁，修复后自1988年转变为女修士的道场。

圣尼可拉斯修道院
St. Nikolas Anapafsas

从卡兰巴卡经过卡斯特拉基村后，最先映入眼帘的是圣尼可拉斯修道院，14世纪末建立在一个腹地不大的岩石顶端，形势相当惊险，目前已有阶梯便道通往卡斯特拉基。入口前有一座教堂和地穴，可看到一些14世纪的壁画。

特里亚达修道院Agia Triada /
Holy Trinity Monastery

地理位置最孤立，可说是当初最难攀登的修道院，入内参观必须登上1925年所建的140个阶梯。正面拍摄的角度经常是梅特欧拉的宣传照片之一，曾经是007电影《最高机密》(For Your Eyes Only)的场景。

奥斯曼帝国建筑

托普卡匹皇宫Topkapı Sarayı

🏠 │ 土耳其伊斯坦布尔Babıhümayun Caddesi

奥斯曼帝国最强盛时疆土横跨欧亚非三洲，从维也纳到黑海、阿拉伯半岛、北非全在它的掌控之下，在约450年的奥斯曼帝国历史间，36位苏丹中的半数以托普卡匹宫为家。

托普卡匹（Topkapı）的土耳其语意为"大炮之门"，从军事的角度来说，托普卡匹确实有许多优势，它坐制金角湾、马尔马拉海，远眺博斯普鲁斯海峡，易守难攻，而且离庶民生活的贝亚济地区有点距离，位于高处可掌握其动静；又因为整座皇宫由海墙及城墙围起

来，其中靠海城墙达2千米，陆地城墙有1.4千米，总面积广达7平方千米，最多住了6000多人，简直是伊斯坦布尔的城中之城，苏丹在此指挥大局，妻妾在后宫生活，而因为奥斯曼的后宫生活充满传奇色彩，连莫扎特的歌剧也上演一出以奥斯曼后宫生活为场景的《后宫诱逃》。

1853年，苏丹阿卜杜勒迈吉德一世（Abdül Mecid I）放弃了托普卡匹，迁入精雕细琢的朵玛巴切皇宫（Dolmabahçe Sarayı）；1924年，土耳其国父凯末尔将托普卡匹皇宫开放给一般民众参观，皇宫自此成为一座博物馆。

第一庭院／艾哈迈德三世水池
Ahmet Ⅲ Çeşmesi

帝国之门外的艾哈迈德三世水池建于1728年。奥斯曼把拜占庭时代所遗留下来的水利系统进一步扩大，在18世纪，受到西方建筑影响，也充满洛可可风格(Rococo)。

第一庭院／伊莲娜教堂
Haghia Eirene

园中的伊莲娜教堂在夏天常有音乐会表演，这座拜占庭时代建造的教堂，在奥斯曼帝国虽没有改成清真寺，但被苏丹拿来当作古董房，现为伊斯坦布尔最古老的教堂。

第一庭院／帝国之门
Bab-ı Hümayun

帝国之门是皇宫正门，建于1478年。穿过帝国之门，就是所谓的第一庭院，又称为禁卫军庭(Court of Janissaries)，满眼林荫，过去是精锐的土耳其军队操练场所。

第二庭院／崇敬之门
Ortakapı或Bab-üs Selâm

走过200米的林荫道，到达第二道门"崇敬之门"，这是托普卡匹宫三座城门中最漂亮的，16世纪时由苏雷曼大帝所增建。两个圆锥八角形戴尖帽的高塔，城门上的黑底金字是《古兰经》最重要的教义，而两旁图像式的文字则是苏丹穆罕默德二世的印玺。

跨过这道门就真正进入苏丹的生活圈，过去大官贵臣走过此门前得下马脱帽。进了这道门就是第二庭院，最重要的是右手边的御膳房和左侧的议事堂、后宫，正因为此这个庭园也被称为议事广场、司法庭或庆典庭。

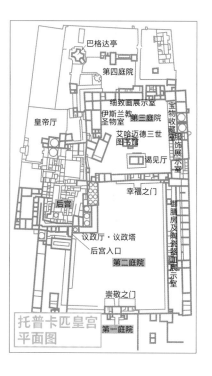

托普卡匹皇宫平面图

第二庭院／御膳房及陶瓷器皿展示室Palace Kitchens

御膳房是一长形空间，分成好几个相连的房间，这个过去的厨房，供应4000到6000人的伙食，如今主要展示了中国瓷器、奥斯曼银器及欧洲的水晶器皿。

陶瓷展示室大多数是中国的瓷器，而且是蓝白色的，当时苏丹相信蓝白瓷是最好的测毒器皿，有毒的食物放在蓝白瓷上就会变色。晚期的苏丹才开始收藏红袖、绿瓷等华丽造型的中国陶瓷，少部分是日本伊万里的陶瓷品。

第二庭院／议政厅·议政塔
Kubbealtı & Adalet Kulesi

议政厅空间不大，陈设简单，但玄机不小，在右面墙上有扇格子窗，不亲临会议议场的苏丹就在窗后听政。在议政厅上方和后宫的交界处，有一座高高的尖塔，就是议政塔。

后宫Harem

后宫在托普卡匹这个城中之城中，自成一个完整社区，约有600人居住在内，最外围是宦官宿舍、嫔妃女侍的空间，内圈则是苏丹妻妾宠妃的住所及苏丹的厅室；共有2座清真寺，300个房间，9座浴场，3座游泳池，1座监狱，还有医院、宴会厅、宦官宿舍等，各主要厅堂间以狭窄的回廊及楼梯相连。

当年每当新苏丹即位，就由来自埃及努比亚的黑人宦官到人肉市场购买女子，首选是来自高加索地区的，因为她们体态健美，又有很强的生育能力。后宫女子莫不以生出男婴、继位帝王为目标，进一步成为后宫权力最高的皇太后，因此，残忍斗争、毒杀太子之事经常发生。这情况与电视剧中上演的中国清朝后宫剧如出一辙。

后宫最精致的殿厅是皇帝厅(Imperial Hall)，它是由大建筑师锡南设计的，瓷砖色泽丰润，金雕闪闪动人，摆饰包括英国维多利亚女王送的立钟、中国大花瓶；皇帝厅又称为圆顶厅，由圆顶垂挂下来的水晶灯，为这里增添了洛可式的华丽；此外，穆拉德三世起居室的伊兹尼(Iznic)蓝彩瓷砖最让人印象深刻，艾哈迈德三世(Ahmet Ⅲ)御膳室的水果瓷砖也很特别。

第三庭院／幸福之门
Bab-üssaade

进入第三庭院的幸福之门，是18世纪改建的奥斯曼洛可可风，一跨过此就进入苏丹的私人空间。由于过去还设了皇宫侍卫长和白人宦官的住所，所以又称为白宦官之门。

第三庭院／谒见厅Arz Odası

幸福之门和谒见厅相接，根据画作所绘，苏丹就坐在幸福之门前，臣子列队恭贺，远处有军乐的演奏；门前的地面上有个凹洞，据说就是画中苏丹所坐之处。苏丹就坐在镶着15000颗珍珠的坐垫上，接受来自各国的贡品，而房间外设有洗手台，开会时刻意打开水龙头，以避免遭窃听。

第三庭院／艾哈迈德三世图书馆
Library of Ahmet Ⅲ

该图书馆建于1719年，由大理石堆砌而成，为了防潮，地基特地抬高，屋顶则是圆顶，外观就像是一座小型的清真寺。在大门主要入口下方，有一座雕饰典雅的水池，是这座图书馆的标志之一。如今图书馆收藏了3500件手稿，并不对外开放。

第三庭院／服饰展示室
Costumes of the Sultans

服饰展示室过去是远征军宿舍，如今展示过去皇室的袍服，以厚重外袍(Kaftan)居多，从外袍的长度可判断出苏丹的体型，其中一位苏丹居然有190厘米高、100多公斤重。

第三庭院／宝物收藏室
Hazine

宝物收藏室过去就是皇室存放艺术品和宝藏的地方，最引人瞩目的是"汤匙小贩钻石"(Spoonmaker's Diamond)，重达86克拉，为世界第五大钻石，四周镶49颗小钻，基座则是黄金，价值居全托普卡匹宫之冠。最早的时候，这颗钻石是穆罕默德四世于1648年登基加冕时所佩戴。钻石名称的由来，传说是不识货的渔夫无意间捡到后，拿到市场上换了三根汤匙。此外，曾成为电影主题的"托普卡匹匕首"(Topkapı Dagger)，显示奥斯曼金匠手艺已达巅峰，剑把上有三颗青翠、色泽完美的翡翠，黄金剑身上也镶满了钻石。

第三庭院／伊斯兰教圣物室
Sacred Safekeeping Rooms

伊斯兰教圣物室的墙壁饰满伊兹尼蓝彩瓷砖，屋内展示了伊斯兰先知穆罕默德的遗物，包括他的斗蓬、信件、长剑、毛发、脚印模型，这些圣物多半是苏丹塞利姆一世(Selim I)于1517年远征巴格达、开罗、麦加等地时所带回来的。

第三庭院／细致画展示室
Exhibition of Miniatures & Manuscripts

细致画画风最早来自印度莫卧儿王朝和波斯，奥斯曼继续发扬光大。托普卡匹皇宫收藏的细致画约有13000幅，只展出少部分，这些画作是了解奥斯曼皇室生活及苏丹长相的最好途径。

第四庭院及亭榭楼阁
The Fourth Court & The Kiosks

第四庭院中的各阁楼被加上西方色彩，瓷砖色调依然是以蓝色为主调，但玫瑰窗的型式较为现代，明快而开放的气氛是皇宫其他地方所没有的。美丽的巴格达亭(Baghdad Kiosk)是全托普卡匹宫最开阔的空间，也是代表性的奥斯曼式建筑。它还是苏丹专属的咖啡亭，居高临下，金角湾和加拉达桥清楚可见，风景美不胜收。

苏雷曼尼亚清真寺Süleymaniye Camii

🏠 | 土耳其伊斯坦布尔Prof. Sıddık Sami Onar Caddesi

　　伊斯兰世界最伟大的建筑师锡南(Sinan)，一直希望能在圣索菲亚的对面，盖一座无论宗教意义或建筑成就都超越圣索菲亚的清真寺。锡南没有如愿，但他在可眺望金角湾的山丘上所建造的苏雷曼尼亚清真寺，却是伊斯坦布尔当地人最钟爱的建筑杰作。

　　苏雷曼尼亚清真寺完成于1557年，正值奥斯曼帝国国力最高峰的苏雷曼苏丹(Sultan Süleyman)时，据说当时每天都动用了2500位工人，并在短短7年内就完工。历史与文化上，伊斯坦布尔有所谓的"七座山

丘"，苏雷曼尼亚清真寺所在位置，正是七座山丘中的第三座，整座清真寺位于一个完整的空间内，四周由墙围起，由数个开放式的拱门和周边建筑自由连接，可说是伊斯坦布尔最大、最完整的建筑群，这些建筑包括过去的伊斯兰神学院、小学、医院、商旅客栈、商店、浴室、食堂，以及墓园等。

　　苏雷曼尼亚清真寺的气氛确实不同于蓝色清真寺，不以华丽取胜，而在于空间创造出来的崇高庄重感，谨守传统奥斯曼建筑的风格，内部各空间紧密的结合，各

种造型的玻璃窗和红白砖拱的搭配，协调而不夸饰。

　　苏雷曼尼亚清真寺是最正统的奥斯曼建筑代表，大圆顶直径26.5米，高53米，由四根粗大、有"象腿"之称的石柱支撑；锡南以对称的手法装饰内部，但细腻的处理让清真寺有种清亮的美。锡南对于二楼阳台栏杆的装饰处理非常细腻，彩绘玻璃窗是当时最权威的玻璃工匠伊布拉因姆(ibrahim)以地毯为主题制造的，阳光穿透后的色泽美不胜收。入门的左后方，照例是女性的祈祷空间，而正前方是向麦加朝拜的圣龛。

　　苏雷曼尼亚清真寺拥有4座唤拜塔，代表苏雷曼大帝是奥斯曼迁到伊斯坦布尔之后的第4位苏丹。寺内挂着的"古兰经圆盘"是土耳其书法家的作品，更增添清真寺艺术性的完整。

　　除了清真寺主体，附属建筑物还包括墓园，苏雷曼大帝夫妇、锡南都安葬于此。其余目前还在使用的，还有位于东侧的苏雷曼尼亚浴场(Süleymaniye Hamamı)，以及救贫院(imaret)改建的土耳其菜餐厅。

蓝色清真寺 Blue Mosque

🏠 | 位于土耳其伊斯坦布尔的老城区

与圣索菲亚相对而立的蓝色清真寺，可能是伊斯兰世界最优秀的建筑师锡南(Sinan)最大的憾事，锡南赋予原本是教堂的圣索菲亚优雅的奥斯曼伊斯兰气质，但处于奥斯曼帝国国势达到顶峰时期的锡南，更期待改建圣索菲亚的心得能够发扬光大，盖出比圣索菲亚更伟大的清真寺，最好就盖在圣索菲亚正对面……

锡南一生在伊斯兰世界盖了三百多座清真寺，但终究无法一偿夙愿，反而是他的得意弟子穆罕默德·阿迦(Mehmet Ağa)以土耳其最著名的伊兹尼蓝瓷砖、郁金香等奥斯曼的花草图腾，盖出蓝色清真寺，巍然耸立在圣索菲亚对面，成为观光客最钟爱、话题最多、观光客人数当然也最多的伊斯坦布尔名景。

从建筑的角度来看，可能锡南也不必太伤心，因为弟子虽然青出于蓝胜于蓝，但穆罕默德·阿迦的作品终不能超越锡南的成就，特别是锡南为奥斯曼清真寺立下的十字架圆顶结构，以及完整又开放的广场公共空间设计；蓝色清真寺一言以蔽之，是锡南建筑精神的延伸，就伊斯坦布尔人来说，它的成就性依然低于锡南在伊斯坦布尔的真正两大杰作：苏雷曼尼亚清真寺和鲁士斯帕沙清真寺(Rüstem Pasüa Camii)。

"蓝色清真寺"其实是通称，得名于伊兹尼蓝瓷砖的光彩，它真正的名称应该是苏丹艾哈迈德清真寺(Sultanahmet Camii)，可以说是伊斯坦布尔旧市街的中心，紧临竞赛场(Hippodrom)，与圣索菲亚相对而

立，这相隔不到二百米的"大"建筑物、十支的伊斯兰尖塔，构筑了伊斯坦布尔最著名的天际线。

蓝色清真寺建于17世纪，大圆顶直径达27.5米，另外还有4个较小的圆顶、30个小圆顶，大圆小圆煞是好看；而清真寺不可或缺的尖塔，蓝色清真寺当然也有，高43米，而且比一般的清真寺多了一根；据说只有伊斯兰圣城麦加的清真寺才能盖六根尖塔，蓝色清真寺在兴建时，建筑师听到苏丹艾哈迈德一世"黄金的"的命令，没想到"黄金的"和"六根的"音很近，结果蓝色清真寺硬是比一般清真寺多了一根尖塔。

从清真寺的正面入内，方整的中庭是奥斯曼建筑的特色之一；中庭正中央有座洁净亭。

蓝色清真寺的美有四个观察点，第一是光线。穿过260个小窗的光线，融入昏黄、呈圆形排列的玻璃灯光中，幻光明舞，像是个虚拟的空间。蓝色清真寺的玫瑰窗色彩缤纷，也是清真寺中少见的。

第二是伊兹尼蓝瓷砖。整座蓝色清真寺装饰着两万片以上的伊兹尼蓝瓷砖，晶莹剔透，红(特殊的伊兹尼红)蓝绿彩的郁金香花色，细腻精致，可以说是蓝色清真寺最宝贵的资产；整体光与蓝砖的搭配，很雅、很澄。

第三是地毯。寺内铺满了的地毯大有来头，红绿搭配非常抢眼，踩起来感觉又软又实，据说是伊索匹亚的朝贡品。

第四是阿拉伯的艺术字。支撑大圆顶的4根大柱很有看头，直径有5米宽，槽纹明显，柱头的蓝底金字阿拉伯文和挂在柱身的黑底金字阿拉伯文，真的都像艺术花纹。

在奥斯曼帝国的强盛时期，穆斯林都是先到蓝色清真寺朝拜，再前往麦加，蓝色清真寺的地位可想而知。现在它的地位不坠，观光客、建筑师对它的景仰应该是不输信徒热诚的。

番红花城奥斯曼宅邸Ottoman Houses

🏠 | 土耳其番红花城

　　在奥斯曼时代，生活富裕的番红花城居民都会有两栋房子，一栋是位于城镇中心的Çarşı区，因为这里位于三条山谷交会处，冬天时住在这里防风又防寒；等天气暖和了，他们又搬到郊外Bağlar区的夏屋。迄今，Çarşı区仍然保留古老风貌，成为游客走访番红花城的重点。

　　走遍土耳其大小城镇，到处充斥着没有特色的砖屋、水泥房，就算保留些许奥斯曼时代的房子，也很零星，唯有番红花城算是以一个完整聚落保存了下来，在这里可以欣赏到典型的奥斯曼房宅。

　　基本上，奥斯曼房子的结构是木造的，一般有2层

或3层楼，楼层之间以梁托结合。木结构架好之后再填塞泥砖，最后再涂上干草、泥巴混合的灰泥。有些房子到此阶段就算完成，但愈是位于城镇中心的房子，最后一定会在外面再粉刷上一层白灰。当然愈有钱的人家，房子外观就装修得愈漂亮。

一栋房子里约有10到12个房间，并划分成男区（Selamlık）和女区（Haremlık），房间里通常嵌入壁龛、橱柜及壁炉，有的天花板装饰得非常繁复，甚至还用木头做出吊灯的模样。

一般来说，番红花地区的奥斯曼房子的格局还包括一座庭院（Hayat），是饲养牲畜和储放工具的地方；一座可以旋转的橱柜，这样可以在厨房里准备食物的同时，把食物传递到另一个房间；浴室隐藏在橱柜里面；一座大火炉，控制整个屋子的温度；房间里还有围绕着墙壁的折叠长椅，以及放寝具的壁橱。

有些"豪宅"更有室内的水池，大到足以当游泳池，当时是用来降低室内温度的。现在番红花城里较具规模的奥斯曼房子，大多都改装成旅馆、民宿或博物馆，来此旅游时，选择住宿这些房宅，便能体会19世纪土耳其大宅人家的生活。

突尼斯旧城Medina of Tunis

🏠 | 位于突尼斯首都突尼斯的旧城区

突尼斯市是突尼斯的首都,融合非洲、欧洲和伊斯兰风情,1979年被联合国教科文组织列入世界文化遗产名录的旧城(Medina),包括了伊斯兰清真寺、古城门和传统市集。

在12—16世纪,突尼斯被公认为伊斯兰世界最富庶的城市,今日的旧城区里保存了约700件古迹,包括宫殿、清真寺、陵寝等,诉说着该城辉煌的过去。

在北非或中东各大城市的旧城称为"Medina",

大部分旧城里照例会有个传统市集,北非语称为"速克"(Souk),是突尼斯人的生活重心。商店麇集的市集里,叫卖声此起彼落,空气中弥漫着香料味,时间一到,大清真寺传来震耳欲聋的唤拜声,充满十足浓厚的伊斯兰色彩,登高望远,这座老城就如马赛克般炫丽。

旧城最突出的建筑物是大清真寺,站在远处就可看到清真寺的尖塔,在阳光下闪耀。在这里既可体验当地的庶民风情,也可购买异国风情的纪念品。

圣彼得大教堂Basilica di San Pietro

梵蒂冈Piazza San Pietro

圣彼得大教堂整栋建筑呈现出拉丁十字架的结构，造型传统而神圣，它同时也是目前全世界最大的教堂，内部的地板面积广逾21400多平方米，沿教堂外围走一圈也有1778米，本堂高46.2米、主圆顶则高132.5米，包括贝尼尼的圣体伞等主要的装饰在内，共有44个祭坛、11个圆顶、778根立柱、395尊雕塑和135面马赛克镶嵌画，可以说是金碧辉煌、华美至极，无论就宗教或俗世的角度来看，它都是最伟大的建筑杰作。

在长达176年的建筑过程中，几位在建筑界或艺术史留名的大师都曾参与兴建，包括布拉曼特(Donato Bramante)、罗塞利诺(Rossellino)、山格罗(Antonio da Sangallo)、拉斐尔、米兰朗琪罗、贝尼尼、巴洛米尼(Borromini)、卡罗马德诺(Maderno)、波塔(Giacomo della Porta)、冯塔纳(Demenico Fotana)等，可以说集

合了众多风格于一体，除了宗教的神圣性外，它的艺术性也相当高。

圣彼得大教堂的兴建源于罗马第一位主教的圣彼得殉教，公元2世纪后半期，基督徒在圣彼得埋葬地点立了一个简单的纪念碑，公元4世纪时，君士坦丁大帝宣布基督教为国教，在同一地点兴建一座由大石柱区隔成5道长廊的大教堂，也就是旧的圣彼得大教堂，一直维持到15世纪为止。

现今的大教堂是教皇朱利欧二世(Giulio II)(也称Jullius) 兴建的，他任命布拉曼特负责设计，新圣彼得大教堂的结构为希腊十字架式、单一大圆顶，摒弃了绝大多数中世纪的装饰，如马赛克镶嵌画和壁画。

布拉曼特死后，陆续由拉斐尔、吉欧康多(Fea Giocondo)、山格罗、米开朗琪罗接棒，由于每位建筑师想法不同，本堂的长度被加长，而使结构变成拉丁十字架式。17世纪的马德诺为了增大教堂的体量，在本堂左右各加了三个小礼拜堂。贝尼尼在1629年被指定为圣彼得大教堂装修，并整建了教堂前的广场，从教堂延伸出两面柱廊，使教堂的气势犹如天国之境。

每一位参与教堂工程的伟大建筑师，都给予圣彼得大教堂不朽的建筑语言。布拉曼特给予教堂感性的装饰，而文艺复兴的拉斐尔和米开朗琪罗则加以结构化，贝尼尼则将宗教的神圣性升华至极致。可以说圣彼得大教堂由里到外充满了建筑上的奇迹。

前厅及圣门Porta Santa

前厅左右两侧代表罗马两个不同时代的最高权力者，右面是君士坦丁大帝，左边是神圣罗马帝国的查理大帝，其中君士坦丁大帝的雕像是贝尼尼之作。

教堂正面5扇门中，最右边的圣门每25年才会打开一次，上一次是2000年，下一次则是2025年；而中间的铜门则是15世纪的作品，上面的浮雕都是圣经人物及故事，包括基督与圣母、圣彼得和圣保罗殉教等。

圣殇像Pietà

米开朗琪罗著名的《圣殇》雕像就位于圣殇礼拜堂中。《圣殇》表现了当基督从十字架上被卸下时，哀伤的圣母抱着基督的画面，悲伤不是米开朗琪罗的主题，圣母的坚强才是，这也是这件作品的不朽之处。米开朗琪罗创作这件作品时才22岁，他还在圣母的衣带上签名，这是米开朗琪罗唯一一件亲笔落款的作品。在梵蒂冈博物馆内也有一件复制品。

大圆顶

圣彼得大教堂最引人注意的大圆顶，设计者是米开朗琪罗，他接手大教堂的装修工程时已经72岁，虽然在完工前他就过世了，实际完成的是冯塔纳和波塔，但世人还是把圆顶的荣耀全归于米开朗琪罗。正是由于这座圆顶，圣彼得大教堂更稳固了列名世界伟大建筑的地位。

造型典雅的圆顶高达136.5米，内部有537级的楼梯，可通往最高处，从顶部可俯瞰圣彼得广场，视野极佳。

圣体伞Baldacchino

造型华丽的圣体伞位于祭坛最中心的位置，建于1624年，覆盖在圣彼得墓穴的上方，四根高达20米的螺旋形柱子，顶着一个精工雕琢的顶篷，总重37000公斤，是全世界最大的铜铸物。贝尼尼制作圣体伞时才25岁，至于建材则拆自万神殿的前廊。

主祭坛的上方正好是圆顶所在，阳光透过窗子洒在圣体伞上闪闪发光，仿佛是来自天国之光，光源窗上还有一只象征圣灵的鸽子，巴洛克的戏剧性在此展现得淋漓尽致。

洗礼堂Baptistry

　　洗礼堂内有基督受洗的马赛克镶嵌画，还有一尊由13世纪的雕刻师冈比欧(Arnolfo di Cambio)所打造的圣彼得雕像，雕像的一只脚是银色的，是数世纪来被教徒亲吻及触摸的缘故。

主祭坛的圣彼得座椅

　　主祭坛上是圣彼得的座椅，也是出自贝尼尼之手，由青铜和黄金所打造。

《基督变容》

　　圣彼得大教堂不仅是一座富丽堂皇值得参观的建筑圣殿，它拥有多达数百件的艺术瑰宝，更被视为无价的资产。为了长久保存这些艺术品，原本挂在教堂内的画作，都被马赛克化，包括这幅拉斐尔著名的《基督变容》，画作真迹被移到了梵蒂冈美术馆。

教皇亚历山大七世墓

　　在洗礼堂外、通往左翼的通路上有一座造型特殊的纪念碑，这是教皇亚历山大七世墓，出于贝尼尼的设计。在教皇雕像的下方有一片暗红色的大理石雕出的祭毯，几可乱真；还有象征真理、正义、仁慈和智慧的四座雕像，以及作势要冲出祭毯的骷髅。

教皇克雷芒十三世纪念碑

　　在教堂左翼最受人注目的便是教皇克雷芒十三世(Clement XIII)纪念碑，为新古典风格的雕刻家卡诺瓦(Canova)所做，教皇呈祈祷跪姿，被驯服的两头狮子静静地伏于纪念碑的阶梯上，左侧雕像为宗教，右侧代表死亡。

圣母百花大教堂
S. Maria del Fiore (Duomo)

🏠 | **意大利佛罗伦萨Via della Canonica, 1**

圣母百花大教堂是佛罗伦萨的主教堂，巨大的建筑群分为教堂本身、洗礼堂与钟塔三部分，1982年被列入世界文化遗产名录。

教堂重建于公元5世纪已然存在的圣雷帕拉达教堂上，它的规模反映出13世纪末佛罗伦萨的富裕程度，一开始是根据迪卡姆比奥（Anrnolfo di Cambio）的设计图建造的。迪卡姆比奥同时也监督圣十字教堂及领主广场的建造。

迪卡姆比奥死后又历经几位建筑师接手，最后布鲁内雷斯基(Filippo Brunelleschi)于1434年在教堂上立起红色八角形大圆顶。整体标高118米，对角直径42.2米的圆顶至今仍是此城最醒目的地标，大小仅次于罗马万神殿。布鲁内雷斯基没有采用传统的施工支架，而是利用滑轮盖顶的技术。在当时来说，能创造出这么一座壮观的圆顶，确实让圣母百花大教堂又添一项值得称赞的功绩。

与教堂正门相对的八角形洗礼堂，外表镶嵌着白绿两色大理石，这座建于公元4世纪的罗马式建筑，可能是佛罗伦萨最古老的教堂。在圣母百花大教堂出现之前，它曾经担任主教堂的角色。洗礼堂中最脍炙人口的部分，首推吉贝尔蒂(Ghiberti)所设计、描绘《旧约圣经》的东门，也就是后来因米开朗琪罗的赞叹而被改称为"天堂之门"的铜铸作品，雕工之精细被认为是文艺复兴前期的经典作品。

高85米的乔托钟楼(Giotto's Bell Tower)，则由乔托(Giotto)所设计，结合了仿罗马及哥特式的风格。

大圆顶Cupola

布鲁内雷斯基毕生最大的成就，就是这由内外两层所组成的大圆顶。穹顶本身高40.5米，使用哥特式建筑结构的八角肋骨支撑，从夹层之间的463级阶梯登上顶端采光亭，会感受到大师巧夺天工的建筑智慧。八角形的圆顶外部，由不同尺寸的红瓦覆盖，这是布鲁内雷斯基得自罗马万神殿的灵感。若有足够的脚力登上大圆顶，可在此欣赏佛罗伦萨老市区的红瓦屋顶。

大理石地面

地面精心铺上彩色大理石，让教堂内部看起来更加华丽，这是巴乔达尼奥洛(Baccio d'Agnolo)及弗朗西斯科·桑加罗(Francesco da Sangallo)的杰作，属于16世纪的作品。

乔托钟楼
Campanile di Giotto

钟楼略低于教堂，这是乔托在1334年的设计，他融合了罗马坚固及哥特高贵的风格，共用了托斯卡尼的纯白、红色及绿色三种大理石，花了30年的时间完成，不过在花了3年盖完第一层后，乔托就过世了。

钟楼内部有乔托及唐纳泰罗(Donatello)的作品，不过真品保存在大教堂博物馆内。在钟楼旁有两座雕像，一手拿卷轴、一手拿笔的就是教堂设计师迪卡姆比奥，而眼睛看向教堂大圆顶的，则是圆顶的建筑师布鲁内雷斯基。四面彩色大理石及浮雕的装饰，描绘人类的起源和生活，如亚当和夏娃、农耕和狩猎等。

洗礼堂
Battistero San Giovanni

洗礼堂是公元4世纪时立于这个广场上的第一个建筑物，是佛罗伦萨最古老的建筑，诗人但丁曾在此接受洗礼。洗礼堂外观采用白色和绿色大理石，纵向和横向都呈现三二制结构，包含三座铜门，其中两道铜门出自吉贝尔蒂之手。

圣雷帕拉达教堂遗迹
Cripta di Santa Reparata

圣母百花大教堂还保留着其前身"圣雷帕拉达教堂"遗迹。从教堂中殿沿着楼梯来到地下，可以看到斑驳的壁画、残留的雕刻及当时的用具，而布鲁内雷斯基的棺木亦在此。

大教堂本体立面

虽然圣母百花大教堂于13世纪末被重建，但正面于16世纪曾遭损毁，现在由粉红、墨绿及白色大理石镶嵌而成的新哥特式风格正面，是19世纪才加上去的。

《最后的审判》湿壁画

大圆顶内部装饰着非常壮观的《最后的审判》湿壁画，由美第奇家族的御用艺术家瓦萨利(Giorgio Vasari)和朱卡利(Federico Zuccari)在教堂完工的一百多年后所绘。在这幅面积达3600平方米的壁画中间，可以看见升天的耶稣身旁围绕着天使在进行审判。

洗礼堂之八角屋顶

洗礼堂的八角屋顶装饰着一整片金光灿烂的马赛克镶嵌壁画，这是13世纪的杰作，由雅各布·弗朗切斯卡诺(Jacopo Francescano)及威尼斯、佛罗伦萨的艺术家共同完成。

洗礼堂之天堂之门

洗礼堂东边面对圣母百花大教堂的方向，是出自吉贝尔蒂之手、雕工最精致华丽的铜门，米开朗琪罗曾赞誉其为"天堂之门"，这也是最受游客瞩目的一道门。门上有十格浮雕叙述《旧约圣经》的故事，从第一格的《亚当与夏娃被逐出伊甸园》到最后一格《所罗门与示巴女王》。门上有数个用图框框住的人物像，吉贝尔蒂也是其中一个。不过现在的铜门是复制品，因为传说佛罗伦萨每一百年会发生一次大洪水，而在1966年大门被洪水冲坏，真品目前保存在大教堂博物馆里。

据说若能走过开启的天堂之门，就能洗净一身罪孽。和圣彼得大教堂的圣门一样，天堂之门每25年开启一次，下一次开启时间为2025年。

大教堂博物馆Museo dell' Opera di S. Maria del Fiore

在大教堂博物馆中，收藏了为圣母百花大教堂而制作的艺术品，其中包括米开朗琪罗80岁时未完成的《圣殇》、唐纳泰罗的三位一体雕刻，以及洗礼堂的"天堂之门"。

艾斯特别墅Villa d'Este

🏠 | 位于意大利罗马东北近郊31千米处的提弗利(Tivoli)

艾斯特别墅园区内拥有多达500座喷泉，因此又称为"千泉宫"。别墅修建者是16世纪时的伊波利多·艾斯特(Ippolito d'Este)，他是费拉拉的艾斯特家族与教皇亚历山大六世的后代，因支持朱利欧三世成为教皇，而被任命为提弗利的总督。他觉得提弗利的气候有益健康，因此把方济会修道院改建为华丽度假别墅。

别墅由受古希腊罗马艺术熏陶的建筑师李高里奥(Pirro Ligorio)设计，以高低落差处理喷泉的水源，企图把文艺复兴时期艺术家们的理想展现于这片葱郁的花园里，后来由不同时期的大师陆续完成，因此也带有巴洛克的味道，为欧洲庭园造景的典范。

别墅中喷泉处处，流水声不绝于耳，甚至激发浪漫主义作曲家李斯特(Franz Liszt)的灵感，创作出钢琴名曲《艾斯特别墅的喷泉》(*Fountains of the Villa d'ESTE*)。

百泉之路Cento Fontane

这是条由无数小喷泉、翠绿苔藓及潺潺水声交织串流的美丽道路，水源来自奥瓦多喷泉，三段层层而下的泉水象征流经提弗利的三条河流，汇集后流向道路另一头的罗梅塔喷泉。装饰的老鹰雕像是艾斯特家族族徽，最下层出水口则是各种有趣的怪物面孔。

主屋

入口是主教居住的四方形院落，位于区域的制高点，阳台廊道视野宽阔，可俯瞰喷泉花园和提弗利镇。中央走廊贯穿每个房间，每个房间的壁画都有不同主题，有的描述提弗利的传说，有的是主教家族的历史。雕刻和壁画装饰精美。

管风琴喷泉与海王星喷泉
Fontana dell'Organo & Fontana di Nettuno

向鱼池的方向望去，平静池水与倒影，水柱擎天、气势磅礴的海王星喷泉，以及远处雕饰华美的管风琴喷泉，堆叠成一幅有动有静的风景。海王星喷泉是园区内最大的喷泉，最初的设计者为贝尼尼，后来经过多次破坏和整修。海王星喷泉上方是巴洛克式风格的管风琴喷泉，立面装饰了满满的浮雕和雕像。喷泉每日10:30~18:30开启，每隔两小时有一场乐曲演奏，不妨在此歇息，聆听水流与乐器的协奏曲。

月神狄安娜喷泉
Fontana di Diana Efesia

柏树围篱的尽头，涓涓泉水自"月神狄安娜"胸口层层叠叠的乳房流出，象征大地之母的灌溉带来丰饶，所以月神狄安娜又被称为"丰饶女神"。

巨杯喷泉
Fontana del Tripode

巨杯喷泉由巴洛克大师贝尼尼所设计，原不在别墅的设计蓝图中，为1661年添加。

奥瓦多喷泉
Fontana dell'Ovato

泉水自一片绿意盎然间倾泻而下，形成清凉剔透的半圆水帘幕。奥瓦多喷泉是由改建别墅建筑的李高里奥所设计。喷泉上方的三尊雕像，分别象征流经提弗利的三条河流，即阿涅内河(Aniene)、埃克勒诺河(Erculaneo)和阿尔巴尼亚河(Albuneo)。

罗梅塔喷泉
Fontana di Rometta

罗梅塔喷泉表现罗马崛起的意象，上层是城市起源的母狼与双胞胎传说，戴头盔执长矛的女神代表罗马，下层泉水和载着方尖碑的船分别代表台伯河和台伯岛。从别墅往下看向罗梅塔喷泉方向，还可看到修剪成圆形竞技场形状的树篱。

克鲁姆洛夫城堡Krumlov Castle

🏠 | 捷克南方克鲁姆洛夫小镇(Český Krumlov) Zámek 59

城堡位于山顶，由40栋建筑组合而成，规模仅次于布拉格城堡。根据历史记载，13世纪南波希米亚的贵族维提克家族(Vitek)建城，14世纪时让渡给捷克最强大的贵族罗森堡家族(Rožmberk)，此后300年在罗森堡家族的艺术熏陶下，克鲁姆洛夫成为一个精致的贵族小镇。

之后捷克的哈布斯堡家族与爱根堡家族(Eggenberg)相继成为领主，最后由德国的史瓦森堡家族(Schwarzenberg)买下城堡主权，经营近200年，直到第二次世界大战后德裔居民被驱逐出境，才结束了城堡的神秘身份。

城堡花园Castle Gardens

城堡花园兴建于爱根堡家族时期，20世纪后按原来繁复的设计重建，其中最美的是中央的"瀑布喷泉"，有捷克第一美泉之称。

克拉斯特修道院
Klaster Monastery

14世纪中期由罗森堡家族建设，整体融合哥特式及巴洛克式建筑风格。广大的中庭内有两座教堂，其中圣沃夫冈教堂建于1491年，呈现典雅的哥特式风格，内部还有关于圣沃夫冈传说的壁画。

圣乔治礼拜堂
Chapel of St. George

初建于1334年，1576年时重建，贵族定时在此聚会。装饰风格由最早的文艺复兴式演变成巴洛克式。墙面是淡彩色大理石，并且墙面、天花板都有精致的洛可可式绘画。

罗森堡室
Rosenberg's Room

罗森堡室地上铺有熊皮地毯，推断是威廉罗森堡与第三任妻子的寝室。从墙上的壁毯及绘画可看出主人丰富的艺术涵养。

黄金马车
The Golden Carriage

黄金打造的马车制于1638年，当时斐迪南三世荣登神圣罗马帝国皇帝宝座，教皇搭乘这辆黄金马车前来祝贺，任务完成后被收藏于此。

起居室Baldachyn Slon

装潢完成于1616年前后，昔日贵客用餐后就会到这间起居室休憩交际，房间以鲜红色调搭配黄金饰品，气派十足。

第三文艺复兴室
Renaissance Chamber III

全宫殿共有4间文艺复兴室，这间房间天花板上的五瓣蔷薇纹饰标志，显示这是罗森堡家族时期的建筑。其色彩丰富的绘画让人流连。

城堡美术馆Castle Gallery

此处主要展示爱根堡家族与近代的史瓦森堡家族的美术收藏品，有出自法国、奥地利、荷兰、德国、意大利等国艺术家的作品。

桥廊Cloaked Bridge

这座3层结构的桥廊全长约1千米，连接第四广场、第五广场，直通城堡花园，为克鲁姆洛夫著名地景。

米兰大教堂Duomo di Milano

⌂ | 意大利米兰Via Arcivescovado 1

以教堂体积来计算，米兰大教堂是世界五大教堂之一，意大利境内最大的教堂(世界最大的圣彼得大教堂位于梵蒂冈)，也是米兰最骄傲的地标。

教堂奠基于1386年，直到20世纪才算整体完成。最初在主教安东尼奥·达·莎路佐(Antonio da Saluzzo)的赞助下，依伦巴第的地区风格设计，因维斯康提家族的吉安·加莱亚佐(Gian Galeazzo)公爵的坚持，另聘请日耳曼及法兰西等地的建筑师，并使用康多利亚(Candoglia)大理石，以国际哥特风格，续建教堂。

1418年马汀诺五世为主祭坛举行启用圣仪，1617年教堂哥特式正立面的工程开始，1774年在主

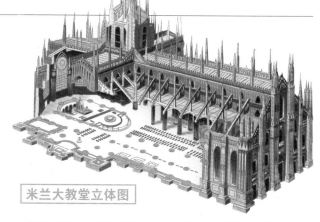

米兰大教堂立体图

尖塔的顶端立起圣母像，1813年正立面与尖塔完工。至于正立面的五扇铜门，则在20世纪才加上去。登上教堂屋顶，可亲身体验哥特式建筑的鬼斧神工，感受大教堂历时600年的雄伟工程。

教堂大门

　　教堂正立面共有五扇铜门，每扇都描绘着不同的故事，中央大门描述《圣母的一生》，其中《鞭笞耶稣》浮雕被民众摸得雪亮，是大师波利亚吉(Ludovico Pogliaghi)的作品。其余四扇铜门由左至右分别是《米兰敕令》、米兰的守护神《圣安布吉罗的生平》、《米兰中世纪历史》、《大教堂历史》。

屋顶

　　屋顶平台不大，除了眺景，最令人惊叹的是它身处在为数众多的尖塔群中。光是立在塔顶上的雕像就多达2245尊，若加上外墙的雕像，更多达3500尊，圣人、动物及各种魔兽等，几乎囊括了中世纪哥特风格的典型雕刻手法。

圣乔凡尼·波诺祭坛 The altar of Saint Giovanni Bono

　　圣乔凡尼·波诺曾经是米兰的主教，有关他的功绩就刻在六个大理石浅浮雕中。

圣安布吉罗祭坛
The Altar of St. Ambrose

　　祭坛中央的画描绘了米兰守护神圣安布吉罗接见皇帝的景象。

圣查理斯礼拜堂 Chapel of Saint Charles Borromeo

　　此处是个地窖，兴建于1606年。圣查理斯头戴金王冠，躺在水晶及银制棺材内。

冬季圣坛
The Hyemal Chancel

　　此圣坛被巴洛克风格的雕刻包围，拱顶由八根大理石柱支撑，漂亮的地板及木制圣坛都让这里显得美轮美奂。

彩绘玻璃

　　以圣经故事为主题的彩绘玻璃，是哥特式建筑的主要元素之一，最古老的一片位于左翼，完成于1470年到1475年间。

圣母雕像

　　高达108.5米的尖塔顶端，为朱塞佩·比尼(Giuseppe Bini)于1774年立的镀金铜圣母像，高4.15米，在阳光照射下闪烁着金光，非常夺目。

美第奇纪念碑
Funeral Monument of Gian Giacomo Medici

　　这座豪华的纪念碑是教皇庇护四世(Pius IV)为纪念他的兄弟美第奇而建，原本想请米开朗琪罗捉刀，但被拒后，改请其学生雷欧尼(Leone Leoni)建造。

圣巴塞罗谬雕像
Saint Bartholomew

　　圣巴塞罗谬是一位被活生生剥皮而殉教的圣人，雕像中可以清楚看到他身上的肌肉及筋骨，他一手拿着书，肩上披着他自己的皮肤。

比萨主教堂Duomo di Pisa

比萨因为地理环境的因素，在罗马帝国时代就已是重要海港，中古时期亦是自由城邦，后因航海路线的扩张与贸易活动的活跃，又发展成为意大利半岛西海岸的海权强国，11世纪时甚至还占领了撒丁岛的一部分，从此直到13世纪，可以说是比萨共和国的全盛时期。

政治与经济的稳定也促进了文化的个性化与特色化，加上比萨与西班牙及北非的商业往来，伊斯兰世界的数学和科学随之传入。几何原理的应用使得艺术家获得启示，因而能突破当时的限制，盖出又高又大的教堂，同时还大量运用圆拱、长柱及回廊等罗马式建筑元素，形成独树一帜的"比萨风"。最明显的例子就是奇迹广场(Campo dei Miracoli)上的建筑群。

奇迹广场又被称为主教堂广场(Piazza del Duomo)，四周是11至14世纪不同时期的建筑群，主要建筑包括：洗礼堂、主教堂、钟塔(也就是著名的比萨斜塔)、墓园。这里是比萨风的最佳诠释与极致表现，也是该城极盛时期文化留下的最不可磨灭的痕迹。

主教堂建于1064年，在11世纪时可以说是世界上最大的教堂，由布斯格多(Buscheto)主导设计。这位比萨建筑师的棺木就在教堂正面的左下方。修筑工作由11世纪一直持续到13世纪，由于是以卡拉拉(Carrara)的明亮大理石为材质，因此整体偏向白色，不过建筑师又在正面装饰有其他色彩的石片，这种使用镶嵌并以几何图案表现的游戏，是比萨建筑的一大特色。

分成四列的拱廊把教堂正面以立体方式呈现，这就是结合古罗马元素的独特比萨风，在整片奇迹广场中，都可以看见这种模式的大量运用。

1595年的大火毁了教堂，后由美第奇家族重建。他们用24公斤的纯金装饰教堂天花板，还放上了六个圆球图案的美第奇家徽。

比萨风的艺术除了建筑之外，雕刻也很有表现力，教堂内的讲道台(pulpito)就是最好的证明。比萨主教堂

的讲道台是由乔凡·皮萨诺(Giovanni Pisano)于1302—1311年所雕，位于中央长廊，以非常戏剧化的群像来描绘耶稣的生平，被公认为是哥特艺术的杰作之一。

　　教堂的中央大门是16世纪修制的作品，原本由波那诺(Bonanno)所设计的大门已毁于大火之中；内部的长廊被同样罗马风格的回廊柱分隔成五道，地板依然不改大理石镶嵌手法，并且在大圆顶下方还保留有11世纪的遗迹。

　　由于比萨松软的地质，奇迹广场周围的建筑、城墙、市区建筑都在倾斜。主教堂也不例外，不妨站在教堂中间看祭坛上方耶稣镶嵌壁画及吊灯，可以发现吊灯不是从耶稣脸的正中央切下来，而是偏向一边，由此可以证明教堂也呈倾斜模样。

威斯敏斯特教堂Westminster Abbey

🏠 | 英国伦敦泰晤士河畔威斯敏斯特议会广场

英国皇室的重要仪式几乎都在威斯敏斯特教堂举行，包括最重要的英皇登基大典，除了两次例外，从爱德华一世(1066年)至今，英国所有国王和女王都是在此地加冕，死后也多半长眠于此。此外，戴安娜王妃的葬礼和2011年英国威廉王子与凯特王妃的婚礼也是在这里举行。威斯敏斯特教堂忠实地记录了英国皇族每一页兴衰起落与悲欢离合。

威斯敏斯特教堂内有许多皇室陵墓，其中在主祭坛后方有一座3层楼高的墓，就是爱德华一世的陵寝，往后走可以看到亨利七世的礼拜堂，曾被评为"基督教会中最美丽的礼拜堂"。一下子在狭小的空间内看到这么多陵寝，透露出一种诡异、沉重之感。参观过全英格兰最高的中殿后，不妨继续前往会议厅(Chapter House)，观赏著名的13世纪地砖，同时避开人潮，在幽静的气氛中

好好观赏威斯敏斯特教堂兼具华丽与清朴的建筑特色。

另外，收藏许多文学伟人的纪念碑与纪念文物的诗人之角(Poet's Corner)，也是威斯敏斯特教堂的一大特色。英国三大诗人之一的杰弗瑞·乔叟(Geoffery Chaucer)，是首位下葬于此的诗人，约翰·弥尔顿(John Milton)和著名作家威廉·莎士比亚(William Shakespeare)虽非长眠于此，但也设有纪念碑。此外，科学家牛顿、英国首相丘吉尔也葬于此地。

在威斯敏斯特教堂西大门上方，可以看见10尊基督教殉道者雕像，都是20世纪后的殉道者。有趣的是，在电影《达·芬奇密码》中，主角来到威斯敏斯特教堂找到牛顿之墓而得以解密。不过，实际的情况是威斯敏斯特教堂当时并未允许剧组进入取景拍摄，所以电影中看到的场景，其实是林肯大教堂。

诗人之角

诗人之角是威斯敏斯特教堂中的焦点，收藏许多文学伟人的纪念碑与纪念文物。

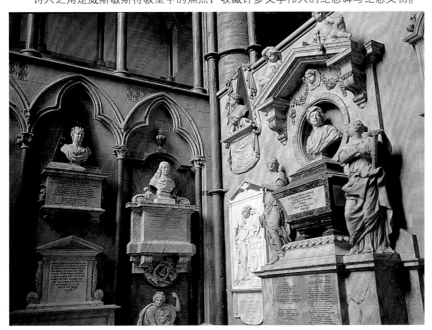

北门

威斯敏斯特教堂兼具华丽与清朴的建筑特色，北门为哥特式建筑。

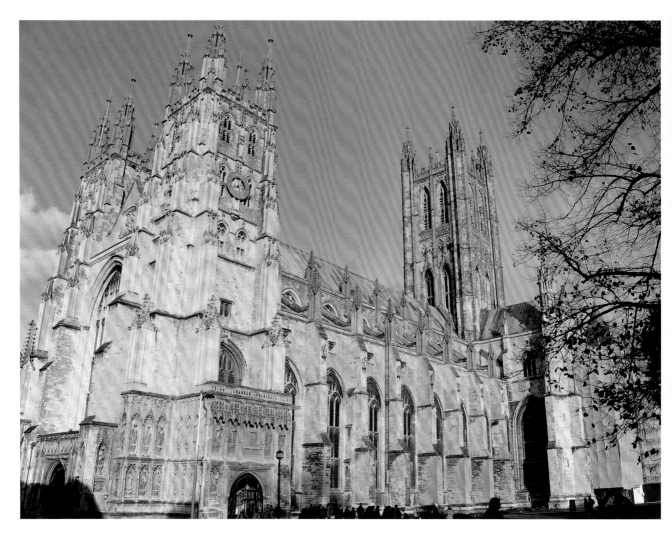

坎特伯雷大教堂Canterbury Cathedral

🏠 | 英国坎特伯雷(Canterbury) The Precincts

　　兴建于公元597年的坎特伯雷大教堂，原是英国最古老的教堂，但在1067年时被大火烧毁殆尽，现今的教堂为1070—1174年重建的，其中最古老的部分为地窖。

　　许多人都认为坎特伯雷大教堂具有神奇的魔力，因为尽管它是坎特伯雷最显著的地标，但不论是亨利八世的宗教迫害，还是第二次世界大战时希特勒的猛烈炮火，都没有对此教堂造成巨大的损害。

　　根据历史记载，1942年6月1日是第二次世界大战时坎特伯雷被轰炸得最严重的一天，当天大教堂附近共有500间房屋被毁，但大教堂却无损害。据说是因为当晚的风向突然改向，使战斗机投下的照明灯偏向，所以炸弹未炸到大教堂。不论传说如何，能屹立将近十个世纪，坎特伯雷大教堂绝对值得造访！

耶稣门Christ Church Gate

　　耶稣门是亨利七世为纪念16岁就不幸去世的大儿子亚瑟(Arthur)而建，门面是1502年的创作，但绿色的耶稣像是1990年的作品。

大厅与主教讲坛Nave & Pulpit

　　走进挑高的大厅，哥特式建筑的坎特伯雷大教堂给人一种清丽脱俗的感觉，简朴的柱子将木雕精致的主教讲坛衬托得更为华丽。

三一礼拜堂Trinity Chapel

　　中庭前方的三一礼拜堂，其拼花地板中央燃着一根蜡烛，那里正是贝克特一开始被埋葬的地方。

黑王子之墓
The Black Prince's Effigy

　　黑王子是亨利三世(Henry III)的儿子、亨利四世(Henry IV)的哥哥，小时候就被父亲带往法国，长大后他英俊威武而富有骑士精神，16岁时就带兵赢得胜仗，受英、法两地人民的爱戴。黑王子后来卷入英法百年战争的是非中，死时才45岁。教堂中的黑王子之墓雕刻的就是他16岁时穿戴军服的模样。

托马斯·贝克特殉难处The Martyrdom Transept

　　1170年12月29日夜晚，坎特伯雷大教堂的主教托马斯·贝克特(St. Thomas Becket)准备主持晚祷时被亨利二世(Henry II)派来的刺客刺杀。在贝克特被刺杀处，有一个穿刺着两把剑的十字架标示，也成为后世前来朝圣的目标地。

　　贝克特原是英王亨利二世最赏识的人才，官任内阁大臣(1155—1162)，与亨利二世亦主仆亦友。贝克特当了坎特伯雷大主教后，一切均以维护教会权益为优先，不惜与亨利二世冲突。据说有天亨利二世气不过，随口说了句贝克特该死的话，他的四名贴身侍卫便听命刺杀了贝克特。

　　许多人认为贝克特应该早知此事却不躲藏，其一是因为自认有义，所以不惧；其二则可能是考虑如此一来，可以让坎特伯雷大教堂的地位更上一层楼。无论如何，这出教堂谋杀悲剧总让游客唏嘘不已。

圣保罗大教堂 St. Paul Cathedral

🏠 | 英国伦敦西堤区

2011年威廉王子与凯特王妃的婚礼，让30年前戴安娜王妃(Princess Diana)与查尔斯王子(Prince Charles)的世纪婚礼，重现于世人眼前，圣保罗大教堂也因此再度成为国际焦点。新人挥别了上一代令人不胜唏嘘的往事，不过圣保罗大教堂对游客的吸引力，却从来不减。

这座大教堂最早在公元604年建立，在1666年伦敦大火之后，只剩下残垣断壁，由雷恩爵士(Sir Christopher Wren)负责重建，于此完成伦敦最伟大的教堂设计，并成为世界第二大圆顶大教堂，高达110米的圆顶，仅次于梵蒂冈的圣彼得大教堂。

圣保罗大教堂西面正门有两座对称的钟楼，正门的人字墙上刻画了圣保罗至大马士革传教的事迹，人字墙上方为圣保罗雕像。而门前的广场有一座安妮女王的雕像，是为了纪念教堂在她统治期间落成而建的。

一走进去就会为那宽广挑高的中殿赞叹不已。位于教堂中东边的高坛建于1958年，由大理石及镀金的橡木制成，而位于圆顶下方的诗班席是教堂中最华丽庄严之处。醒目的管风琴在1695年启用，是英国第三大管风琴。

圣保罗大教堂最有名的地方便是"耳语廊"(Whispering Gallery)，爬257阶楼梯，即可到达耳语廊。由于特殊环境，即使是轻微耳语也可以在圆顶四周产生回音。在此还可往下方拍摄中殿。体力不错的人，由此再往上爬可到达塔顶，是眺望伦敦市区的绝佳地点。

亚琛大教堂Aachen Dom

🏠 | 德国亚琛Klosterplatz

亚琛是一座相当靠近比利时边界的历史古城，早在罗马帝国时代，就是知名的温泉疗养胜地。公元768年掌权的查理大帝在位期间，亚琛成为帝国的政治中心。公元800年，他被加冕为皇帝，并以"罗马人的皇帝"自居，也把亚琛视为第二个罗马。

公元785年，查理大帝下令建造一座宫廷礼拜堂，就是今天的亚琛大教堂。这座教堂融合古典主义晚期与拜占庭的建筑特色，外观呈八角形，有着巨大的圆拱顶，四周墙壁布满了金碧辉煌的宗教镶嵌画，其精彩程度被誉为德国建筑和艺术史上的第一象征，1978年被列为德国的第一处世界文化遗产。查理大帝于公元814年崩殂后，遗体就葬在这座教堂内。

珍宝馆Domschatzkammer

亚琛大教堂曾经是32位国王加冕、举行多次帝国会议的重要场所，前来膜拜的信徒更是不绝于途。1350年，教堂西侧增建了一座珍宝馆，收藏教会珍藏的宝物，包括传说中圣母玛利亚的圣物箱、洛泰尔十字架(Lothair Cross)、查理大帝半身像等，收藏之丰富令人大开眼界。

科隆大教堂Dom zu Köln

🏠 | 德国科隆Domkloster

　　传说这座大教堂已经盖了将近800年还没完工，传说它是人世间最靠近上帝的所在，传说它是地球上最完美的哥特式建筑。不管你是不是教徒，这座教堂你都一定听过；来到德国，也一定要到科隆一睹其风采。

　　哥特式风格的科隆大教堂，从1248年开始兴建，1265年完成了主祭坛与圣咏台，但一直到1322年主祭坛才开始正式使用。接下来的建设进度更是缓慢，时盖时停，1560年之后，教堂甚至完全停工，直到1842年普鲁士王国兴起才为今日的规模重新打下基础。1880年，威廉一世将最后一块基石置于南钟塔，算是象征性地完工。但事实上，小规模的修缮工程却从未停歇。第二次世界大战时，科隆市区受到严重破坏，幸运的是，大教堂因为非常醒目，在盟军的刻意保存下而幸存，但仍然受到了一定程度的损害。时至今日，局部的维修工程依然没有停止。

　　主祭坛之回廊是科隆大教堂最古老的部分，共有7个小圣堂，建造时期在1248至1265年间。而正门入口处的巴伐利亚彩窗、东方三圣人金圣龛、米兰圣母像等，都是不能不看的至宝。

　　体力不错的游客可爬500多阶的楼梯，登上150多米的塔顶，俯瞰市区，科隆和莱茵河畔的景色一览无遗。塔顶也是所谓"最接近神的地方"，带着虔诚敬畏的心上来，一定会有海阔天空的感觉。

东方三圣人金圣龛
Shrine of the Three Kings

制于1181—1230年的圣龛，用来存放"东方三博士"的遗骨，圣龛十分精美，内为木制，外再镀上金属。东方三博士与圣母抱耶稣像是纯金打造的。仔细观察可以发现旁边还有一个国王，他是十字军东征归来的皇帝奥图四世，就是他赠给教堂宝石及黄金来制作圣龛的，因而放置其中以兹纪念。

米兰圣母像
Mailänder Madonna

米兰圣母像可能是大教堂的建筑师阿尔诺德的作品，当初随着东方三圣人金圣龛一起自米兰来到科隆，也是早期哥特式雕塑的佳作。

教堂中殿

科隆大教堂的中殿约高43米，有超过5000个座位，是世界前几大的教堂中殿。在教堂里面仰望屋顶更显现出教堂的宏伟，难怪每年吸引几百万的游客来朝圣。

歌特式座位区Gothic Stalls

用大橡木制成的座位，建于1308—1311年，在当时是相当大的座位区。目前被围了起来，需由导游带领才能进入参观。

彩绘玻璃

位于正门入口处的彩绘玻璃窗，是1842年巴伐利亚国王路德维希一世庆祝大教堂破土600周年的赠礼，画满了《圣经》中的故事情节。天气好时，光线经过彩绘玻璃折射出绚烂的光芒，是教堂内的一大看点。中古世纪时，人们相信光就是上帝之爱，因此每个大教堂都有透光的彩色玻璃。

飞扶壁

扶壁的作用就是不需厚重的砖墙，就可将拱顶的重量转移到地面。在哥特式的建筑中，扶壁是与建筑主体分开的，不破坏原始建筑又能达到保护的效果，又称"飞扶壁"。

欧美及基督文明建筑艺术及扩展　◆　教堂建筑

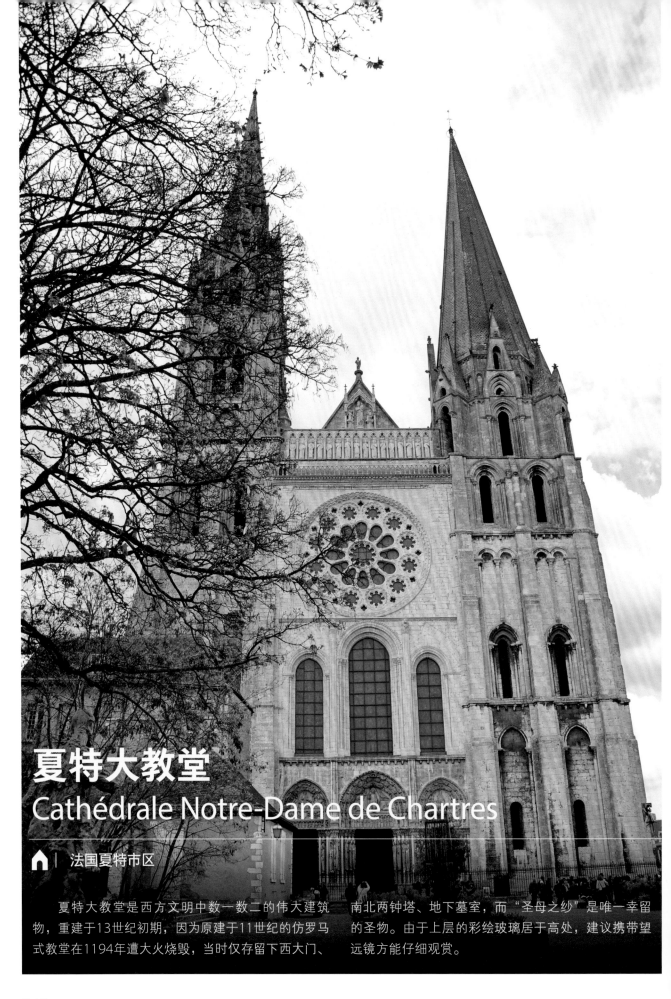

夏特大教堂
Cathédrale Notre-Dame de Chartres

⌂ | 法国夏特市区

　　夏特大教堂是西方文明中数一数二的伟大建筑物，重建于13世纪初期，因为原建于11世纪的仿罗马式教堂在1194年遭大火烧毁，当时仅存留下西大门、南北两钟塔、地下墓室，而"圣母之纱"是唯一幸留的圣物。由于上层的彩绘玻璃居于高处，建议携带望远镜方能仔细观赏。

北大门Portail Nord

兴建于1210—1225年的北大门，诉说《旧约圣经》和圣母的故事，几乎可说是一本基督教百科全书。装饰中央拱廊上方的雕刻，描绘《创世纪》的场景，其周围层层向外延伸的门拱上，装饰着象征12个月份活动和星座的雕刻，相当有趣。

钟塔Clocher Neuf

教堂左右两侧的尖塔造型截然不同，一侧是罗马式的旧钟塔(Clocher Vieux)，另一侧则是兴建于16世纪的火焰哥特式的新钟塔(Clocher Neuf)，高115米，又称北塔(Tour Nord)，与内部的罗马式建筑形成对比，算是教堂建筑的奇例。

彩绘玻璃窗Vitraux

教堂内的176片彩绘玻璃大多数是从13世纪保存至今的，其中还有4片是12世纪的作品，属于欧洲中世纪重要的彩绘玻璃之一。法国大革命时有8片玻璃损毁，因而在两次世界大战时，这些彩绘玻璃曾被卸下保管，待战争后才重新装上。彩绘玻璃窗主题诉说耶稣生平、《旧约圣经》和圣人的故事，兴建之时庞大的资金由贵族、富商和工会赞助，因此在部分彩绘玻璃窗的最下部，可以看见包括多种行业工作场景或家族徽章等捐赠者的标记。而在这些缤纷的彩绘玻璃中，又以蓝色为主调，形成当地特殊的"夏特蓝"代表色。

皇室大门Portail Royal

皇室大门是教堂3座大门中唯一幸存的建筑，年代可追溯到12世纪。大门有3个入口处，其3个门边的雕像柱群和三角面上的雕饰属于罗马式风格，分别代表《旧约圣经》中的人物。

南大门Portail Sud

南大门兴建于1205—1215年，主要描绘教会历史，从使徒追随基督、创立教会到末日为止，门上装饰着大量殉道者、使徒和忏悔者的雕像，阐述"殉难"、"最后的审判"和"坚信"等主题。

迷宫Labyrinthe

在大教堂的中央，有一座年代可追溯到13世纪的迷宫，直径约13米，全长达261.5米，由一连串的转弯和弧圈构成，无论内外都以同样方式排序的弧圈是它最大的特色，而它也是法国境内最大的迷宫。

中世纪时朝圣者会边祈祷边跟随迷宫前进，对他们来说，这是一条象征通往上帝和复活的路。该迷宫共由276块白色石头铺成，曾有作家认为这数字近似于妇女怀孕的天数，因而一度引发众人热烈的讨论。根据1792年从中央移除的一块石板记载，该迷宫的灵感可能来自希腊神话主角代达罗斯(Dédale)所设计的那座克里特岛迷宫。

巴黎圣母院 Cathédrale Notre-Dame de Paris

🏠 | 位于法国巴黎西堤岛上

　　巴黎圣母院自1163年开始建造，直至1334年才完成。这座哥特式建筑，近600年命运多舛，因政治因素，如英法百年战争、法国大革命和两次世界大战，都受到或多或少的破坏。19世纪时，维优雷-勒-杜克(Viollet-le-Duc)曾将它全面整修，整修后的面貌大致维持至今日。

　　巴黎圣母院不仅以庄严和谐的建筑风格著称，更因与圣经故事相关的雕刻和绘画艺术蜚誉全球。其耳堂南北侧的彩绘玻璃玫瑰花窗，直径达13米，也为圣母院增添了艺术风采。长130米的圣母院，除了宽大的耳堂和深广的祭坛外，西面正门还耸立着两座高达69米的方塔，在雨果笔下的《巴黎圣母院》中，卡西莫多(Quasimodo)敲的就是塔楼里重达16吨的巨大铜钟。体力好的人，不妨爬上387个阶梯，登南塔瞭望西堤岛及周边全景。塔楼屋顶上还有怪兽喷水口(Gaorgouille)俯视着大地。

　　位于"众王廊"下方的正是著名的三座正门，其大小不一，呈桃状。门上繁复的石雕为当时不识字的信徒讲述圣经故事以及圣徒一生的情景，由左向右，分别为圣母门、最后审判门和圣安娜门。

2019年4月15日，巴黎圣母院发生火灾，屋顶、尖顶被焚毁，所幸主体建筑结构、正殿的十字架祭坛、知名的彩绘玫瑰花窗、立于尖塔之顶的"神圣风向鸡"及信仰圣物"耶稣荆冠"等都安然幸存，漫长的修复计划已逐步展开。

圣心堂 Basilique de Sacré-Coeur

🏠 | 位于法国巴黎蒙马特区山丘上

　　圣心堂是蒙马特的地标，白色圆顶高塔矗立在蒙马特山丘上，可以步行方式或搭乘缆车上山。这间兴建于19世纪末的教堂，造型迥异于其他巴黎教堂，在当时被视为风格大胆的设计。1870年普鲁士入侵法国，惨遭围城4个月的巴黎战况激烈，城内所有粮食都被吃得一干二净，后来巴黎脱离了战争威胁。为了感谢耶稣，也为了纪念普法战争，因而兴建圣心堂。

　　教堂正门最上方可见耶稣雕像，入口处的浮雕描述种种耶稣生平事迹，这间献给耶稣"圣心"的教堂，由保罗·阿巴迪(Paul Abadie)设计，于1875年开始兴建，直到1914年才落成，并于第一次世界大战结束后才开光祝圣。

　　其实圣心堂最吸引人的不只是教堂本身，还有圣心堂前方的阶梯广场，此处总是有许多街头艺人表演，再加上那览尽巴黎美景的开阔视野，更是留影取照的最佳去处，也难怪总是人满为患。

圣母升天大教堂Assumption Cathedral

俄罗斯莫斯科克里姆林宫内

圣母升天大教堂无论从宗教或历史的价值上来看都无与伦比，几乎所有重要的仪式，包括大公的登基仪式、沙皇加冕典礼、主教及都主教的任命仪式等都在此处举行。

1475年，击退蒙古大军的伊凡三世决定兴建石造教堂，请来意大利建筑师菲奥拉万蒂(Aristotle Fiorovanti)设计施工，于4年后完工，5座金色洋葱顶及4个半圆山墙是其外观特色，教堂保存的壁画及圣像画，都是俄罗斯宗教艺术史上的珍宝。

俄罗斯的壁画及圣像画传承自拜占庭，15世纪后期，沙皇恐怖伊凡下令，画师一律住在克里姆林的圣像画学校内，当时画师们在希腊籍名画师狄奥尼修斯(Dionysius)的率领下，完成了许多杰作。在圣母升天大教堂的圣坛前，可看到几幅加框保护的壁画遗迹，另外还有14、15世纪存留下来的圣像画《眼神炽烈的救世主》《都主教彼得及其生活》《弗拉基米尔圣母》等。

此外，教堂内的3个宝座无论木刻、石雕或黄金镶嵌都非常华丽。在教堂角落还有几位都主教的坟墓，除了历史最古老的都主教彼得棺墓外，位于南侧大门旁的都主教菲利浦之墓也受人瞩目。

南面大门

这是皇室成员进出教堂专用的大门，拱门上的壁画为17世纪的作品，无论壁画还是拱形石雕都令人惊艳。

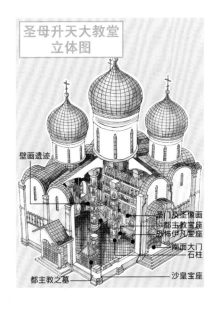

圣母升天大教堂
立体图

壁画遗迹

圣门及圣像画
都主教宝座
恐怖伊凡宝座
南面大门
石柱

都主教之墓
沙皇宝座

石柱

石柱上的壁画以传道、殉教及战士化身的天使为主题，人物总计超过100名。

壁画

在北侧的墙上仍局部保存绘于15世纪末、16世纪初的壁画，而南侧的侧室墙上则有著名希腊籍画师狄奥尼修斯的作品。

恐怖伊凡宝座

有"恐怖伊凡"之称的伊凡四世，在1547年将自己莫斯科公国大公的头衔改为俄国沙皇，成为第一个统治全俄罗斯的帝王。这座木雕宝座又叫莫诺马克宝座(Monomakh's Throne)，于1551年安置在教堂中，雕刻精致，四周刻有传说故事，象征俄国帝王权力传承于拜占庭神权。

都主教宝座

以白色大理石刻的都主教宝座约于15世纪末期就设置于此了，在恐怖伊凡宝座设置之前，是各仪式中最高权力的象征。

圣门及圣像画

包括《圣乔治》《眼神炽烈的救世主》《都主教彼得及其生活》《圣母升天》等作品，大多完成于14、15世纪。圣像画师都必须修行沐浴后才能开始工作。

沙皇宝座

沙皇宝座是17世纪之后才设置的，黄金镶制的尖顶及顶端双头鹰标志象征俄国皇室的尊严。

都主教之墓

依照顺序分别是都主教彼得之墓、都主教乔纳之墓、都主教菲利浦之墓、都主教贺蒙真之墓，其中都主教菲利浦是第一个公然指责恐怖伊凡暴行的宗教领袖，惨遭流放并被绞杀，直到1652年才由继任的沙皇迎回遗物并安葬于此。

圣巴索大教堂/ 圣瓦西里大教堂
St. Basil's Cathedral / Cathedral of St. Vasily the Blessed

🏠 | 俄罗斯莫斯科红场南端

　　圣巴索大教堂堪称俄罗斯代表性地标之一，这是沙皇恐怖伊凡在征服喀山之后开始兴建的。

　　13世纪至16世纪期间，位于莫斯科西南方约700千米处的喀山城，是俄罗斯境内鞑靼势力最稳固的一座城市，16世纪中，莫斯科大公伊凡四世（即恐怖伊凡）四处征战，企图收复所有领地，并统一诸公国建立中央集权的帝国，而伊凡四世本人更为自己冠上"沙皇"的头衔。

　　喀山一役是促成伊凡四世愿望实现的关键。在出征前他曾许下愿望：若战争胜利，他将兴建一座最壮观华丽的教堂。果然，他的愿望在1552年实现，3年后开始兴建圣巴索大教堂，并于1561年完工。

　　关于这座教堂有个传说：在恐怖伊凡即将出征前，有个名叫瓦西里的傻子预言恐怖伊凡在喀山一役将大获全胜并统一全国，但是他晚年会杀害自己的亲生儿子，也就是帝国唯一的继承人。这些预言后来都一一实现了，

人们将这个傻子视为圣人，由于教堂就盖在瓦西里墓地的旁边，因此，一般人习惯将之称为圣瓦西里大教堂。

　　另一个传说是，设计兴建这座教堂的建筑师波斯尼克·亚柯夫列夫及巴尔马，在教堂完工之后，被恐怖伊凡下令弄瞎双眼，为的就是不让他们再建造第二座像圣巴索大教堂这般壮观的建筑。然而这些终究是传说，因为根据记载，恐怖伊凡死后4年，建筑师们仍在教堂主结构里增加礼拜堂。

　　圣巴索大教堂确实是俄罗斯历史上独一无二的建筑杰作。它在结构上以四方形交叠构成平面基础，在这基础上建起大大小小的塔，并覆上洋葱形圆顶，外表看似杂乱无章，内部则包含了9座礼拜堂。此外，教堂在装饰技法上不但采用俄罗斯传统的"重复元素"技巧，还融合拜占庭宗教建筑及罗马建筑的要素，从任何角度看上去都会产生不同的风景，令人叹为观止。

圣以撒大教堂St Isaac's Cathedral

🏠 | 俄罗斯圣彼得堡西城区

　　雄伟壮观的圣以撒大教堂是全世界最大的东正教堂，最多可容纳14000人。这座宏伟的教堂是为纪念彼得大帝的诞生而建的，由于彼得大帝的生日也是圣人以撒的祭祀节日，因此以圣以撒为教堂命名。

　　有关圣以撒大教堂最早的记录是，1712年2月19日彼得大帝和第二任妻子叶卡婕琳娜在圣以撒大教堂成婚。1717年彼得大帝监工重建，但因教堂建在靠近河岸处，终因土壤流失造成龟裂，1735年又因遭雷击而烧毁。

　　现在的教堂，是1818年由法国的建筑师蒙费朗(Auguste Ricard de Montferrand)所设计施工的。他一边抽地下水，一边打入10000根6.5米高的柱子，总共花了

5年时间、动员125000人进行施工，当基盘稳固后才开始教堂主体的建设。他采用铸铁结构的圆顶取代原来的砖造，节省成本、时间，降低重量负荷，令这座宏伟建筑迄今屹立不摇。

　　1825年登基的尼古拉一世(Nicholas I)继续开展拓建工程，为此特别建造船只及铁路，将采自芬兰的花岗岩运进圣彼得堡。尼古拉一世在蒙费朗打造的基础上立起一座座朝天巨柱，赋予教堂更宏伟的气势。

　　教堂内部的装潢也是空前创举，最值得骄傲的是由各地运来的彩色矿石所雕刻、拼贴而成的墙面及圣像屏等。与欧洲其他著名大教堂相比，圣以撒大教堂的设计更显庄严稳重。

外观

　　教堂的外观为新古典主义样式，平面结构则采取传统希腊十字架样式，整幢教堂共有112根科林斯式石柱，全是以整块花岗岩栽切雕刻打光。最特殊的是，当时采用特殊的机械原理进行立柱工程，不仅没有发出噪音，沙皇及贵宾们还与会观礼。中央大圆顶圆柱形厅的外部有条环状走道，就是能俯瞰市景的瞭望台，可看到24座雕像在屋顶，另有24座雕像在圆柱形厅的上方。

圣像屏

　　圣像屏共用了400公斤的黄金、16吨孔雀石、1000吨天蓝矿石装饰，高达3层的圣像屏上，有马赛克制成的精致圣像画、孔雀石雕刻的圣像框柱、贴了金箔的天使雕像，中央的圣门更别出心裁地以彩色玻璃拼花制成。

圆顶

　　教堂的圆顶高101米，外表覆以纯金，圆顶内环绕着12尊天使雕像，当时是以电镀新工艺取代传统的青铜铸造。而圆顶结构采用铸铁取代传统的砖造，则是世界建筑史上第三例。在圆顶正中心下方悬吊着一只白鸽，象征圣灵。

铜门

　　教堂铜门的浮雕以意大利佛罗伦萨的圣乔凡尼洗礼堂(Battistero di San Giovanni)为蓝本，由意大利裔俄罗斯人伊万·维塔利(Ivan Vitali)所打造。

瞭望台

　　循教堂旁的262级环形阶梯，爬上顶端的瞭望台，可清楚看到圣彼得堡市容，同时欣赏教堂的黄金圆顶。这个贴上3层金箔的圆顶，从竣工后从未整修过，堪称俄罗斯独一无二的杰作。

153

伦敦塔Tower of London

⌂ | 英国伦敦市中心

　　由大大小小约20座塔楼组成的伦敦塔，不但是伦敦这座城市的缩影，也是英国皇室的简史。

　　1066年，法国诺曼底的"征服者威廉"（William the Conqueor）攻陷不列颠，也将诺曼式建筑带进伦敦，他从法国运来大量巨石筑塔，落成于1078年的首座建筑"白塔"是他的皇宫。

　　伦敦塔经过多次扩建，最主要的工程集中于12—13世纪狮心王理查（Richard the Lionheart）、亨利三世以及爱德华一世任内。到了13世纪末，伦敦塔已勾勒出今日的轮廓：数座围绕着白塔的附属建筑，并兴建内、外两圈围墙和护城河。

　　伦敦塔曾经多次转换用途，像皇宫、碉堡、铸币厂、军械库、军营、刑场，甚至于皇家动物园，不过，伦敦塔最为人所熟知的用途是监狱。从1100年起，这里就开始监押犯人，到了16—17世纪时，这里成了声名狼藉的监狱，以至于"Sent to the Tower"（送往伦敦塔）此句成了"入狱"的同义词。

　　被关在塔中的贵族不计其数，最著名的包括爱德华四世的双胞胎儿子爱德华五世和约克公爵、亨利八世的王后安妮·博林（Anne Boleyn），以及登基前被姐姐玛丽一世囚禁于此的伊丽莎白一世。或许正因为无数冤魂在此飘荡，使得伦敦塔闹鬼传闻不断。

中塔 Middle Tower

中塔最初由亨利三世国王下令兴建于13世纪，因位于已拆除的狮塔(Lion Gate)和看守塔(Byward Tower)之间而得名，建筑融合诺曼、爱德华和哥特式风格。经整修后，以一道石桥取代昔日拥有两扇升降闸门的木头吊桥。

韦克菲尔德塔 Wakefield Tower

塔名来自玫瑰战争(War of Roses)中发生于1460年的韦克菲尔德战役(The Battle of Wakefield)，当时兰开斯特家族(House of Lancaster)的亨利六世获胜，将约克家族(House of York)的败将囚禁于此。不过1470年，最后一位兰开斯特国王反被人谋杀于塔中，根据推测应该是约克家族的爱德华四世下的毒手。如今韦克菲尔德塔的底层辟为酷刑展览厅。

圣托马斯塔和叛国者之门
St Thomas's Tower & Traitors' Gate

兴建于13世纪下半叶的圣托马斯塔，由爱德华一世下令兴建，是一座具有防御功能，且能直接通往泰晤士河出口的塔楼。位于塔楼下方的水门，即是叛国者之门，所有被判定为叛国者的人，都会从泰晤士河经由此门被带入伦敦塔。

血腥塔 Bloody Tower

原本是为了防御功能而设计，因为拥有面对庭园的景观而被称为庭园塔(Garden Tower)。1585年，诺森伯兰伯爵亨利·珀西(Henry Percy)在此自杀，此塔被称为血腥塔。而让它声名大噪的，还是那对据说在此遭到谋杀的爱德华五世和约克公爵这对双胞胎王子，他们在叔父理查三世登基后便被关进伦敦塔，从此音信全无。伊丽莎白时代的知名冒险家华特·雷利(Walter Raleigh)，则因和女王的宫女秘密结婚，被关进伦敦塔幽禁。

钟塔 Bell Tower

钟塔为伦敦塔中第二古老的建筑，兴建于1190—1210年，最主要的功能是示警，好让看守塔的守卫听到钟声后快速升起吊桥并关上闸门，如今塔内钟的年代可追溯至1534年。摩尔爵士(Sir Thomas More)及当时还是公主的伊丽莎白一世，曾先后被囚禁于此。

珠宝馆
Waterloo Block, Crown Jewels

此处收藏着象征英国皇室的无价之宝，最著名的是英国皇室的珍贵王冠，包括女王在上议会开会时佩戴的帝国皇冠(Imperial State Crown)，以及镶有世界最大钻石"非洲之星"的十字权杖。"非洲之星"是1905年于南非开采出来的钻石原石"卡利南"(Cullinan Diamond)，共打磨成9颗大钻，由南非政府送给英国国王爱德华七世。其中最大的两颗钻石为530克拉的"大非洲之星"及317克拉的"小非洲之星"，分别镶嵌在象征英国王权的十字权杖及帝国皇冠上。

步枪团博物馆
Fusiliers' Museum

这座博物馆述说皇家步枪团自1685年创立的历史，通过展品勾勒出它的面貌。展品包括5000枚的徽章、制服、旗帜、战利品以及文件，其中最引人注目的是一只能够治愈脚伤的铁靴、82军团的老鹰标志、西藏的滑石雕刻等。

制弓匠塔Bowyer Tower

以昔日居住于此的皇家制弓匠们命名，这座塔兴建于亨利三世任内。根据莎士比亚的戏剧，克拉伦斯公爵因为反对他的兄弟爱德华四世国王而被囚禁于此，1478年时，公爵离奇地淹死于这座塔内的一个白酒桶中。

宽箭头塔
Broad Arrow Tower

查理三世兴建了这座供使用宽箭头的驻军所居住的塔楼，塔楼内有过去的钢盔和十字弓。

白塔White Tower

白塔最初其实被称为"大塔"(Great Tower)，到了爱德华三世时，因为将外墙漆成白色而得名。象征诺曼王权的白塔，是皇宫、堡垒，也是监狱。而这座躲过伦敦1666年大火的建筑，千年以来经过多次整建。亨利八世曾强化其屋顶，以承担大炮的重量，也为了安妮·博林加冕为王后，整修大厅和王后的房间。如今白塔是英国国家兵工器和伦敦塔博物馆，典藏了许多皇室兵器，数百年来的各种武器演进在此一览无遗。

看守塔 Byward Tower

看守塔是外区围墙的门房，采用诺曼式风格，兴建于亨利三世任内，其名称由来应和原本兴建一旁的守卫厅(Wander's Hall)有关。据说1381年发生农民起义(Peasants Revolt)时，查理二世躲在这里避难，事后加强了看守塔的结构建设。

盐塔Salt Tower

盐塔在和平时期被当成仓库使用，也曾作为牢房，所关对象从苏格兰国王到耶稣会士、巫师。他们在墙上留下许多刻文与图案，最著名的刻文是一个错综复杂的天文钟。这里还设有电子屏幕，让你看看昔日关在这里的囚犯如何过活。

马汀塔Martin Tower

马汀塔在亨利三世兴建时当作监狱使用，后来在1669—1841年被称为珠宝塔(Jewel Tower)，因为英国皇室的珠宝最初珍藏于此。看看今日珠宝塔戒备森严的模样，很难想象1671年时，来自爱尔兰的布拉德上校(Colonel Blood)差点就从马汀塔偷走了查理二世的皇冠。

灯塔Lanthorn Tower

为了让泰晤士河上的船只入夜后能有灯火的指引，亨利三世兴建了这座塔楼。它属诺曼式建筑规划的一部分，名称来自挂在塔顶小角塔中的灯笼。这座塔楼也曾经用来囚禁犯人，部分维多利亚风格的建筑，是18世纪大火后重建的结果。这里如今成为"中世纪宫殿"(Medieval Palace)的展览厅之一。

总管塔Constable Tower

总管塔的由来和最初居住于此的"伦敦塔总管"(the Constable of the Tower of London)有关。这个古老的军职年代悠久，追溯到征服者威廉统治时期，肩负起伦敦塔守卫者的角色，管理塔内军队和负责安全。如今馆内展示的模型，述说1381年那场农民起义的故事。

爱丁堡城堡Edinburgh Castle

🏠 │ 英国苏格兰爱丁堡Castle Hill

耸立在死火山花岗岩顶上的爱丁堡城堡，易守难攻的地理条件，让它曾经是绝佳的军事堡垒。现在每年8月在此举办军乐队分列式(Military Tattoo)，还可以居高俯视爱丁堡市区，其庄严雄伟的气势表露无遗。

沿着皇家英里大道进入爱丁堡城堡，进入正门后可以租借中文语音导览，自行操作收听城堡内每一个重点的解说，可深入了解城堡的一切。

爱丁堡城堡沿坡旋绕而上，分为下区(Lower Ward)、中区(Middle Ward)、上区(Upper Ward)等区域，共有数十个参观点，较重要的包括圣玛格丽特礼拜堂、大厅、皇家宫殿等。

圣玛格丽特礼拜堂St. Margaret's Chapel

该建筑建于12世纪，是爱丁堡现存最古老的建筑，属于半圆拱式的罗马式建筑风格，16世纪曾变成弹药库，直到1845年才改回礼拜堂。教堂内有一本11世纪的福音书，彩绘玻璃则于1922年，由苏格兰公认20世纪最棒的彩绘玻璃设计师道格拉斯·斯特拉坎(Douglas Strachan)所设计。

一点钟大炮One o'clock Gun

过去，在福思湾(Firth of Forth)航行的船只需要协助船员在海上对时，于是在1853年，皇家海军军官便在尼尔森纪念碑上放置报时球。每天13:00一到，球便掉落，但遇起雾，船只看不见球，所以1861年，改用以爱丁堡城堡大炮鸣炮报时，炮声震耳，远至利斯(Leith)港口也听得见。今日，鸣炮已成观光项目，除每周日外，每天都能观赏、聆听到。

皇家宫殿Royal Palace

皇家宫殿包括前皇家寓所，后来成为斯图尔特君主(Stewart monarchs)的官邸。它始建于15世纪詹姆斯四世统治时期，1617年，因詹姆斯六世(即英格兰国王詹姆斯一世)的造访而做过大幅改建。

1楼莱兹厅(Laich Hall)过去作为国王的接待室和餐厅，旁边的小房间是当时的苏格兰玛丽王后的闺房(Queen Mary's Chamber)，1566年，詹姆斯六世就在此出生。

2楼代表苏格兰之光(The Honours of Scotland)的皇冠室(Crown Room)，收藏了代表苏格兰传统荣耀的皇冠、权杖和宝剑3件御物，这些是国王登基时的宝物。此外，还收藏了具有历史意义的"命运之石"(The Stone of Destiny)，原来，自古苏格兰国王在加冕时，都会坐在"斯昆石"(Stone of Scone)上，但在1296年，英格兰国王爱德华一世将石头带走作为战利品，直到1996年才还给苏格兰，目前同样安放于皇冠室中。

蒙斯·梅格大炮Mons Meg

蒙斯·梅格大炮于1449年时在比利时建造，重约6吨，口径51厘米，是世界上口径最大的火炮，所发射的炮弹约150公斤重。1680年发生了桶爆意外，后来虽于1829年修复，但它仅作为展示，只是偶尔作为烟火庆祝活动的鸣炮之用，而且未真正发射炮弹，仅具形式上的意义。

战俘监狱Prisons of War

以实景、图片和模型，让人了解18—19世纪，来自法、美、西、荷、意和爱尔兰等众多地方的战俘在此生活的情景。

大厅Great Hall

建于1511年的大厅一直是皇室重要仪式举行的场所，在维多利亚女王时期重新装修过，最醒目的木梁屋顶则是16世纪初遗留下来的瑰宝。每根梁架尾端都有人物或是动物的面具装饰。

军事监狱Military Prison

城堡内的军事监狱，曾囚禁过拿破仑的军队，墙上仍留存着法军在墙上抓刻的指痕。爱丁堡城堡同时也是苏格兰国家战争纪念馆、苏格兰联合军队博物馆的所在地。

温莎城堡 Windsor Castle

🏠 | 英国伯克郡(Berkshire)

雄踞于泰晤士河岸山丘上的温莎城堡，于1066年由征服者威廉所建，城堡加上后公园共占地4800英亩，900多年来为全球有人居住的大型城堡之一，在此居住过的君王多达39人，他们也先后留下众多珍贵的宝物。

温莎城堡和白金汉宫并列为伊丽莎白二世女王的官方府邸，女王于每年复活节及6月会固定到此，在圣乔治礼拜堂举行嘉德勋位受勋仪式(Garter Service)，除此之外，女王和丈夫也经常在此度周末。

历史逾900年，温莎城堡的面貌一直在改变，尤其是1992年的大火烧毁了城堡的西北隅，将近100间厅房毁于一旦，包括9间位于国家套房中的房间。温莎城堡历经5年重建，迫使皇室开放白金汉宫，以门票收入筹

圣乔治礼拜堂 St. George's Chapel　圆塔 Round Tower　玛丽王后玩偶屋 Queen Mary's Dolls' House　滑铁卢厅 Waterloo Chamber　国家套房 State Apartments　登基50周年纪念花园 Jubilee Garden　谒见厅 Audience Chamber

温莎城堡立体图

措资金。再则是2002年伊丽莎白女王欢度即位50周年庆，城堡管理单位特地设计了一座新颖的纪念花园(The Jubilee Garden)，替城堡增添划时代的景观。

如今温莎城堡分为上中下三区，由于皇室成员仍经常在此度假或举行重要国宴，因此，在城堡中须依照一定的路线参观，跟着语音导览走一圈，约需2~3小时。

国家套房State Apartments

上区的国家套房内每个房间都藏有丰富的皇家珍藏艺术品，包括达·芬奇、拉斐尔以及米开朗琪罗等人的画作，皇室重要仪式或宴会均在此举办。为凯瑟琳·布拉甘萨(Catherine of Braganza)而建的女王交谊厅，经过多次整修，中央的壁炉原位于昔日的女王卧室，上方摆设着一座独特的女黑人时钟，悬挂于中央的水晶吊灯历史可溯及维多利亚时代。1997年，伊丽莎白二世和夫婿便是在此举办他们的金婚宴会。

滑铁卢厅(Waterloo Chamber)是为了纪念1815年大英帝国战胜拿破仑而建，由乔治四世委任杰弗里·怀特维尔(Jeffery Wyatville)设计，一直到威廉四世任内才完工。两旁墙壁装饰着木头嵌板，上方高挂着当时参与战役的军官肖像，屋顶成排的天窗设计令人联想起船只的肋骨，铺在地上的印度地毯是全球最大的无接缝地毯，重达2吨。

附带一提，国家套房一旁的玛丽王后玩偶屋(Queen Mary's Dolls' House)，是1924年时由玛丽·路易斯(Marie Louise)公主和建筑师埃德温·路易斯(Edwin Louise)联手打造，用来致赠玛丽王后的娃娃屋。屋中成千上万个物品都以1：12的比例呈现，还附设电力设备和排水系统，精巧程度让人啧啧称奇。

圆塔Round Tower

中区最明显的地标是被玫瑰花园围绕的圆塔。圆塔原由征服者威廉以木材造成，1170年，亨利二世(Henry II)以石头重建成今日面貌。想知道女王是否在温莎城堡，只需要抬头看看圆塔上方是否飘扬着皇室旗帜。

圣乔治礼拜堂
St. George's Chapel

此处是温莎城堡中的建筑经典，洋溢着豪华的15世纪哥特式风格，以细致艳丽的彩绘玻璃著称，高大的立柱撑起扇形交错的拱顶。圣乔治礼拜堂是嘉德骑士的圣堂，此外也是皇室的著名陵寝，共有10位英国王室成员埋葬于此，其中包括亨利八世(Henry VIII)。2005年，查理王子和卡米拉的婚礼就是在此举行的。

香波堡 Château de Chambord

🏠 | 位于法国罗亚尔河流域

香波堡是罗亚尔河流域最大的城堡，内部拥有440个房间、365个火炉、84座楼梯，它在1981年被联合国教科文组织列入世界遗产名录。

建造香波堡的法兰西斯一世(François I)热衷于狩猎，他想打造一座狩猎城堡，1516年，他请达·芬奇提出设计方案。虽然达·芬奇在1519年就过世了，但后人推测香波堡中央创新的交替螺旋式双梯是达·芬奇的构想。香波堡另一特色是宽阔的塔顶露台，这种造型各异的突出高塔，为国王与贵族观赏庭园射御竞技提供了绝佳的地点。

香波堡被称为是"法兰西斯一世的华丽妄想"(Folie de Grandeur)，事实上，忙于征战的法兰西斯一世在此停留的时间不超过8周，而路易十四约待150天，更别提待在雪侬梭堡与波提耶和黛安娜形影不离的亨利二世。因此这栋城堡在起建的头两个世纪几乎被弃置，只有路易十四对香波堡进行过改建，直到20世纪才被重新布置整修。

对法兰西斯一世来说，香波堡是一座被葱郁森林和蜿蜒河流包围的梦幻城堡，不负众望，它确实成了令人惊叹的一个传奇。

双螺旋梯 Grand Staircase

位于城堡中央，贯穿1楼到屋顶的巨型螺旋式双梯，以同一个主轴为核心，但却各自独立，巧妙之处就是让两个人各自上下楼梯，但是却不会碰面。整座石梯汇集了各种法国文艺复兴的装饰风格，以动植物、怪物或人的形体作为主题。

法兰西斯一世楼梯 François I Staircase

和布洛瓦堡相同的八角形镂空螺旋梯，也出现在香波堡，半开放的户外式楼梯连接皇家翼的每层楼，2楼即为法兰西斯一世寝宫。

路易十四寝宫 Louis XIV's Apartment

进入路易十四寝宫的路径，依序为第一前厅、第二前厅、国王房间、皇后房间，路易十四认为这套礼仪程序，可以彰显他的王权。国王卧房位于寝宫的中心，代表以太阳王为核心的王权。今日房内的床和装饰都是18世纪萨克斯元帅居住时的形式，火炉上精致的17世纪壁钟也值得一看。

皇后房间 Queen's Chamber

皇后房间的宝蓝色床帐是17世纪的风格，房内值得注意的是挂在墙上的织锦画，内容是有关君士坦丁大帝的历史故事。

礼拜堂 Chapel

礼拜堂于法兰西斯一世去世前才开始兴建，不同的皇室纹徽代表着漫长的建造岁月，包括法兰西斯一世的"F"和"火蝾螈"纹徽、亨利二世的"上弦月"纹徽及路易十四的"L"。

堡顶露台 The Roof Terrace

循着巨型螺旋梯往上走，到达堡顶宽阔的露台，这里是嫔妃贵族观赏皇家射御的最佳地点。露台上突出的烟囱、楼阁、空心石塔，构成香波堡独一无二的天际线，这是城堡建筑的创举之一，展现出不可思议的华丽。

法兰西斯一世寝宫 François I's Apartment

位于2楼的寝宫由起居室、卧室、书房、更衣室组成，它并不富丽堂皇，因为每当法兰西斯一世前来香波堡打猎时，会先从布洛瓦堡运来家具用品布置，等狩猎之行结束，这些装饰及家具就会被撤走。只在天花板上找到了代表国王的"F"和"火蝾螈"纹徽。

雪侬梭堡Château de Chenonceau

🏠 | 法国罗亚尔河流域雪侬梭镇

　　雪侬梭堡是在亨利二世和王后凯瑟琳·美第奇(Catherine de Médicis)完婚后成为法国王宫的，亨利二世的情妇黛安娜·普瓦堤耶(Diane de Poitiers)是雪侬梭堡的第二位女主人。亨利死后，令亨利神魂颠倒迷恋终生的黛安娜终被凯瑟琳逐出雪侬梭堡。为了确立儿子查理九世的权威，凯瑟琳在城堡大宴宾客，举办狩猎及烟火晚会降服人心。

　　亨利三世的王后"洛林的露易丝"(Louise de Lorraine)是凯瑟琳最疼爱的三儿媳，她因此获赠雪侬梭堡，但在亨利三世被暗杀后，她就将卧房全部漆成黑色，穿着丧服在此黯然度过余生。

　　到了18世纪，雪侬梭堡又被商人买下。第五位女主人是杜邦夫人(Louise Dupin)，她热爱文学、艺术及科学，使雪侬梭堡的沙龙十分热闹，思想家卢梭、孟德斯鸠等都曾是座上客，也因为杜邦夫人深受周围农民的喜爱，雪侬梭堡才能在大革命时免于被掠夺的命运。

　　雪侬梭堡的第六位女主人普鲁兹夫人(Madame Pelouze)，在19世纪重新整修雪侬梭堡，并致力于将城堡恢复成黛安娜与凯瑟琳时期的原始面貌。而今我们所见的16世纪的庭园和建筑，正是在这个时候完成的。

林荫大道

　　从入口到城堡会经过一段林荫大道，约10分钟的路程，一路走来令人心旷神怡。

黛安娜花园和凯瑟琳花园
Le Jardin de Diane de Poitiers et Catherine de Médicis

　　雪侬梭堡左右各有一座法式花园，其中凯瑟琳花园较靠近城堡，但规模不及黛安娜花园。这两座花园也替雪侬梭堡的艳史留下了明证。

书房La Librairie

　　这间书房是凯瑟琳王后办公处，许多重要决策都在此完成，橄榄绿的装潢和隔壁的绿书房属同色系。亨利二世死后，凯瑟琳前后辅佐她的三个儿子继承王位、处理朝政，堪称法国史上最有权力的一位王后。

黛安娜之房
Chambre de Diane de Poitiers

　　这就是让亨利二世流连忘返的黛安娜香闺，火炉上有双D交叉的纹徽。黛安娜不只美艳，也善于经营城堡，她将农作物和葡萄酒带来的丰盈收入，用作建造精致的法式花园和后方的跨河长桥。

长廊La Galerie

　　将黛安娜逐出雪侬梭堡后，凯瑟琳在跨河长桥上盖起长廊。该长廊长60米、宽6米，拥有18个拱形窗，是雪侬梭堡的特色。凯瑟琳为了儿子亨利三世，时常在此举办盛大的宴会。

露易丝之房Louise de Lorraine

　　凯瑟琳王后和亨利三世相继过世后，风光的雪侬梭堡随着瓦罗亚王朝一起消逝，伤心的露易丝王后着白衣在此隐居终生，人称"白衣王后"。黑色的房间中，天花板上漆上银色的泪珠、孀寡的绳结、L和H的结合图形，都是痴情露易丝的心碎明证。

欧美及基督文明建筑艺术及扩展　欧洲城堡建筑

165

圣米歇尔修道院Abbaye du Mont St-Michel

🏠 | 法国圣米歇尔山

    根据凯尔特(Celtic)神话，圣米歇尔山曾经是死去灵魂的安息地与海上墓地。传说公元708年，阿维兰奇(Avranches)的圣欧贝尔主教(Bishop Aubert)曾三度梦见大天使圣米歇尔(Saint Michel)托梦给他，希望以自己的名义在山顶建立一座圣堂。

    公元966年，诺曼底公爵查理一世在此建立本笃会修道院(The Benedictines)，历经数度修建与扩充，加上四周被断崖与大海环绕的险恶要势，让圣米歇尔山成为百攻不破的碉堡要塞，15世纪的英法百年战争与16世纪的宗教战争即可证明。

    数百年来，这里一直是修士的隐居之处。由于修道院长期压榨领地内的农民，在法国大革命期间圣米歇尔山首度被民众攻陷，从神圣的修道院沦为监狱，直到1874年才被法国政府列为国家古迹，至此展开大规模的整修。1979年，圣米歇尔山及海湾被联合国教科文组织列入世界遗产名录。

    今日的圣米歇尔修道院成为法国最热门的旅游胜地，除了独特的历史背景和地理位置外，也和建筑本身的结构有关。由于耸立于花岗岩巨岩的顶端，修道院以金字塔型层层上筑的方式修建，由多座地下小教堂构成支撑平台，足以承受上方高达80米的教堂的重量，因此该建筑又被称为"奇迹楼"(Bâtiment de la Merveille)。

巨柱地下小教堂
Crypte des Gros Piliers

建于15世纪，用来支撑顶层教堂的祭坛，拱顶为交叉拱肋，密集排列成巨大石柱。

回廊Cloître

连接修道院附属教堂(Eglise Abbatiale)和食堂(Réfectoire)的回廊(Cloître)，是昔日修士默祷的场所，以交错的双排石柱撑起一道道拱顶，为视觉带来许多变化。

西侧平台
Terrasse de l'Ouest

这处位于大阶梯(Grand Degré)底端的平台，得以将布列塔尼和诺曼底的风光尽收眼底，并能清楚感受到圣米歇尔山独立于海中的特殊地势。

骑士厅Salle des Chevaliers

骑士厅拥有交叉的拱顶，是支撑回廊的主要结构，也是过去修士撰写、研读手抄本的地方。

圣艾田礼拜堂
Chapelle Saint Etienne

昔日悼念往生者的地方。

施舍厅Aumônerie

过去用来接待朝圣者的地方，如今成为修道院的商店。

芬兰城堡 Suomenlinna Sveaborg

🏠 | 位于芬兰赫尔辛基入港处

芬兰城堡长达6千米的城墙串起港口岛屿，形成坚实的御敌堡垒，是18世纪少见的欧洲堡垒形式。岛上的防御设施、草地、各式艺廊展场、餐厅及咖啡屋，营造出气氛独特的露天博物馆。

芬兰城堡最早兴建于1748年，当时芬兰受瑞典政权管辖，深受俄国军事扩张的威胁。瑞典决定利用赫尔辛基港口的6座岛屿兴建防御工事。工程由奥古斯特·艾伦怀特(August Ehrensvärd)负责，数以万计的士兵、艺术家、犯人都曾参与工程，法国政府更贡献了90桶黄金，历时40年才完工。这项工程被命名为Sveaborg，也就是"瑞典城堡"之意。

1808年，芬兰成为俄国属地，在接下来的110年里芬兰城堡一直作为俄国的海军基地，所以岛上许多建筑呈现俄国特色。1917年芬兰独立，隔年这里也随之更名为Suomenlinna，即"芬兰城堡"之意，成为芬兰军队的驻地，现在则成了赫尔辛基最受欢迎的观光胜地。1991年，芬兰城堡被联合国教科文组织列入世界文化遗产名录。

长久以来，芬兰城堡内的居民比赫尔辛基还要多，在瑞典统治的19世纪初，约有4600人居住于此，是当时芬兰境内仅次于土库的第二大城。俄国统治时期，约有12000名士兵长住城堡，加上军官眷属和商店、餐厅等，人口达到顶峰。

目前芬兰城堡仍有少数居民，游人除了可游览各种堡垒和军事设施外，还可参访岛上6座博物馆、艺廊、工作室，夏季时剧院还有现场演出。

芬兰城堡博物馆
Suomenlinna Museo

博物馆通过模型、照片和挖掘出的武器军火，介绍芬兰城堡超过260年的历史。每隔30分钟播放提供中文语音的短片，可快速了解芬兰城堡与瑞典和俄国的关系。

玩具博物馆
Suomenlinnan Lelumuseo

可爱的粉红色木屋内收藏着数千件19世纪初期到20世纪60年代的玩具，包括洋娃娃和古董泰迪熊等。比较特别的是，能看到许多战争时期具有国家特色的玩具，以及早期的噜噜米娃娃。还可在小屋中品尝咖啡和手工饼干。

维斯科潜艇
Sukellusvene Vesikko

这一艘芬兰潜艇曾参与第二次世界大战，在1939年的冬季战争中担任护航、巡航任务。1947年的《巴黎和平条约》禁止芬兰拥有潜水艇，维斯科潜艇从此退役，直到1973年加以整修并开放参观。潜艇内可以看到驾驶室复杂的仪表板、鱼雷和床铺，狭窄的船舱就是大约20位海军士兵在海面下的所有生活空间。

马内基军事博物馆
Sotamuseon Maneesi

馆内展示有各式军用车、大炮、坦克车和军装，还有等比大小的壕沟模型，以此可了解芬兰城堡的防御工程，以及芬兰士兵战争时期和平时的生活。

古斯塔夫之剑与国王大门Kustaanmiekka & Kuninkaanportti

国王大门是瑞典国王阿道夫·弗雷德里克(Adolf Frederick)于1752年前来视察工程时上岸的地方，1753—1754年建成，作为当时城堡的入口，也是芬兰城堡的象征。

古斯塔夫之剑则是城堡最初的防御工程，顺着不规则的崎岖海岸兴筑，与周围的沙岸、炮兵营地等一起构成防线。

新天鹅堡 Schloss Neuschwanstein

🏠 | 德国南部郝恩修瓦高村(Hohenschwangau)

新天鹅堡是德国热门的观光景点之一，据说迪斯尼乐园内的睡美人城堡，就是由这座城堡得来的灵感。

这座城堡是由巴伐利亚国王路德维希二世(Ludwig II)兴建的，他曾在郝恩修瓦高城(又称旧天鹅堡)度过了童年时期。那座城堡内的中世纪传说及浪漫风格，深深影响了这位国王。

新天鹅堡4楼的起居室在1884年建成，从那时到路德维希二世去世的前两天，他在这里共住了172天，最

后被巴伐利亚政府以他发疯不适任为由，被连夜从新天鹅堡强行送到贝克王宫，并于3天后和声称他发了疯的医生，一起死于水深及膝的湖中。而整个新天鹅堡的建造工程也因而停罢，是以在宝座厅里没有宝座，而国王也从未在歌剧厅观赏过表演而闻名。

尽管新天鹅堡是中古世纪风格的城堡，但是它内部使用了非常先进的技术，不但有暖气输送到房间，每个楼层还有自来水供应，厨房也有冷、热水装置，其中有两层楼还设有电话。

一般人以为国王花光了国库建造他喜爱的城堡，其实国王更花光了他私人的财产及薪俸，并开始借贷，而在他死后留下庞大的债务。所幸他建造的新天鹅堡、林德霍夫宫及赫莲基姆湖宫，每年都获得惊人的观光收入，他的家族才逐渐还清负债，如今已变成当地的富豪。

具有独特艺术天分的国王，采用的建筑及装潢至今仍不退潮流。华丽的厅堂、窗外翁郁的林木景致，再加上悲剧国王传奇的故事，让新天鹅堡成为所有德国城堡之最。

海德堡古堡Schloss Heidelberger

🏠 | 德国海德堡

　　漫步其间，可以感受到浓浓的中世纪气息。一面浮雕精致的高耸城墙，让人不禁揣想当年古堡的盛况；城堡主人为心爱的妻子所辟建的花园，其弧形拱门在今天看来依然窈窕动人。

　　18世纪因战争而全毁的海德堡市区，后来依原来的样貌重建起来，而重建使用的建材，正是来自海德堡古堡的石材。后来在有心人士力挺之下，这座古堡才得以幸存，虽历经无情岁月摧残，却依旧矗立的沧桑感，让古堡有了新的魅力。

　　古堡内有一个巨大的木制酒桶(Großem Fass)，游客可登上酒桶参观，在酒桶对面是矮人佩克欧，他负责看守酒桶，而身旁的钟据说是他发明的。幽静的城堡花园(Schlosshof)内，有多次造访海德堡的歌德的塑像，他曾赞誉海德堡是"把心遗忘的地方"。离塑像不远处是他最爱的石椅，椅子上雕有心形叶子，他曾用这种植物为心爱的人作了一首诗，在椅子上正刻着那首诗，为花园增添了不少浪漫气息。

　　城堡内部另一个开放参观的就是药事博物馆(Deutsches Apothekenmuseum)，馆内展示从中世纪到19世纪的实验室、仪器、药物等，从中还可看得出原来古堡内的模样。

　　参观完城堡，不妨再搭缆车登上国王宝座山，这里有许多健步登山路线，也可以俯瞰整个海德堡的迷人风情。

西庸城堡 Château de Chillon

🏠 │ 瑞士日内瓦湖区维托克斯镇

　　西庸城堡早在罗马时代便已建成，11至13世纪时，西庸城堡改建成为今日的壮阔模样，其后经历了萨伏伊人(Savoy)和伯恩人(Bernese)的统治，一直到1798年沃州革命(Vaudois Revolution)后，才正式成为公有财产。

　　西庸城堡的地基位于300米深的日内瓦湖底，城堡底部依山势修建，从外观看，既像是和山坡合而为一，又仿佛漂浮在水面上。虽然西庸城堡给人浪漫感，不过它却是以临湖的阴暗地窖出名，这里是囚禁犯人的监狱。不见天日的大牢里，共有两百多名囚犯在此度过余生，其中包括16世纪时因支持脱离萨伏伊人统治而被囚禁的博尼瓦神父(Banivard)，他曾被铁链绑在第5根柱子上长达4年之久。

　　1816年，英国诗人拜伦(Lord Byron)来到西庸城堡参观，有感于这段历史，创作出了《西庸的囚徒》(the Prisoner of Chillon)这一不朽的诗篇。西庸城堡也因这首诗的流传而声名远播。在地牢的第3根柱子上，还可清楚看到拜伦当年到此一游的亲笔签名。

　　逛完地窖，可顺着指示标依序参观城堡主楼的各个厅堂，包括餐厅、大厅、卧室、小客厅、小教堂、文书院、军械室、审问室、茅厕等，完整呈现从前人们在古堡内的生活。从城墙顶部的巡廊上，可以一睹城内的规划格局，高耸的主塔是城堡视野最好的地方，从这里望向日内瓦湖及阿尔卑斯山，景色非常优美。

欧美及基督文明建筑艺术及扩展 ◆ 欧洲城堡建筑

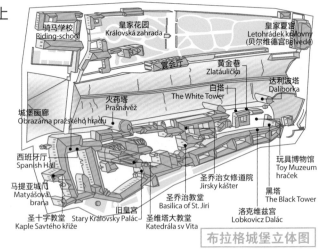

布拉格城堡Prague Castle

🏠 | 位于捷克布拉格伏尔塔瓦河(Vltava)西岸山丘上

布拉格城堡区囊括由查理大桥往北绵延的城堡山，始建于公元9世纪，长久以来就是王室所在地，具有重要的政经地位，中间也历经许多次重建与整修。其中布拉格城堡就位于山丘上，面积占地45公顷，涵盖1所宫殿、3座教堂、1间修道院，分别处于3个中庭内。

这里是布拉格的政治中心，到现在仍是总统与国家机关所在地；这里也是游客必定造访的观光点，内部有多处景点采取联票制，值得一一驻足流连。

骑马学校
Riding-school

皇家花园
Královská zahrada

皇家夏宫
Letohrádek královny
(贝尔维德宫 Belveder)

壹会厅

黄金巷
Zlatáulička

达利波塔
Daliborka

火药塔
Prašnavěž

白塔
The White Tower

城堡画廊
Obrazárna pražského hradu

西班牙厅
Spanish Hall

玩具博物馆
Toy Muzeum
hraček

马提亚城门
Matyášová
brana

圣乔治女修道院
Jirsky káster

黑塔
The Black Tower

圣乔治教堂
Basilica of St. Jiri

旧皇宫

圣十字教堂 Stary Královsky Palác
Kaple Savtého kříže

圣维塔大教堂
Katedrála sv Vita

洛克维兹宫
Lobkovicz Dalác

布拉格城堡立体图

174

旧皇宫The Old Royal Palace

16世纪前，旧皇宫一直是波希米亚国王的住所，整个皇宫建筑大致分为3层：入口进去是挑高的维拉迪斯拉夫大厅(Vladislavský Hall)，这个华丽的哥特式肋形穹窿建于1486—1502年，大厅面积足以让骑士骑马入内进行射箭表演；位于上层的国事记录厅有许多早期国事记录以及各贵族家徽图像；下层有哥特式的查理四世宫殿和仿罗马式宫殿大厅，大多数的房间在1541年的大火中遭到焚毁，部分是后来重建的遗迹。在入口左侧的小空间"绿色房间"，现在为纪念品商店，可以买到别处买不到的布拉格精品、纪念品。另外，城堡故事文物展(The Story of Prague Castle)则是永久展览。

马提亚城门Matthias Gate

该城门建于1614年，连接第一中庭与第二中庭，是布拉格最早的巴洛克式建筑，虽然以哈布斯堡王朝的马提亚大帝为名，不过实际建立时间是鲁道夫二世在位期间。这位哈布斯堡王朝的皇帝在布拉格的建筑与文化方面建树极多，后来却因沉溺于占星之术，而遭其兄弟马提亚篡位。

城堡画廊Picture Gallery

原址是城堡马厩，在改建为城堡画廊的过程中，发掘出布拉格城堡最早的圣女教堂。画廊还收藏了许多16—18世纪的古典绘画，囊括意大利、德国、荷兰等各国艺术家作品，共有四千余幅，主要的收藏者是鲁道夫二世。在新教徒与天主教徒对抗的"三十年战争"期间，多数画作虽遭到洗劫，但仍保留很多珍品。

圣十字教堂 Chapel of the Holy Cross

圣十字教堂于哈布斯堡王朝的玛丽亚特瑞莎在位时期完成整修(1758—1763)，教堂富丽堂皇，属于洛可可风格，尤其是祭坛前的十字架与天花板上的壁画，相当瑰丽。

圣乔治女修道院St. George's Convent

这是波希米亚首座女修道院，曾在18世纪被拆除改建为军营，现在为国家艺廊，收藏14至17世纪的捷克艺术作品，包括哥特艺术、文艺复兴和巴洛克等时期的绘画作品。

圣乔治教堂
Church of St. George

这里是捷克保存最好的仿罗马式建筑，也是布拉格建筑中第二老的教堂。公元920年，圣乔治教堂依照古罗马会堂的形式完成中央的主要结构，1142年后兴建了南、北塔，中厅的后部空间升高，并以两道阶梯通往拥有半圆形屋顶及拱柱的唱诗堂。其屋顶架高并设置了木制天花板，两旁的翼厅也扩建到今日规模。

14世纪时增建了圣路得米拉厅(St. Ludmila)，1671年重建了正面的装饰墙面。至今仍可在南侧入口的大门上方看到的石刻浮雕像，描述了圣乔治降服龙的传说。19世纪末至20世纪初教堂内南边的翼厅被改为展馆。"布拉格之春"国际音乐节期间，圣乔治教堂也是表演场地之一，据说其音响效果是城中教堂之冠。

达利波塔Daliborka

这座炮塔从15世纪末起是城堡北边的防御要塞，也曾被当成监狱，"达利波"是首个被关进来的犯人。

黄金巷Golden Lane

黄金巷在圣乔治教堂与玩具博物馆之间，是城堡内的著名景点，卡夫卡曾在22号居住。这里原本是仆人、工匠居住之处，后因聚集了国王炼金的术士而得名，19世纪后这里逐渐变成贫民窟。20世纪中期，这里的房舍被规划为店铺，贩售纪念品和手工艺品。

皇家花园Royal Garden

皇家花园建于16世纪，曾因战争损毁，经过多次翻修，至20世纪初成为现今形式。园内仍保存部分以文艺复兴样式设计的建筑，包括由知名建筑师沃尔穆特(Bonifaz Wohlmut)于1568年兴建的球馆(Ball Game Hall)。

花园东端有皇家夏宫"贝尔维德宫"，这座夏宫由意大利建筑师始建，并由沃尔穆特于1560年完工，被誉为北阿尔卑斯山间现存最美丽的文艺复兴建筑。

火药塔Powder Tower

该塔原本是作为守城护卫的要塞,后来移为存放火药之用。16世纪时,国王让术士居住于此研究炼铅成金之术,18世纪后改为储藏圣维塔大教堂圣器的地方,现在展出中古艺术、天文学和炼金术文物。

玩具博物馆Toy Museum Hraček

这个外观看来不甚起眼的玩具博物馆,收藏了许多包罗万象的玩具,有各种不同时代的洋娃娃、扮家家酒用品、木造玩具、机械式玩具,栩栩如生的玩偶以军人、护士、商人、农夫等各种写实的角色和装扮出现。

圣维塔大教堂 St Vitus's Cathedral

这座地标性的教堂盖了近700年,经多位建筑师之手,整座教堂基本上就是历代建筑特色的展示厅。首任的法兰西哥特式建筑师完成东侧建筑,但因遭遇胡斯战争而中断,西侧建筑直到19—20世纪才陆续动工,最后于1929年正式完工。这座布拉格最大的教堂,让决定兴建教堂的皇帝查理四世名留青史。

主要塑造教堂形貌的两位建筑师,分别是阿拉斯的马修(Matthias of Arras)与继任的彼得巴勒(Peter Parler)。马修确立了教堂长方形的风格,在8年内盖了8座礼拜堂,而最重要的祭坛由彼得巴勒完成。教堂的基本模样在14世纪中叶已大体确定。

彼得巴勒的杰作集中在金色大门上,门上有马赛克镶嵌的"最后的审判",门内可看到支撑3座拱门的扇形肋拱,把哥特式建筑的特色发挥到炉火纯青的境界。此外,慕夏之窗、温塞斯礼拜堂、三位一体玻璃花窗等都不可错过。

教堂内的21尊砂岩雕塑完成于14世纪,这些都是捷克的宗教或政治圣人,其中瓦次拉夫(St. Wenceslas)的雕塑尤为突出,由彼得巴勒的侄子所创作。最高的钟塔始终未完成,不过接近40米的高度已足以傲视当代。

凡尔赛宫Château de Versailles

法国巴黎西郊凡尔赛

　　这是法国有史以来最壮观的宫殿，早在路易十三(1601—1643)时期还只是座拥有花园的狩猎小屋，直到路易十四(1638—1715)继位，他有意将政治中心移转至此，遂展开扩建计划，耗费50年才打造完工，建筑面积比原来增加了5倍。

　　路易十四去世后，这种讲究排场与崇尚君主权力的宫廷生活，在路易十五(1710—1774)和路易十六(1754—1793)掌政期间并未改变，王公贵族们依然奢靡无度，日夜纵情于音乐、美酒的享乐中。没想到引发了法国大革命，路易十六被送上断头台，凡尔赛宫人去楼空，直到路易·菲利普(1773—1850)与各党派协商后，凡尔赛宫于1837年被改为历史博物馆。在这里，看到的不仅是一座18世纪的宫殿艺术杰作，同时也看到了法国历史的轨迹。

　　凡尔赛宫规模包括城堡 (Château de Versailles)、花园(Jardins de Versailles)、特里亚农宫(Trianon Palaces)、玛丽安东奈特宫(Marie-Antoinette's Estate)等，城堡大门装饰路易十四太阳神标志，象征他的伟大功绩。特里亚农宫过去是宫廷举办音乐会、庆典节日或品尝糕点的场所。玛丽安东奈特宫则是路易十六妻子的离宫，她在此也留下不少文物。

　　花园是拜访凡尔赛宫的重点，包含了喷泉、池塘、林道、花床、运河等。漫步在法式花园中是件极为享受的事情，尤其是碰到喷泉表演，此时宫廷音乐在耳边响起，真的有置身于18世纪的感觉。

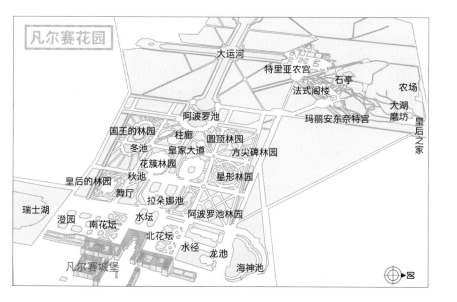

凡尔赛花园

凡尔赛花园 ◆
水坛 Le Parterre d'Eau

凡尔赛宫正殿前方的两座水坛，历经多次修改后于1685年定型，每座池塘设有四尊象征法国主要河流的卧式雕像，还包含了"猛兽之战"两个喷泉，位于通往拉朵娜喷泉大台阶的两侧。

凡尔赛花园 ◆
海神池 Le Bassin de Neptune

海神池建于1679—1681年，有99种喷泉，当喷泉在瞬间起舞时，气势磅礴、蔚为壮观。1740年，海神池右臂增加了出自亚当的《海神和昂菲特利埃》、布夏东的《普柔迪》和勒穆瓦纳的《海洋之帝》这3组装饰雕像。

凡尔赛花园 ◆
大运河 Grand Canal

大运河建于1668—1671年，长1500米、宽62尺，作为举行水上庆典、供贵族们划船享乐的场地。因大运河地势较低，凡尔赛花园内的排水都会导至大运河。现在的大运河提供小船出租，可以体验当时贵族的闲情逸致。

凡尔赛花园 ◆ 阿波罗池 Le Bassin d'Apollon

路易十四将天鹅池加宽，并配上豪华的镀金铅制雕像组。阿波罗池的前方是大水渠，其建造时间长达11年之久，这里曾经举办过多场水上活动。

凡尔赛花园 ◆
圆顶林园
Le Bassin d'Encelade

圆顶林园自1675年来历经了几次的修改，不同的装饰皆有不同的名称。1677—1678年，池塘中心安置吹号喷泉的信息女神雕像；1684—1704年，又增阿波罗洗浴雕像；1677年增放两座白色大理石圆顶的亭子，故名圆顶林园。但这些建筑物已在1820年时被摧毁。

欧美及基督文明建筑艺术及扩展 ◆ 宫殿与园林建筑

凡尔赛花园 ◆ 舞厅
Le Bosquet de la Salle de Bal

这个由勒诺特尔(André Le Nôtre)兴建于1680—1683年的舞厅也称为"洛可可式庭园",其假山砂石和贝壳装饰全由非洲马达加斯加运来。涓涓的流水顺着阶梯而下,昔日,音乐家在瀑布上方表演,观众就坐在对面的草坪阶梯欣赏。

凡尔赛花园 ◆
柱廊 La Colonnade

柱廊自1658年便开始修建,其直径为32米,64根大理石立柱双双成对,支撑着拱廊和白色大理石的上楣。上楣的上方则有32只花瓶,拱廊之间三角楣上的浮雕代表玩耍的儿童,弓形拱石上雕饰着美女和水神头像。

凡尔赛花园 ◆
拉朵娜池 Le Bassin de Latone

拉朵娜池的灵感来自奥维德的名作《变形》,展现阿波罗和狄黛娜之母的神话传说。拉朵娜与她孩子的雕像站在同心大理石底座上,前方的两个雷札尔德池形成的花坛是拉朵娜池的延伸体。

特里亚农宫 Trianon Palaces

特里亚农宫始建于1670年,由路易十四指派建筑师勒沃在特里亚农村庄上建了一座陶瓷特里亚农宫,但在1687年被摧毁,第二年由建筑师朱尔斯另建今日所见的特里亚农宫。这里是宫廷举办节庆、音乐会的场所,也是路易十四与蒙特斯庞侯爵夫人约会的秘密花园。宫内有皇帝和皇后的卧室、镜厅、贵人厅、孔雀石厅、花园厅、列柱廊、礼拜堂等,外围有个大花园。最令人称赞的是面对花园的列柱廊,这里是供人享受甜点的地方。

玛丽安东奈特宫 Marie-Antoinette's Estate

原称小翠农宫的玛丽安东奈特宫建于1762—1768年,是供路易十五和德·蓬帕杜夫人使用的行宫。在1768年增建了植物园、动物园和法式阁楼。到了1774年,路易十六把此宫送给了他的妻子玛丽·安东奈特(Marie Antoinette),并想借此远离宫廷,享有宁静的生活。玛丽·安东奈特将部分花园改建成英式花园,并增建了一个农庄,由于她很喜欢演戏,因此1778年又增建了一座剧院。玛丽安东奈特宫包括有大型餐厅、小型餐厅、聚会沙龙、接待室等,但参观的重点是周遭的花园及剧院等建筑。

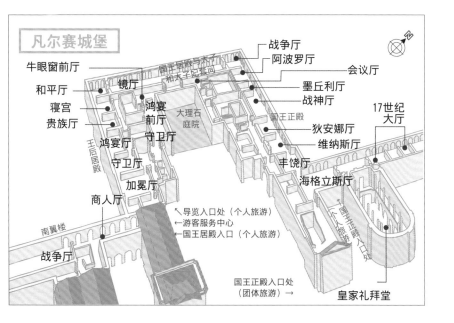

凡尔赛城堡

牛眼窗前厅
和平厅
寝宫
贵族厅
镜厅
鸿宴前厅
守卫厅
鸿宴厅
守卫厅
加冕厅
商人厅
南翼楼
战争厅
大理右庭院
↖导览入口处（个人旅游）
←游客服务中心
—国王居殿入口（个人旅游）
战争厅
阿波罗厅
会议厅
墨丘利厅
战神厅
狄安娜厅
维纳斯厅
丰饶厅
海格立斯厅
17世纪大厅
国王正殿
国王正殿入口处（团体旅游）→
皇家礼拜堂

凡尔赛城堡 ◆ 国王正殿 Le Grands Appartement du Roi

国王正殿是国王处理朝廷大事与政务的地方，同时也是国王召见大臣、举办正殿晚会的场所，分有和平、维纳斯、阿波罗等共9座厅房，其精致的壁画与华丽的摆饰十分气派。

凡尔赛城堡 ◆ 国王正殿 ◆
丰饶厅 Salon de l'Abondance

打开海格立斯厅西面的一扇大门，就来到丰饶厅。它主要用来陈列路易十四的珍贵收藏，包括许多徽章及艺术品，目前这些珍藏已移至卢浮宫展览，只留下几组精致的柜子。丰饶厅两侧，还有如路易十五等国王和皇室成员的肖像。

凡尔赛城堡 ◆ 国王正殿 ◆
维纳斯厅 Le Salon de Vénus

维纳斯厅在过去是皇家享用点心的厅房，壮观的大理石柱和富丽堂皇的装饰，让人感受非凡气势。西侧墙上那幅虚构远景图，让厅房显得更深更长，此画出自法国艺术大师雅克·卢梭(Jacques Rousseau)之手，大厅内的希腊神话人物雕像也是他的作品。天花板上则是法国画家胡安斯(René-Antoine Houasse)所画的《施展神力的维纳斯使帝国强盛》，画中可以看到3位女神正在为维纳斯戴上花冠，周围还环绕着希腊众神。

凡尔赛城堡 ◆ 国王正殿 ◆
镜厅 La Galerie des Glaces

国王正殿最令人惊艳的莫过于镜厅，它长76米、高13米、宽10.5米，一侧是以17扇窗组成的玻璃落地窗墙，面向凡尔赛花园，可将户外风光尽收眼底；一侧则是由17面400多块镜子组成的镜墙，反射着镜厅内精致的镀金雕像、大理石柱、水晶灯和壁画，让这里永远闪耀着华丽风采。1919年结束第一次世界大战的《凡尔赛和约》就是在此签订的。

欧美及基督文明建筑艺术及扩展 ◆ 宫殿与园林建筑

凡尔赛城堡 ◆ 国王正殿 ◆ 海格立斯厅 Le Salon d'Hercule

这间献给希腊神话中英雄人物海格立斯神的厅堂，位于2楼东北角，是连接国王正殿中路和皇家礼拜堂的大厅，也是国王接待宾客官员的场所。此厅以大量的大理石和精美的铜雕为装饰，天花板上的巨幅壁画《海格立斯升天图》为法国知名画家弗朗索瓦·勒穆瓦纳(François Le Moyne)完成于1733年的作品。战无不胜的海格立斯位居中央，英勇地站在战车上，象征路易十四的功绩足以与海格立斯媲美。

凡尔赛城堡 ◆ 国王正殿 ◆ 阿波罗厅 Le Salon d' Apollo

这个国王的御座厅又称为阿波罗厅，是国王平时召见内臣或外宾的地方，不论排场或装潢都显得尊贵奢华。红色波斯地毯高台上的国王宝座，是后来放置的替代品。大厅天花板的壁画出自拉弗斯(Lafosse)之手，以圆形镀金浮雕环绕的油画中，可以清楚看到太阳神阿波罗坐在由飞马驾驭的战车上。厅内两幅身着皇袍的人物肖像，分别为路易十四和路易十六。

凡尔赛城堡 ◆ 国王正殿 ◆ 战争厅 Le Salon de la Guerre

这间由大理石、镀金浮雕和油画装饰而成的厅房，从1679年起由孟莎(Jules Hardouin Mansart)开始打造，主要献给罗马女战神贝罗娜(Bellona)，被称为战争厅。墙上有幅椭圆形的路易十四骑马战敌浮雕像，出自路易十四御用雕刻家安东尼·柯塞沃克(Antoine Coysevox)之手。天花板上是勒布朗的作品，描绘法国军队凯旋的场面。

凡尔赛城堡 ◆ 国王正殿 ◆ 狄安娜厅 Le Salon de Diane

亦称"月神厅"，在路易十四时期，当正殿举行晚会时，这里就会改成台球室。天花板上的壁画《主宰狩猎和航海的狄安娜之神》是出自加布里埃尔·布朗夏尔(Gabriel Blanchard)之手，面对窗户的是路易十四27岁时的半身塑像。

凡尔赛城堡 ◆ 国王正殿 ◆ 战神厅 Le Salon de Mars

原是守卫房间，1684年之后，才改为正殿举办晚会时的音乐厅。厅内镀金的浮雕壁画、华丽的水晶烛灯，将战神厅装饰得金碧辉煌。天花板中央是克劳德·奥德朗(Claude Audran)所绘的《站在由狼驾驭的战车上的战神玛斯》，大厅侧墙的两幅肖像分别是路易十五及其夫人玛丽·蕾捷斯卡(Maria Leszczyska)。

凡尔赛城堡 ◆ 国王正殿 ◆
墨丘利厅Le Salon de Mercure

此厅亦称水星厅，过去曾因用来展示国王华丽高贵的大床，又称为御床厅，现在的床是路易·菲利普时期重新放置的。床旁的公鸡座钟是早期原物，它是1706年由设计师安东尼·莫朗(Antoine Morand)制作并赠予路易十四的，特色是每逢整点公鸡便会出现且唱歌报时，路易十四小雕像则会从宫殿中走出。在当时，这是一件让人啧啧称奇的宝物。大厅天花板上的壁画出自让-巴蒂斯特(Jean-Baptiste de Champaigne)之手，描绘《坐在双公鸡拉着的战车上的墨丘利》。厅内同样高挂着路易十五和夫人的肖像。1715年路易十四过世，其遗体便停放在墨丘利厅。

凡尔赛城堡 ◆ 国王居殿与太子和太子妃套间
L'Appartement du Louis XIV et les Appartements du Dauphin et de la Dauphine

这里是路易十四的日常生活实际场所，国王居殿的设计理念是极尽表现路易十四的君主身份，因此无时无刻都得遵守各种礼仪。然而其后代将此处改变成私人的安乐窝。至于太子和太子妃的起居室，路易十四与路易十五之子皆在此居住过，许多皇室近亲也在此居住过，目前仍保持着18世纪时的样子。

凡尔赛城堡 ◆ 王后居殿
Le Grand Appartement de la Reine

王后只在寝宫中支配所有的事情，白天她在此接见朋友，夜晚则与国王共度良宵。这里也是末代王后玛丽·安东奈特在凡尔赛宫度过最后一夜之处。除了寝宫，王后居殿里还有贵族厅、鸿宴厅、加冕厅等。

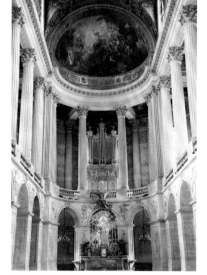

凡尔赛城堡 ◆ 皇家礼拜堂
La Chapelle Royale

皇家礼拜堂落成于1710年，是凡尔赛宫中的第5座礼拜堂，也是唯一以独立结构方式兴建的礼拜堂。上层为国王和皇室专用，下层归公众和官员使用。弥撒是宫廷日常生活中的一个重要环节，在1710—1789年，礼拜堂举办了皇家子女的洗礼和婚礼。

朵玛巴切皇宫Dolmabahçe Sarayı

🏠 | 土耳其伊斯坦布尔Dolmabahçe Caddesi, Beşiktaş

19世纪中叶，当托普卡匹老皇宫不敷使用时，苏丹阿卜杜勒·迈吉德一世就将原本木造的朵玛巴切皇宫，改建成富丽程度远超过欧洲任何一座皇宫的苏丹居所。

皇宫建造于向大海延伸的人工基地上，而"朵玛巴切"在土耳其语中就是"填海兴建的庭园"之意。人们乘船游览博斯普鲁斯海峡时，总被朵玛巴切皇宫宽615米的壮丽大理石立面所吸引。巴洛克的繁复加上奥斯曼的东方线条，让朵玛巴切皇宫显得无比尊荣。

新皇宫占地25公顷，有43个大厅、6间浴室及285间房间；整座宫殿铺设141条地毯、115条祈祷用小毯，装饰了36座水晶吊灯、581件水晶和银制烛台、280个花瓶、158座时钟，以及600幅图画。

新皇宫范围内，有一座改装自宫廷厨房的皇宫收藏品博物馆(Saray Koleksiyonları Müzesi)，后宫庭院有一座朵玛巴切时钟博物馆(Dolmabahçe Saat Müzesi)，还有一座由王储宅邸(Veliaht Dairesi)改建的伊斯坦布尔绘画与雕刻博物馆(İstanbul Resim ve Heykel Müzesi)。

朵玛巴切皇宫建于帝国国势已没落之际，1856年建成后，每位苏丹都只短暂地在此居住，不到70年帝国便结束了，此后苏丹及家人流亡到外国，无法重回朵玛巴切皇宫。土耳其共和国第一位总统凯末尔以此为官邸，并在此和许多国家领袖会谈新土耳其的建国方略和世界和平问题。凯末尔更是死在此地，为此皇宫中的每一座时钟都凝固了时间，定格在九点零五分。

水晶楼梯厅Crystal Staircase

从行政翼的入口大厅到水晶楼梯厅，立刻就给人"极尽豪华之能事"的印象，因为不但阶梯扶手柱全是威尼斯所生产的水晶，头顶上的水晶吊灯也重达2.5吨，进口自法国，此外更有数座波希米亚立灯装点。

大使厅Ambassadors' Hall

大使厅延续水晶阶梯的炫丽，中央同样吊着巨大的水晶吊灯，金箔装饰的天花板、陶瓷花瓶以及地毯，也都是华丽无比，充满法式风情，可说是皇宫中最美的厅堂。除了铺在地上达百米见方的绢丝地毯，还有俄皇尼古拉二世赠送的北极熊铺毯。

◄大宴会厅 Ceremonial Hall

大宴会厅长46米，宽44米，可同时容纳2500人，共有56根大大小小的柱子，还有一个高36米的大圆顶，阳台精雕细凿，是交响乐团或重要贵宾的座位，也是后宫仕女观看大宴会厅活动的地方。

正中央的大水晶吊灯重4.5吨，由750个小灯组成，灯光全开可以照明的广度达120平方米，是英国维多利亚女王送的礼物。大吊灯加上四角银灯柱的相互辉映，让宴会厅金碧辉煌，在当时，可以说是全世界最大的水晶吊灯。大圆顶上的画作是土耳其、意大利、法国画家的三段式结构作品，引进自然采光后，更显得色彩圆润。

博斯普鲁斯海峡带给新皇宫的壮阔视野，在大宴会厅可以得到明证。开启大厅门带来的海景及天光，也让大厅的空间得到无限的延伸。

谒见厅 Reception Room

谒见厅是大使们向苏丹致敬、递交到任国书之处，由于装潢以红色为主调，又称为红厅。红色是奥斯曼帝国国力的象征，整个房间红色、金色相互搭配，更显国威。而中央镶金箔的小圆桌是拿破仑送给苏丹的礼物，其间是12位欧洲名媛的肖像包围着拿破仑像。皇宫中有许多来自欧洲各皇室的礼物，使每件奢侈的装饰品多了一层历史感。像是波希米亚制的红水晶烛台也值得细细品味。

苏丹浴池
The Imperial Bathroom

新皇宫在1912年导入电灯、暖气，之后利用大理石洗浴还是苏丹的最爱。在欣赏过拿破仑三世送的钢琴所在的音乐室(The Music Room)后，来到苏丹浴池，你会发现虽然皇宫有许多房间采光都不好，但到了这座浴池便突然大放光明，因为这里有三面大窗，让苏丹可以欣赏博斯普鲁斯海峡的美景。

土耳其的浴池都是采用地板加热系统，苏丹浴池运用的大理石石材很特别，地是马尔马拉石，墙是带有牛奶糖色、略带透明的埃及雪花石，且雕着繁复的花纹，清凉而美观。

画廊 Portrait Gallery

挂着苏丹及家人画像、宫廷画家作品的画廊中，半圆形的蓝窗带给这个长廊不同的气息。这个接着地面的窗子有着特殊的作用，那是给后宫的女人观看大宴会厅活动用的，无权现身参与宴会厅活动的女人，只能在窗后观看。

后宫 Harem

新皇宫的后宫势力分配，依然是以苏丹的母亲及苏丹的卧室为中心，敞开的苏丹卧室、宠妃房、苏丹母亲的起居室、王子的教育房、生产房等。此外，还有黄厅、蓝厅等开会及宴客的厅堂。

值得一提的是，土耳其国父凯末尔临终时的寝室就位于后宫，他在1938年11月10日上午9点5分过世。目前床上覆盖着丝绸制的土耳其国旗，在寝室隔壁则是他的书房。

舍恩布龙宫Schönbrunn Palace

从18世纪到1918年间，舍恩布龙宫是奥地利最强盛的哈布斯堡王朝家族的官邸，由埃尔拉赫(Johann Bernhard Fischer von Erlach)和尼古拉斯·帕卡西(Nicolaus Pacassi)两位建筑师设计，建筑风格融合了玛莉亚·特蕾莎(Maria Theresia)式外观，以及充满巴洛克华丽装饰的内部，成为中欧宫廷建筑的典范。

这座哈布斯堡家族的"夏宫"，建筑本身加上庭园及1752年设立的世界第一座动物园，成为奥地利热门的观光胜地之一。1972年起设立基金会从事修建维护的工作，1996年被列入世界文化遗产名录之后，每年吸引670万游客前往参观。

名称意思为"美泉宫"的舍恩布龙宫，总房间数多达上千间，只开放一小部分供参观，包括莫扎特7岁时曾向特蕾莎献艺的"镜厅"、装饰着镀金粉饰灰泥以四千根蜡烛点燃的"大厅"、被当成谒见厅的"蓝色中国厅"、装饰着美丽黑金双色亮漆嵌板的"漆厅"、高挂奥地利军队出兵意大利织毯画的"拿破仑厅"、耗资百万装饰成舍恩布龙宫最贵厅房的"百万之厅"，以及特蕾莎、弗兰茨·约瑟夫一世(Franz Joseph I)等人的寝宫。

大厅是宫殿内最豪华绚烂的处所。壁面上装饰着洛可可风格的涂金及纯白色灰泥，天井则绘有三幅巨大彩色画像，皆出自意大利画家格雷戈里奥·古列尔米(Gregorio Guglielmi)之手，中间的画作描绘的是特蕾莎及弗兰茨·约瑟夫一世，周边围绕着对其歌功颂德的图画。

大厅过去主要作为接待宾客以及舞厅、宴会之用，近代亦不时用于演奏会与接待贵宾，1961年美国总统约翰·肯尼迪(John F. Kennedy)与苏联最高领导人赫鲁晓夫(Nikita Khrushchev)就曾在此会面。

三间相连的罗莎房，名称来自艺术家约瑟夫·

罗莎(Joseph Rosa)，墙上精致细腻的风景画皆出自他手，其中也有哈布斯堡王朝发源地"鹰堡"(Habichtsburg)的绘画以及特蕾莎肖像画。在大罗莎房中挂有约瑟夫·罗莎绘制的弗兰茨·约瑟夫一世肖像画，旁边桌上摆放的物品反映出弗兰茨·约瑟夫一世对艺术、历史与自然科学的浓厚兴趣。

　　骏马房在19世纪作为餐厅之用，房内摆放着晚宴餐具的桌子称为将军桌(Marshal's Table)，为军队高级统领及官员等人用餐的地方。墙上挂饰着多幅马画，皆来自弗兰茨·约瑟夫一世第二任妻子威廉明妮·阿玛丽亚(Wilhelmine Amalia)时期，骏马房也因此得名。

　　宫殿后方的庭园占地1.7平方千米，林荫道和花坛切割出对称的几何图案。位于其正中央的海神喷泉气势磅礴，由此登上后方山丘，可以抵达犹如希腊神殿的凯旋门(Gloriette)楼阁，新古典主义的立面装饰着象征哈布斯堡皇帝的鹰，这里拥有欣赏舍恩布龙宫和维也纳市区的极佳角度。此外，花园中还有一座弗兰茨·约瑟夫一世时期全世界最大的温室。

楼阁Gloriette

　　这座楼阁因规模为全球最大而知名，1775年依约翰·费迪南德·赫岑多夫·冯·霍恩贝格(Johann Ferdinand Hetzendorf von Hohenberg)的设计所打造。建造之时，特蕾莎要求做出赞颂哈布斯堡权力及正义战争的建筑，并下令使用城堡废墟的石头为建材。而后这里成为弗兰茨·约瑟夫一世的用餐处兼舞厅，在第二次世界大战时遭受严重损毁，于1947年及1995年经两度大幅修建。现在顶层有观景台可俯瞰维也纳，里面则设有楼阁咖啡厅。由于弗兰茨·约瑟夫一世经常在此用早餐，楼阁咖啡厅特地推出"茜茜自助早餐(Sisi Buffet Breakfast)"。

霍夫堡皇宫Hofburg Palace

🏠 | 奥地利维也纳Michaelerkuppel

　　霍夫堡皇宫是哈布斯堡王朝的统治核心，曾是撼动欧陆的文化政经焦点。皇宫约有18栋建筑物，超过19个中庭、花园，包含2500多间房间。由于每位统治者都对其进行过扩建，因此皇宫的结构也反映出7个世纪以来建筑风格的演变。皇宫大致可分为旧王宫、新王宫、阿尔贝蒂纳宫、瑞士宫、英雄广场等。瑞士宫、宰相宫、亚梅丽亚宫等属于旧王宫，里面设置了茜茜博物馆、皇帝寝宫、银器馆、西班牙马术学校等；新王宫里面则坐落着国立图书馆和5间博物馆；至于宫廷花园位于阿尔贝蒂纳宫西侧、新王宫的南侧，如今为维也纳市民假日最佳的休闲场所。

圣米歇尔广场Michaelerplatz

　　位于皇宫北侧，广场上最耀眼的当数圣米歇尔门(Michaelertrakt)，右侧的雕像象征奥地利军队、左侧象征奥地利海军军力，分别由埃德蒙·冯·赫尔默(Edmund von Hellmer)与鲁道夫·韦尔(Rudolf Weyr)所设计。与其对望的是维也纳第一栋现代化建筑路斯楼(Looshaus)。

皇帝寝宫与茜茜博物馆Kaiserappartements & Sisi Museum

1723年由巴洛克著名建筑师所建的宰相宫，其二楼后来变成皇帝寝宫，比邻一旁的亚梅丽宫则是伊丽莎白皇后(即茜茜公主)的寝宫。此二宫殿开放其中21间房间，分为皇帝寝宫、茜茜博物馆(位于亚梅丽宫)和银器馆(Hoftafel-und Silberkammer)。在最受欢迎的茜茜博物馆，可看到大理石的小圣坛、路易十四的家具、名画作品及茜茜的画像等，这些物品可投射出茜茜的内心世界，反映出她真实的样貌。

瑞士人大门 Schweizertor

这座红底蓝横纹的门是旧王宫的正门，建于1522年，门上方是金色的哈布斯堡双鹰家徽。取名"瑞士人大门"系因中世纪时，王宫喜欢剽悍又忠诚的瑞士人把守城门，哈布斯堡王朝当然也不例外。

阿尔贝蒂纳宫 Albertina

阿尔贝蒂纳宫收藏了6.5万幅画、3.5万册藏书、约100万本印刷品、前奥匈帝国图书馆的版画，以及鲁道夫二世收购的雕刻与画作。其中著名藏品有丢勒的《野兔》、鲁本斯的素描肖像，以及克林姆于1913年创作的《少女》《水蛇》等铅笔素描。

新王宫Neue Burg

新文艺复兴式的新王宫，内部有国家大厅(State Hall)、文学博物馆(Literature Museum)、地球博物馆(Globe Museum)、纸莎草博物馆(Papyrus Museum)和世界语博物馆(Esperanto Museum)等5间博物馆。国家图书馆(Nationalbibliothek)也在新王宫里，藏书高达230万册，包括近4万份的手稿及许多音乐家亲笔填写的乐谱。

英雄广场Heldenplatz

从环城大道进去，首先会看到气派非凡的英雄广场。耸立于皇宫前的骑马雕像，是17世纪时击溃土耳其的英雄欧根亲王，对面那位则是拿破仑战争时的奥军主将卡尔大公爵。

宫廷花园 Burggarten

这里昔日是皇室漫步的花园，如今为市民假日最佳的休闲场所。花园中还有一座莫扎特的雕像，雕像前的花坛以色彩缤纷的花朵装点成音符符号。

欧美及基督文明建筑艺术及扩展 ◆ 宫殿与园林建筑

191

戴克里先皇宫Diocletian Palace

🏠 | 克罗地亚斯普利特(Split)港湾边

　　戴克里先皇宫、普列提维切湖国家公园、杜布罗夫尼克老城于1979年一起成为克罗地亚的第一批世界遗产，这也是克罗地亚境内最重要的罗马时代遗迹。

　　罗马皇帝戴克里先出生于达尔马提亚的贫寒之家，行伍出身，公元284—305年出任罗马皇帝，是公元3世纪最伟大的军人皇帝。他逊位前，在出生地附近(即今天的斯普利特)打造了退位后使用的皇宫。

　　皇宫以布拉奇岛(Brač)产的光泽白石建造，耗时10年，动用2000位奴隶，更不惜耗资进口意大利和希腊的大理石，整座皇宫东西宽215米、南北长181米、城墙高26米，总面积31000平方米，四个角落各有高塔，四面

城门里各有四座小塔，都兼具防御守卫功能。

　　四座城门以街道相连，把皇宫分成几大区块，银门、铁门以南是皇室居住和举行宗教仪式的地方，北边是士兵、仆役居所及工厂、商店所在；金门、铜门以东是皇帝陵寝，西边则有神殿。

　　戴克里先死后，皇宫变成行政中心及官员住所。经过数个世纪的变迁，拜占庭、威尼斯、奥匈帝国接连统治，皇宫城墙里的原始建筑幸而未被居民破坏。今天，历史遗迹、神殿、陵墓、教堂、民居、商店共聚城墙内迷宫般的街道里，乍看虽杂乱，却有自己的发展逻辑，错落有致。

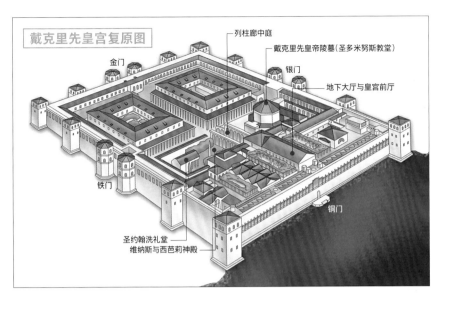

戴克里先皇宫复原图

金门　列柱廊中庭　戴克里先皇帝陵墓(圣多米努斯教堂)　银门　地下大厅与皇宫前厅　铁门　铜门　圣约翰洗礼堂　维纳斯与西芭莉神殿

教皇宁斯基雕像Grgur Ninski

宁斯基(Ninski)是克罗地亚10世纪时的主教，他勇于向罗马教皇挑战，争取以斯拉夫语及文字进行宗教弥撒，而不使用拉丁语。

能让宁斯基"复活"的，就是伟大的雕塑家伊万·梅斯特罗维奇(Ivan Meštrović)，这尊雕像也许不是他最好的作品(1929所作)，却是最知名的一座，1957年被竖立在这个位置之后，已经成为斯普利特的象征标志之一。注意看他被擦得金光闪闪的左脚大拇指，凡经过的游客都会上前抚摸一番，据说会带来好运，还有，保证以后可以重游斯普利特。

金、银、铜、铁门
Zlatna Vrata、Srebrna Vrata、Bron ana Vrata、Željezna Vrata

皇宫的北、东、南、西各有四座防御城门，分别命名为金、银、铜、铁门。北边的金门是皇宫主要入口，通往另一座罗马城市萨罗纳(Salona)；南边的铜门面向大海，船只靠岸后，可以由铜门直接进入皇宫；东边的银门仿造自金门；西边的铁门是目前保存最完好的一座城门。

如今，金门之外，是最著名的教皇宁斯基雕像；银门之外，是整排的手工艺纪念品摊商和露天市集；铜门之外，是宽阔笔直的滨海散步大道；从铁门的外侧望去，除了左手边那座可以显示24小时、造型别致的钟楼外，不妨注意右手边壁龛里的圣安东尼雕像。这尊守护神的左脚露出一个人脸，那是调皮的雕刻师要后人不要忘了这座雕像是他的杰作。

圣多米努斯教堂Katedrala Svetog Duje

教堂所在的位置就是戴克里先皇帝的陵寝，公元7世纪时，皇帝石棺及遗体被从这里移走，当时的斯普利特主教把它改为天主教堂，直到仿罗马式的钟楼竖立起来之前，陵寝建筑的外观都没变过。

陵寝呈八角形，环绕着24根圆柱，圆顶下环绕着两列科林斯式圆柱，檐壁的带状装饰雕着戴克里先皇帝和皇后，这就是今天教堂的基本雏形。教堂经过十多个世纪不断修建，大部分出自名家之手。最值得欣赏的包括大门、左右祭坛、中间的主祭坛、合唱席、讲道坛。

13世纪的两扇木雕大门上雕刻了左、右各14幅"耶稣的一生"图画，属于仿罗马风格的微型画；右手边的祭坛是波尼诺(Bonino da Miliano，曾参与创作希贝尼克大教堂哥特式大门的雕像)于1427年的作品；左手边祭坛的圣斯达西(Sveti Staš)和"被鞭打的基督"(Flagellation of Christ)浮雕，则是打造希贝尼克大教堂的建筑大师尤拉·达尔马蒂纳克(Juraj Dalmatinac)于1448年的杰作，被认为是当时达尔马提亚地区最好的雕刻作品。

合唱席的仿罗马风格座椅从13世纪保留至今，也是达尔马提亚地区年代最久远的合唱席座椅；穿过主祭坛，依照指示来到"宝物室"，里面收藏了圣骨盒、圣袍、圣画像、手写稿以及格拉哥里(Glagolitic)文字书写的历史文件。

当然还不能错过高耸的仿罗马式钟塔，它不仅是斯普利特的地标，攀登183层阶梯到最高点，还能眺望整座斯普利特城及海港。钟塔基座处镇守大门的两头石狮子，以及公元前1500年以黑色花岗岩雕刻的埃及狮身人面像，都特别吸引众人目光。

自钟塔回旋而下，从教堂右侧进入一座地窖(Crypt)，这里是戴克里先皇帝陵寝的基座，后来被基督徒更改为一座小礼拜堂。教堂南边还有一些罗马建筑遗迹，像罗马浴室、皇室餐厅等，但都是不完整的残迹。

圣约翰洗礼堂(朱庇特神殿)
Svetog Ivan Krštitelj

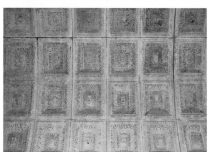

从列柱廊中庭西侧拐进一条小巷子，这个地方以前是皇宫做宗教仪式的区域，原本有朱庇特(Temple of Jupiter)及维纳斯与西芭莉(Temples of Venus and Cybele)两座神殿，维纳斯与西芭莉神殿已消失，目前尽头处的圣约翰洗礼堂就是朱庇特神殿，年代可以追溯到公元5世纪。门口处伫立一座从埃及运来的无头狮身人面像，由黑色花岗岩雕成，当年盖神殿的时候就安放在这里守卫神殿大门。原本大门由许多根圆柱支撑，现在只剩一根圆柱还挺立着。

洗礼堂里面有一座公元7世纪的大理石石棺，棺里埋着斯普利特首任主教的遗骸；洗礼堂里还有一尊伊万·梅斯特罗维奇所雕的圣约翰雕像，是第二次世界大战前才安放上去的。

地下大厅与皇宫前厅
Podrumi Dioklecijanova
Pala a & Vestibule

从列柱廊中庭顺着楼梯往下走，或者从铜(南)门进来，就是地下大厅。现在所看到的建筑似乎位于地下，其实它是与港边平行的地面楼，昏暗的室内挤满贩售纪念品的商家。铜门的左手边是皇宫地下大厅的入口，需另外付费，尽管地下宫殿已空无一物，但屋室规划、回廊，几乎与地面楼层一样，今天所见的地宫，就是千年前地面屋舍内部空间的模样。

如果从列柱廊中庭顺着南面楼梯拾级而上，就是皇宫前厅入口。这是目前保存最完好的皇室居所，如今塌陷的穹顶，过去贴有彩色镶嵌画及灰泥壁画。戴克里先自命为众神之王朱庇特在人间的儿子，因此每年会有四次祭神时间，他就站在这前厅的入口，望向列柱廊中庭，跪地祈神。注意地面层的四座壁龛曾经立着四座雕像，他们是戴克里先退位后，掌管罗马帝国四个行省的地方郡王。

列柱廊中庭Peristyle

列柱廊中庭位于皇宫的正中央，它的东边是皇帝陵寝，西边是神殿，南面是皇室居住的地方。中庭长约35米、宽约13米，基地比周围低了3个阶梯，长的一面各有六根花岗石圆柱，柱与柱之间串联着拱门与雕饰的檐壁，中庭南面就是皇室居所的入口。

今天这个列柱廊中庭东面是圣多米努斯教堂，西边是哥特式与文艺复兴式的建筑，南面的建筑立面有四根圆柱及三角山墙，里面是两座小礼拜堂。目前这里已成了极佳的集会广场、表演舞台、露天咖啡座，甚至在圣多米努斯教堂办完婚礼，众人也聚在此狂欢。

枫丹白露宫 Fontainebleau

🏠 | 位于法国巴黎东南方

枫丹白露(Fontainebleau)，名称源自Fontaine Belle Eau，意为"美丽的泉水"。12世纪，法王路易六世(Louis VI)下令在此修建城堡和宫殿，作为避暑胜地，自此为历代国王行宫，也用来接待外宾。枫丹白露宫留下的重要皇室文物及建筑风格，深具艺术遗产价值。

众多国王中，以法兰西斯一世的修建计划最庞大，除了保留中世纪的城堡古塔，还增建了金门、舞会厅、长廊，并加入意大利式建筑装饰。这种结合文艺复兴和法国传统艺术的风格，在当时掀起一阵仿效浪潮，也就是所谓的"枫丹白露派"。

路易十四(Louis XIV)掌政后，每逢秋天便至枫丹白露狩猎，这项传统延续到君主专制末期。17世纪，法国皇室搬移至凡尔赛宫，枫丹白露宫光彩渐渐黯淡，甚至在法国大革命时，其家具遭到变卖，整座宫殿宛如死城。直到1803年，经由拿破仑的重新布置，枫丹白露宫才又重现昔日光彩。

1楼◆小殿建筑Les Petits Apartments

小殿建筑位于枫丹白露宫的底层，是1808年拿破仑一世下令在旧有建筑基础上修建的寓所，包括国王的客厅、书房和卧室，以及皇后客厅和卧室等。

长74米、宽7米的鹿廊(La Galerie des Cerfs)，由路易·布瓦松于1600年装修。廊壁画满了亨利四世时期的皇家建筑和围绕在城堡的森林景色，而鹿廊里的青铜像全是以前点缀宫殿外花园和庭园的装饰品。

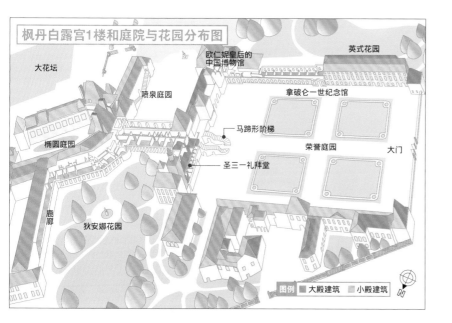

枫丹白露宫1楼和庭院与花园分布图

大花坛

喷泉庭园

椭圆庭园

鹿廊

狄安娜花园

欧仁妮皇后的中国博物馆

英式花园

拿破仑一世纪念馆

马蹄形阶梯

荣誉庭园

大门

圣三一礼拜堂

图例　■大殿建筑　■小殿建筑

庭园与花园◆马蹄形阶梯
L'Escalier en Fer-à-Cheval

　　拿破仑宣布退位时，就是在造型优美的马蹄形阶梯发表演讲的。阶梯初建于1634年，阶梯下的拱门可供马车经过，极具巧思。不过原先的马蹄形阶梯已遭毁坏，现在看到的是由安德胡·杜赛索所重建。

1楼◆拿破仑一世纪念馆
Le Musée Napoléon Ier

　　坐落在路易十五侧翼宫内，成立于1986年，内部收藏着拿破仑及其家庭成员于1804—1815年帝国时代保留的收藏品，包括有画作、雕塑、室内陈设及艺术品、住过的房间、用过的武器及装饰品等。

庭园与花园◆大花坛Le Grand Parterre

　　大花坛是路易十四御用建筑师勒诺特尔(André le Nôtre)设计的法式庭园，后来亨利四世让水利工程师和园艺师重新布置。今日的大花坛绿草如茵，同时可观赏舞会厅等。

庭园与花园◆喷泉庭园
La Cour de la Fontaine

　　喷泉庭园真正的主角是广大的鲤鱼池(L'Etang aux Carpes)，它从16世纪起就是举办水上活动的场所，中央的亭子是休憩、观赏表演和用膳之处。

庭园与花园◆荣誉庭园
La Cour d'Honneur

　　从装饰着拿破仑徽章的"荣誉之门"的大栅栏门就可进入荣誉庭园，其原名为"白马庭园"(Le Cour du Cheval Blanc)，1814年拿破仑宣布退位，在此与侍卫军队告别，这里又有"诀别庭园"(Cour des Adieux)的别称。广场长152米、宽112米，中间有四块矩形草坪，漫步其间，别有一番诗情画意。

庭园与花园◆英式花园
Le Jardin Anglais

前身是法兰西斯一世时期建造的松树园，一度遭到荒废，拿破仑一世时命建筑师以英式花园的形式为它重新设计。

2楼◆大殿建筑◆盘子长廊
La Galerie des Assiettes

长廊兴建于1840年的路易·菲利普时期，墙上128个枫丹白露历史瓷盘镶嵌于1839—1844年路易·菲利普在位时期，主要描绘当时的历史事件、枫丹白露及森林的景色，以及国王出国时的旅游风光。

2楼◆大殿建筑◆侍卫厅
La Salle des Gardes

这里是国王的侍卫掌控大臣进入大殿建筑的地方，所谓的"大殿建筑"是国王和王后的主要生活空间。这里的家具是第二帝国时期的布置，具有强烈文艺复兴风格的墙饰绘于1834—1836年，饰以16—17世纪历任国王的徽章、国王和王后的名字，以及战役胜利日期。

庭园与花园◆狄安娜花园
Le Jardin de Diane

一座散布着花圃、喷泉和雕塑的花园，充满着典雅的英式风情，花园名字出自此处立有一尊女神狄安娜的塑像，不过现在看到的是1813年由雕刻家普里厄以青铜制作的复制品。

2楼◆圣三一礼拜堂
La Chapelle de la Trinité

现在看到的圣三一礼拜堂是1550年由亨利二世设计和保留下来的，主要的整修和装饰工程则是在亨利四世和路易十三世时期完成的，包括穹顶中央著名的《耶稣受难图》壁画。每当举办弥撒时，国王和王后就会端坐于看台上。1725年路易十五的婚礼、1810年未来的拿破仑三世受洗礼，以及1837年路易·菲利普长子的婚礼，都是在这里举行的。

2楼◆大殿建筑◆
法兰西斯一世长廊
La Galerie François ler

1494年法国占领意大利后，文艺复兴的思想也传入法国，法兰西斯一世请来意大利艺术家和梭(Il Rosso)及法国雕塑家，完成内部的壁画、仿大理石雕塑、细木护墙板等装饰和设计。长廊长60米、宽和高各6米，下半部是以镀金细木做成的护墙，上方的每个开间都装饰着仿大理石雕塑和人文主义绘画、葡萄装饰图案。

2楼◆大殿建筑◆舞会厅
La Salle de Bal

舞会厅长30米、宽10米，在16世纪路易十三时期和后来的19世纪，都曾举办过许多盛大的节庆活动。舞会厅始建于法兰西斯一世，他的儿子亨利二世接任后，将其改成具有平顶藻井的大厅，并以华丽的壁画和油画装饰。舞会厅内有10扇大玻璃窗，下方护墙板的木条同样漆以镀金，上方和藻井的壁画则以神话或狩猎题材为主，金碧辉煌。仔细观赏，整体装饰中大量采用国王名字起首字母和象征国王的月牙徽标记所组成的图案，常看到的还有字母C(凯瑟琳·梅迪奇Catherine de Médicis)和字母D(国王的情人黛安娜Diane de Poitiers)。

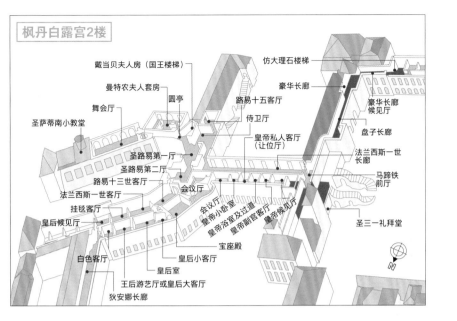

枫丹白露宫2楼

戴当贝夫人房（国王楼梯）
曼特农夫人套房
圆亭
舞会厅
圣萨蒂南小教堂
路易十五客厅
侍卫厅
皇帝私人客厅（让位厅）
圣路易第一厅
圣路易第二厅
路易十三世厅
法兰西斯一世客厅
挂毯客厅
皇后候见厅
会议厅
会议厅
皇帝小卧室
皇帝浴室及过道
皇帝副官客厅
皇帝候见厅
白色客厅
皇后小客厅
宝座殿
皇后室
王后游艺厅或皇后大客厅
狄安娜长廊
仿大理石楼梯
豪华长廊
豪华长廊候见厅
盘子长廊
法兰西斯一世长廊
马蹄铁前厅
圣三一礼拜堂

2楼◆拿破仑一世内套房◆皇帝小卧室
La Chambre de Napoléon

虽为皇帝的办公室，但拿破仑把它当成第二卧室，房间内铁床顶饰带有镀金铜制的皇家标志。根据拿破仑的秘书男爵凡的回忆录，拿破仑的日子多是在他的办公室度过的，在这里他才觉得像是在自己家，一切都归他使用。

2楼◆大殿建筑◆皇后室
La Chambre de l' Impératrice

自16世纪末到1870年，皇后均居于此，现今存留下来的摆设出自拿破仑妻子约瑟芬皇后(Joséphine de Beauharnais)的设计，最后一位使用它的主人，则是拿破仑三世的妻子欧仁妮皇后。

2楼◆大殿建筑◆狄安娜长廊
La Galerie de Diane

狄安娜长廊长80米、宽7米，于1600年由亨利四世所建，这里的壁画取材于狄安娜女神和太阳神阿波罗的故事。1858年此处被拿破仑三世改建成图书馆，并存放拿破仑一世及历代皇室的藏书、字画、手稿和古董。

2楼◆拿破仑一世内套房◆皇帝私人客厅
Le Salon de l' Abdication

这里所有陈设为1808—1809年的布置，又称为"让位厅"，因为1814年4月16日，拿破仑就是在这里宣布让位的。

2楼◆大殿建筑◆宝座殿
La Salle du Trône

原是国王的寝宫，1808年被拿破仑改设为宝座殿，御座取代了床位，周日会在这里举行宣誓和引见仪式。在宝座殿可看到几个朝代的装饰，像17世纪中叶的天花板中部墙裙和带三角楣的门，以及1752—1754年新增的细木护墙板和维尔白克雕塑等。壁炉上方的法王路易十三肖像，是路易十三聘请首席画家香拜涅(Philippe de Champaigne)绘制的作品。

林德霍夫宫 Schloß Linderhof

🏠 | 位于德国慕尼黑西南方约90千米处

林德霍夫宫于1878年竣工，是唯一在路德维希二世在世时完成并实际居住的宫殿。镜厅是整个宫殿中最豪华的厅堂，厅中有数面镜子，借助镜像反射，将视觉空间无限延伸。位于后方花园里的维纳斯洞窟使用了非常先进的技术，洞里的电力由远处的24个发电机所制造，是巴伐利亚早期使用的发电机之一；在舞台画作的后方是燃烧柴火之地，产生的热气再送至洞中，犹如现在的暖气设备。

另一处值得参观的是摩尔人亭，金黄色的圆顶相当吸睛，屋内正前方有3只上了彩釉的孔雀，内部装潢色调也十分抢眼，配上喷泉、烟雾及咖啡桌，让人见识到国王独具的美感天分。

寝室

寝室是宫殿中最大的房间，蓝天鹅绒床及摆有108支蜡烛的水晶灯，使其看起来富丽堂皇。

维纳斯洞窟

维纳斯洞窟是座位于后方花园里的人造钟乳石洞窟，其池中有艘华丽小船，池后画作描绘的是唐怀瑟在维纳斯怀中，整个布景重现了歌剧《唐怀瑟》的场景。国王就高坐在小船对面观看华格纳歌剧演出。

魔法餐桌

所谓"魔法餐桌"，就是仆人在1楼将餐点放到餐桌上，由特制机器升到2楼，然后地板自动合上，国王便可独自用餐，不受任何人打扰。

赫莲基姆湖宫
Schloß Herrenchiemsee

🏠 | 位于德国慕尼黑东南方约80千米处的男人岛(Herreninsel)上

赫莲基姆湖宫是路德维希二世生前建造的最后一座、同时也是造价最高昂的宫殿，自1874年他参观过凡尔赛宫后，便决定在男人岛上兴建德国的凡尔赛宫，而到宫殿唯一的方式是搭船，让他更能远离凡尘俗事。

路德维希二世认为路易十四是君主政治的代表，因此这座宫殿对路德维希二世来说，是一个君主体制的纪念碑。国王在此曾经住过9天，1885年的秋天，在他离奇溺毙之后，整个工程也跟着停止。如今宫中仍清楚可见未完成的部分，仿佛一切仍停留在国王去世那年。

国王寝室
此处是国王的居住所，主寝室比凡尔赛宫还要奢华。最著名的装饰就是描绘路易十四固定在早晨及傍晚举行的谒见仪式。可惜的是，这么华丽的房间，路德维希二世没使用过。

阶梯厅堂
此处是依凡尔赛宫著名的使节楼梯而建，墙上彩色大理石柱及白色的人像雕刻，配上水晶吊灯，显得非常富丽堂皇。

镜厅
此厅复制了凡尔赛宫的镜厅，同样有17扇窗。镜厅里的吊灯共需2000支蜡烛，光是点亮蜡烛就需耗费45分钟，经镜子反射，可以想象何等耀眼。

白金汉宫Buckingham Palace

🏠 | 英国伦敦市中心

　　想知道英国女王是不是正在白金汉宫中，很简单，只要抬头看看王宫正门上方。若悬挂着王室旗帜，表示女王正在里面，如果没有的话，则代表女王外出。

　　建于1703年，前身为白金汉屋(Buckingham House)的白金汉宫，是白金汉公爵的私人宅邸。1837年维多利亚女王迁居于此，自此白金汉宫就成为英国王室的居所，集合办公与居家功能。居住在内的王室成员为伊丽莎白女王与其夫婿爱丁堡公爵，以及50名左右的王室职员。

　　白金汉宫原不对外开放，1992年温莎城堡发生火灾后，白金汉宫敞开大门，想借助门票收入来整修温莎城堡。城堡完成修复后，在每年8—9月女王造访苏格兰之际，白金汉宫仍会对外开放19间国事厅(The State Rooms)、女王艺廊(The Queen's Gallery)、皇家马厩(The Royal Mews)和花园(Garden Highlights Tour)，并可预约专门导览(Exclusive Guided Tour)。不过门票一票难求，最好先用电话或至网站申请预约。

女王艺廊The Queen's Gallery

女王艺廊位于白金汉宫的南隅，展出罕见的皇室收藏(The Royal Collection)。皇室收藏主要源自查理一世(Charles I)，他买下了拉斐尔、提香、卡拉瓦乔等多位大师的作品，为皇室收藏打下深厚的根基。后来乔治三世(George III)发掘了大量威尼斯、文艺复兴和巴洛克风格的画作，再加上乔治四世以及维多利亚女王的收藏，使得今日的皇家收藏多如繁星。

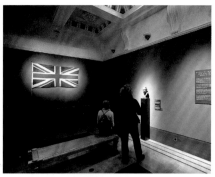

卫兵交接仪式 Changing of the Guard

上午11:30举行的卫兵交接仪式是游览伦敦的重头戏。头戴黑色毡帽、身穿深红亮黑制服的白金汉宫禁卫军(Queen's Guard)，已成为英国的传统象征之一。建议及早抵达抢个好位置观礼，或是到林荫大道(The Mall)上的圣詹姆士宫(St. James's Palace)等待准备出发的队伍。

汉普顿宫 Hampton Court Palace

距离大伦敦地区大约20千米处的汉普顿宫，原本是亨利八世的宠臣沃尔西主教(Cardinal Wolsey)的府邸。这位曾权倾一时的教士兼政治人物，于1514年取得了这片土地，并将昔日封建领主的宅邸加以扩建，勾勒出今日汉普顿宫的初步规模。

沃尔西主教在此接见外国要人，并把它当成娱乐亨利八世的地方。为了接待国王，沃尔西兴建了中庭及欣赏花园和织毯画的画廊，然而，因未说服教皇废除亨利八世和首任妻子阿拉贡的凯瑟琳王后的婚姻，沃尔西成了亨利八世的眼中钉，并于1529年时被迫离开汉普顿宫。从此这座宫殿成为亨利八世的财产，并被赋予了他和第二位王后安妮·博林的特色。

为了和法国的凡尔赛宫比美，威廉三世(William III)展开了庞大的扩建计划，至1694年落成。粉红色的砖块和对称的格局，形成了今日结合都铎式和巴洛克式双重风格的建筑。

汉普顿宫从18世纪起就无皇室居住，也因此完整保留了亨利八世和威廉三世时的样貌。

亨利八世套房Henry VIII's Apartments

　　16世纪时，汉普顿宫既是座宫殿，同时也是一处与剧院相结合的娱乐场所，因此16世纪30年代亨利八世兴建大厅(Great Hall)时，便是为了这个目的。高达18米的大厅，是汉普顿宫中面积最大的厅房，平日被当成宫殿中较低阶层侍从的餐厅，每天有600人分成两批在此用餐。每当遇到特殊活动时，墙上的挂毯画便被卷到墙上，大量的烛台成串起高挂于天花板上，让这处餐厅摇身一变成为宫殿中举办舞蹈和戏剧表演的奇幻舞台。

　　皇室礼拜堂(Royal Chapel)是汉普顿宫中唯一仍实际使用的空间，美丽的蓝色顶棚点缀着金色的繁星，富丽堂皇得几乎让人睁不开眼睛。沃尔西主教兴建了它，亨利八世替它增添了美丽的拱顶，后来安女王(Queen Anne)在18世纪初再将它重新布置成今日的面貌。在礼拜堂的后方，有一座包厢般的建筑，是昔日皇室参与礼拜的地方，都铎王朝的国王与王后可以直接从他们的套房通往此处，只不过过去这里的面积要比今日宽敞许多。

亨利八世厨房
Henry VIII's Kitchen

　　今日的大厨房(Great Kitchen)被划分为3个空间，最初它共有6座火炉，全都用来烧烤新鲜的肉类，尤其是牛肉，在最后的那间房里依旧可以看见昔日熊熊燃烧的烈火。后来随着烹饪技术的发展，大厨房中也逐渐增加了炭火炉和烤面包灶等设施。在大厨房的附属建筑中，有一座收藏大量葡萄酒、啤酒和麦芽酒精饮料的酒窖(Wine Cellar)，每当用餐时，服务人员就会在此将酒装瓶，并且直接上桌。

威廉三世套房
William III's Apartments

为了给来访者留下深刻的印象，威廉三世聘请意大利画家安东尼·贝里奥(Antonio Verrio)为他的阶梯作画。壁画描绘亚历山大大帝和恺撒之间的竞争。一般认为威廉三世将自己比拟为这场战争中的胜利者亚历山大大帝。

大卧室(The Great Bed Chamber)是整座宫殿中最奢华的房间，同时也是威廉三世的圣域。过去除了机要大臣或是老朝臣外，其他人一律不准进入。国王可能会在此一边更衣，一边和这些权贵商讨政务。

另有一间私人会场(The Privy Chamber)，是威廉三世的私人谒见场所，主要用来接见大使。华丽的烛台和镜子在烛光的点缀下，给人目眩神迷的感受。私人会场里头装饰着两幅亨利八世收藏的挂毯画，场景来自亚伯拉罕的故事。

玛莉二世套房
Mary II's Apartments

尽管威廉三世替王后阶梯(Queen's Staircase)铺上了大理石楼梯，并装饰了铸铁扶手，不过它今日的样貌，是1734年时卡洛琳王后(Queen Caroline)委托建筑师威廉·肯特(William Kent)替苍白的墙壁重新装饰后的模样。肯特引用罗马神话的灵感，将卡洛琳王后比拟成不列颠女神，借此向她致意。

乔治王朝私人套房Georgian Private Apartments

沃尔西密室(Wolsey Closet)装饰着大量色彩缤纷的壁画，主题是描绘基督受难的相关故事，是少数保存下来的都铎时期房间。天花板上的雕刻出自亨利八世任内，而在壁画和天花板之间的饰带上，可以看见沃尔西主教的拉丁名言："上帝是我的最高审判者(Dominus michi adjutor)。"

威廉三世将草图画廊(Cartoon Gallery)当成私人空间使用，不过最后却成为一处展示拉斐尔绘画草图的画廊，这些作品是这位文艺复兴大师创作《使徒行传》(Acts of the Apostles)的草图，由查理一世买下，不过如今展出的是1697年的复制品，原件收藏于维多利亚与亚伯特博物馆中。

位于玛莉二世套房后方的3间王后私人套房(Queen's Private Apartments)，1737年曾为早逝的卡洛琳王后所使用，私人会客室(Private Drawing Room)是王后喝茶和打牌的社交场所，转角壁柜上摆设着中国和日本的瓷器。私人卧室(Private Bedchamber)主要被当成仪式厅使用，国王和王后过夜是睡在王后的床上，此卧室的房门附有锁头，以保护国王和王后的隐私。

紧邻卧室的是王后的更衣室和浴室(Dressing Room & Bathroom)，后方的大理石台为冷水池，浴缸以木头为材质。据说卡洛琳王后非常喜欢洗澡。前方更衣室中展示的镀银梳妆用具非常奢华，通常是新娘的传家宝。

中庭Courts

名称来自法文"Basse"的下中庭(Base Court)，昔日两旁建筑是宾客的房间，广场一侧有一座昔日亨利八世红酒喷泉的复制品。

过了安妮·博林门(Ann Boleyn' Gatehouse)后就是时钟中庭(Clock Court)，因建筑上方极其繁复的占星钟而得名。该占星钟可能出自巴伐利亚籍的皇室钟表师尼古拉斯·克拉泽尔(Nicolaus Kratzer)的设计，上方除了标示时间、日期、日月之外，还显示涨潮时间，以便渡河者使用。在占星钟的下方还可以看见沃尔西主教以铁打造的家族徽章。

位于最里面的喷泉中庭(Fountain Court)，属于国王和王后的活动场所，四周分别被国王和王后的套房包围着。由于威廉三世希望被视为现代版的海格立斯，于是在喷泉中庭回廊的每道拱门上装饰着这位神话人物的头像，并且在上层的圆形窗四周，雕饰着他身上披挂狮皮的象征。

207

克里姆林

🏠 | 位于俄罗斯莫斯科市中心波洛维兹基山丘(Borovitskiy Hill)上

作为莫斯科地标的克里姆林，占地27.5公顷，围墙长达2235米，不但是俄罗斯的政治、宗教中心，更因它的美丽建筑群而吸引世人目光。

位于莫斯科河北岸的克里姆林，在12世纪就有部落在此定居。大公安德烈·波哥里乌斯基(Andrei Bogolyubskiy)建造木制围篱，开始有了防御城堡的雏形，莫斯科也以克里姆林为中心快速发展起来。

1485年，伊凡三世·瓦西里耶维奇(Ivan III Vassiliyevich)大公请来意大利工程师建造红砖围墙及城塔为今日的规模奠基，城堡内的教堂(圣母升天大教堂、圣母领报大教堂、大天使教堂、伊凡大钟塔)、宫殿(特列姆宫、主教宫)也在16、17世纪落成。即便在18世纪彼得大帝将首都迁往圣彼得堡之后，莫斯科的克里姆林仍保有它神圣的地位，沙皇的加冕典礼一律在此举行。

1918年，苏联政府将首都迁回莫斯科，克里姆林在政治上的地位更重要了，不但是历任领导的住处及办公处，更是军事指挥中心。1930—1955年克里姆林对外关闭长达25年，开放参观之后仍处处防卫森严，1990年被列入世界文化遗产名录，堪称俄罗斯第一观光胜地。

军械馆Arsenal

军械馆外侧展示许多大炮，大多是1812年拿破仑进攻莫斯科时留下的。这座新古典主义式建筑原本用来存放军械兵器，现在是克里姆林侍卫队驻扎的大本营，戒备森严。它紧邻着总统府所在的参议院大楼，护卫着府院高官。

圣三一塔 Trinity Tower

　　80米高的圣三一塔是克里姆林最高的塔楼，始建于1495—1499年。1685年增建高耸的尖顶，建筑形式承续古俄罗斯教堂建筑的风格。塔楼西侧镶有一个圣母圣像，更增神圣性。现在圣三一塔是进入克里姆林参观的入口。

参议院 Senate

　　这座庞大的新古典主义式建筑，曾是列宁及其家人的住所及办公室，斯大林也曾在这里指挥红军参与第二次世界大战，现在则是俄罗斯总统府。

主教宫及十二使徒教堂 Patriarch's Palace & Cathedral of the Twelve Apostles

　　1652年，态势强硬的主教尼康(Nikon)扩建住所，建造了主教宫，并与十二使徒教堂相连接。现改为博物馆，展示17世纪的生活及宗教艺术品，建筑最大的特色是280平方米的拱形屋顶大厅，完全没有柱子支撑。

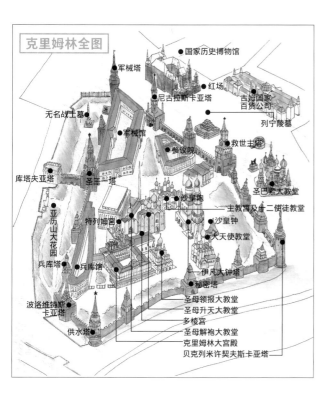

克里姆林全图

- 国家历史博物馆
- 军械塔
- 红场
- 尼古拉卡亚塔
- 古姆国家百货公司
- 无名战士墓
- 列宁陵墓
- 军械馆
- 救世主塔
- 参议院
- 圣三一塔
- 库塔夫亚塔
- 沙皇炮
- 圣巴索大教堂
- 特列姆宫
- 主教宫及十二使徒教堂
- 亚历山大花园
- 沙皇钟
- 大天使教堂
- 兵库塔
- 兵库馆
- 伊凡大钟塔
- 秘密塔
- 波洛维特斯卡亚塔
- 圣母领报大教堂
- 圣母升天大教堂
- 供水塔
- 多棱宫
- 圣母解袍大教堂
- 克里姆林大宫殿
- 贝克列米许契夫斯卡亚塔

沙皇炮 Tsar Cannon

　　沙皇炮由俄罗斯的建国者安德烈·乔克赫夫于1586年运用上好的铜所制。炮管口径89厘米，长5.34米，重量达40吨，炮身刻有骑马战士的花纹。1835年特地为炮管铸造座台，饰有狮子头雕花，造型更是华丽生动。

伊凡大钟塔Ivan the Great Bell Tower

伊凡大钟塔其实是由两个部分组成的，其中高81米的钟塔部分由意大利建筑师设计，于1505年起建。由于所在地原有一座木造教堂供奉圣伊凡，因此命名伊凡大钟塔。登上钟塔顶端，周围景况一目了然，因此也作为防卫性的观测塔。遗憾的是，号称全球最大的沙皇钟还未被架上钟塔就遭损坏，摆落在一旁供人遥想当年。

另一部分是一旁的圣母领报大教堂，比钟塔晚30年起建，建筑中央安有64吨重的圣母领报大钟，每逢沙皇去世时会敲3下以示哀悼。

伊凡大钟塔结构非常结实，1812年拿破仑占领莫斯科失败，退兵前曾下令将钟塔摧毁，虽周围建筑应声倒下，但钟塔仍屹立不摇。

多棱宫Palace of the Facets

多棱宫名称的由来是因为东面墙上有许多棱形刻饰。这座宫殿是克里姆林最古老的石造宫殿，由沙皇伊凡三世请来意大利建筑师兴建。宫内最壮观的是布满壁画的宴会厅，沙皇举行登基典礼时，由南侧的红色大阶梯走下来，步入圣母升天大教堂。可惜原建筑在1930年被斯大林毁坏，现在所见是1994年重建的建筑。

沙皇钟Tsar Bell

1730年安娜女皇下令铸造全球最大的钟，原料采用1701年大火中损毁的旧钟碎片，花了5年时间铸成了一个直径6.6米、高6.14米、重量超过200吨的大钟。然而在为钟表层做修饰的过程中，克里姆林发生大火，冷水浇在炙热的钟上，因冷热不均衡导致大钟破裂。现在，重达11.5吨的沙皇钟碎块就摆在一旁展示。

克里姆林大宫殿
Great Kremlin Palace

从莫斯科河对岸眺望克里姆林是最美的角度，最吸引人目光的就数黄白相间墙面的克里姆林大宫殿。这是1837年沙皇尼古拉一世下令建造的，花了12年的时间，只为了让居住在首都圣彼得堡的皇室家族在莫斯科有个住处。事实上，过去皇室很少光临，而现在则作为接待外宾用。

圣母领报大教堂Annunciation Cathedral

这里原属莫斯科公国大公及沙皇家族的私人教堂，与宫殿相连，不对外开放，仅供皇族家属在此举行弥撒、婚礼及施洗等仪式。

建筑形式原以中央的本堂为中心，四周环有走廊，在1547年火灾后重建时增建一个侧室，并在南侧走廊外又增加一条窄廊。这是因为恐怖伊凡4度结婚而违反宗教律法，被禁止踏入教堂中，只好再加盖一条走廊，从这里远观仪式过程。

由于是皇家专属教堂，规模虽不大，但装潢、壁画、圣像画却不同凡响。从一进门就被多彩的壁画包围，有不少是出自希腊籍画师菲奥潘(Pheofan)(圣母升天大教堂壁画大师狄奥尼修斯之子)及俄罗斯画师安德烈·鲁布廖夫(Andrei Rublev)之笔。而教堂所收集的14—16世纪圣像画，许多都是克里姆林圣像画学校画师们的杰作。

兵库馆与俄罗斯钻石基金会展览
Armoury & Diamond Fund Exhibition

兵库馆建于1844—1851年，由康士坦丁·唐所设计，馆内收藏超过4000件宝藏，包括克里姆林皇家工匠打造的珠宝兵器，以及各国赠予沙皇的礼物。收藏品的历史涵盖公元4—12世纪，区域横跨欧洲、亚洲，是莫斯科典藏最丰富的一座博物馆。

除了兵库馆的9个展厅之外，"俄罗斯钻石基金会展览"收藏沙皇及皇后的珍贵宝藏，年代可以追溯到1719年彼得大帝时。这些宝石包括叶卡捷琳娜大帝的情人奥尔洛夫(Grigory Orlov)所送的190克拉钻石、镶有4936颗钻石的皇冠等。

大天使教堂
Archangel Cathedral

自1340年起，这里就是埋葬莫斯科公爵及贵族们的墓地，直到1505年，即将辞世的伊凡三世下令建造大天使教堂，请来威尼斯的建筑师设计施工，费时3年完工。前来的游客，大多是为了一睹恐怖伊凡的棺木。另在前排柱子的左侧，有座装饰华丽的棺木，这是恐怖伊凡盛怒之下，失手杀死的亲生儿子的棺木。从前，大天使教堂是沙皇们祭祀祖先的圣地，重要的弥撒仪式都在这里举行，在1712年迁都圣彼得堡之后，沙皇就不再安葬于此了。

教堂的壁画主要是1652—1666年的作品，除了壁画，正面圣像屏的规模及华丽是另一个吸引人的焦点。立体木雕的画框及枝叶盘绕的造型，镂空雕刻并贴上金箔，比圣像画本身还抢眼。

冬宫Winter Palace

🏠 | 俄罗斯圣彼得堡宫殿广场

冬宫博物馆包含了五座不同时期兴建的建筑，分别是冬宫(1754—1762)、小汉弥顿宫(Small Hermitage，1765—1765)、大汉弥顿宫(Large Hermitage，1771—1778)、新汉弥顿宫(New Hermitage，19世纪初)、汉弥顿剧院(The Hermitage Theatre，1783—1802)，展示走廊加起来将近20千米长，展示品总计约有280万件，而光是冬宫里的房间及宫殿数量就超过1000间。

整个冬宫建筑奠基于彼得大帝(Peter the Great)的女儿伊丽莎白女皇(Empress Elizabeth)执政时期，她请来意大利建筑师拉斯提里(Francesco Bartolommeo

Rastrelli)，同时也是当时的宫廷建筑总督来监督冬宫的建造。1754年冬宫起建，历经8年时间于1762年完成，成为俄罗斯巴洛克主义的代表作。

继伊丽莎白女皇之后，建设冬宫的另一位人物为叶卡捷琳娜大帝。1764年，柏林富商戈兹克斯基(Gotzkowsky)赠给叶卡捷琳娜大帝225件欧洲名画，叶卡捷琳娜大帝决定在冬宫旁边建一座收藏库(现在称为小汉弥顿宫)放置名画、珠宝、玉石雕刻、瓷器等，这就是冬宫博物馆的起源。直到1852年，尼古拉一世(Nicholas I)在位期间将冬宫开放成为博物馆。

亚特兰提斯雕像

高达5米的巨型亚特兰提斯雕像，是冬宫南侧走廊最特别的装饰。在革命之前，这里原本是冬宫博物馆的入口，现在入口改到北侧。此处现在成为婚礼拍照的热门景点。

白厅White Hall

冬宫2楼的白厅主要展示法国及英国艺术，大厅的装潢，则展现洛可可风格，黄金吊灯与拼花地板非常吸引人。

黄金会客室
Gold Drawing Room

黄金会客室是冬宫最美的厅堂。室内装潢在19世纪70年代曾大肆整修，从墙壁到天花板都贴了一层金箔，显得十分耀眼华丽。现在厅内展示的是皇室收藏的珠宝。

孔雀石厅The Malachite Room

孔雀石厅顾名思义，展示了许多绿色孔雀石制造的瓶子、烛台等，甚至连房间内的柱子都是孔雀石雕刻而成的。

约旦大阶梯
Jordan(Ambassador's)Staircase

约旦大阶梯即入口的大阶梯，这是在1837年冬宫发生大火之后唯一依照最初的设计重修而成的部分，建筑完全保存巴洛克风格及色调，除此之外冬宫其他部分都失去了原貌。

阁楼The Pavilion Hall

小汉弥顿宫2楼的阁楼是众人注目的焦点，完全展现叶卡捷琳娜大帝喜好富贵的品位。中央一座孔雀钟由英国钟表师詹姆斯·考克斯(James Cox)设计，值得细细品味。

拉斐尔走廊
The Raphael Loggias

叶卡捷琳娜大帝在1775年参观过梵蒂冈的拉斐尔壁画之后，派遣画师前往当地临摹复制。后又经建筑师贾科莫·夸伦吉(Giacomo Quarenghi)的设计，将整座走廊都复制重现，工程浩大，直到1792年才全部完工。

叶卡捷琳娜宫Tsarskoye Selo

位于俄罗斯圣彼得堡南24千米处

　　叶卡捷琳娜宫是一个融合花园造景与宫殿建筑的皇室度假胜地，整个风格设计都在俄罗斯两位女皇统治的时代完成，非常不同于其他由男性沙皇所建设的景观。

　　蓝白相间、巴洛克式设计的叶卡捷琳娜宫当然是参观焦点。另外，位于南侧的大湖周围森林环绕，环境幽静，还有许多凉亭、桥梁等点缀其中，值得花上半天的时间漫步其中，体验皇室成员度假的感觉。

　　叶卡捷琳娜宫是在1744—1756年，由彼得大帝的女儿伊丽莎白女皇下令兴建。当时这一带全是茂密的森林，她动用数千名劳工及军人才将林地开垦为花园，并

叶卡捷琳娜宫◆大厅
Great Hall, Throne Room

　　宽敞的大厅是伊丽莎白女皇时代的杰作，由设计冬宫的意大利建筑师拉斯提里设计。天花板的壁画《俄罗斯凯旋》为名师朱塞佩·瓦莱里亚尼(Giuseppe Valeriani)所绘制，四壁的浮雕贴覆金箔，共用了100公斤的黄金，拼花地板采自珍稀木种，处处展现皇家气势。

　　建造了极尽华丽繁复的巴洛克式宫殿，取名为"叶卡捷琳娜宫"，以纪念自己的母亲，也就是彼得大帝第二任妻子叶卡捷琳娜一世。宫殿全长达360米，正面雕饰繁复，极尽华丽之能事。

　　1768年，叶卡捷琳娜二世(又名叶卡捷琳娜大帝)即位后，继而对沙皇村及叶卡捷琳娜宫大肆整修，并将巴洛克式的宫殿建筑及装潢，修改成当时流行的俄罗斯古典主义建筑。这幢金碧辉煌的建筑，使用大量纯金来装饰内部及外观，直到今日，这里的景观及规模都还保存着当时的模样。

叶卡捷琳娜宫◆骑士宴客厅
Cavaliers' Dining Room

"宴会"是皇家生活最重要的部分，这间宴客厅是整个叶卡捷琳娜宫最常使用的一间，以往是用来接待人数较少的宾客。

叶卡捷琳娜宫◆琥珀厅
The Amber Room

建于1750年的琥珀厅使用大量琥珀镶嵌装饰，利用不同大小及深浅色的镶片，营造出令人印象深刻的视觉效果。本厅在第二次世界大战期间遭纳粹破坏，后经德国赞助修复。由于琥珀厅相当珍贵，也是宫殿内部唯一不能拍照摄影的厅室。

叶卡捷琳娜宫◆主楼梯
Main Staircase

迎宾的阶梯位于宫殿正中央，1780年，建筑师查尔斯·卡梅隆(Charles Cameron)以红褐色为设计主调，至1860年伊波利托·莫尼盖蒂(Ippolito Monighetti)接手重新设计，改以洛可可风格装饰天花板及四壁。在第二次世界大战期间，主楼梯遭受严重毁坏，直到20世纪60年代才修复成今貌。

叶卡捷琳娜宫◆白色宴客厅
The White State Dining Room

叶卡捷琳娜宫内有数间精致的宴客厅，每间厅室都大量使用银制餐具，天花板也都是精制壁画。据载，当年的设计师甚至不惜以红宝石及绿宝石装饰，可想象当时的华丽场景。

叶卡捷琳娜宫◆画厅
Picture Hall

　　堪与琥珀厅媲美的画厅常作为宴客厅。其南、北两面墙挂满出自荷兰、意大利、德国、法国等名家的画作，共计130幅作品。这些名画由建筑师拉斯提里巧妙地组合成大型壁画，搭配贴覆金箔的雕饰，典雅而贵气。

花园◆少女与壶
Girl with a Pitcher

　　这座青铜雕像是为了给花园增色，特聘雕刻家帕维尔·索科洛夫(Pavel Sokolov)于1816年所作。艺术家运用巧思，引泉水自破壶中流出。

花园◆卡梅隆走廊
Cameron Gallery

　　这栋两层楼的古典主义回廊式建筑，属于皇家俄罗斯浴建筑的一部分，以叶卡捷琳娜大帝请来修筑叶卡捷琳娜宫的英国建筑师卡梅隆的名字命名。

花园◆大理石桥Marble Bridge
　　古典的石桥为建筑师瓦西里·内耶洛夫(Vasily Neyelov)于1777年所建。

花园◆玛瑙厅Agate Room
　　典雅的玛瑙厅为卡梅隆于1780年所建，是皇家成员们享受冷泉浴的地方。

欧美及基督文明建筑艺术及扩展 ◆ 宫殿与园林建筑

彼得夏宫Peterhof

🏠 | 俄罗斯圣彼得堡郊外芬兰湾旁

坐落于芬兰湾南岸森林中的彼得夏宫,不但展现了宫殿建筑、花园造景等静态的艺术成就,更强调卓越的水利工程技术。依建造之初规划复杂的地下水管线路而造就的数十座喷泉,成为彼得夏宫最特别的景观。

1709年彼得大帝对瑞典的战争胜利之后,他决定建造一座庞大的宫殿来犒赏自己,并炫耀战争的成果。1714—1723年,他动用了5000多名劳工、军人参与施工,再加上建筑师、水利工程师、花园造景设计师等协力合作,造就了这个壮观的花园宫殿。

18—19世纪,彼得夏宫一直都是沙皇家族夏天的居所,整个区域分成"上花园"(The Upper Garden)和"下花园"(The Lower Park)两大区域。上花园为英式庭园设计,下花园为面海的园区,两大花园以大宫殿(The Great Palace)居中隔开。

在第二次世界大战期间,彼得夏宫严重受损。1952年开始修复工程,现超过150座的喷泉都恢复了运作,花园及宫殿也展现出全新的面貌。

❶阶梯瀑布喷泉
The Great Cascade

沿着七段阶梯拾级铺陈的大瀑布喷泉群，罗列有真人比例尺寸的神话人物，加上丰沛的水力，构筑成无与伦比的喷泉建筑。整座造景从1716年开始设计，直到18世纪20年代初期才完成引水工程。接着设计罗列两侧的神话人物雕像，有美少年盖尼米得(Ganymede)、金嗓女妖塞壬(Siren)、引发灾难的潘多拉(Pandora)、爱神维纳斯(Venus)、杀死梅杜莎的珀尔修斯(Perseus)等，全是俄罗斯当时的知名雕刻家齐心协力完成的佳作。

❷参孙喷泉
The Samson Fountain

参孙是《旧约》中记载的屠狮大力士。1734年为庆祝彼得大帝战胜海上强权瑞典25周年，特建此气势磅礴的喷泉。18世纪末曾重修，雕刻家科兹洛夫斯基(Kozlovsky)以古典主义手法重塑参孙英姿。

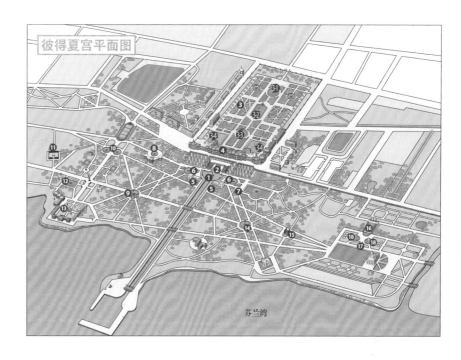

彼得夏宫平面图

芬兰湾

不定喷泉

海神喷泉

广场喷泉

橡树喷泉

❸上花园 The Upper Garden

上花园就位于大宫殿后方，有几座喷泉值得欣赏。

❸-❶不定喷泉 The Mezheumny Fountain

不定喷泉是从18世纪的绘画中选取素材进行塑像造型的，这或许就是塑像属四不像的原因，也成了喷泉名称的由来。

❸-❷海神喷泉 The Neptune Fountain

海神喷泉出自里特(Ritter)和施韦格尔(Schweigger)两位名家之手。威风的海神尼普顿(Neptune)头戴王冠，手执三叉戟，脚下有骑着战马的女神及跨坐海龙的丘比特，呈现热闹缤纷的视觉效果。

❸-❸橡树喷泉 The Oak Fountain

这里因最初立有拉斯提里用铅灌制的橡树雕塑而得名，1929年改立意大利雕刻家罗西(Rossi)所做的丘比特裸身雕像。

❸-❹广场喷泉
The Fountains of the Square Pools

广场喷泉最初是供应阶梯瀑布喷泉的蓄水池。为增加美观，1773年在池中建造了立有雕像的平台。

❹大宫殿The Great Palace

大宫殿隔开上花园和下花园，里面约有三十多个房间，彼得大帝时较朴素，到叶卡捷琳娜大帝时增加各厅室的装饰。目前所看到的画作、家具和摆饰几乎都是原件。

❺浮罗尼金柱廊
The Voronikhin Colonnades

立在河道两侧的大理石柱廊，附有一幢盖有覆金圆顶的小阁，最初的建筑是以木、砖砌成。1853—1854年斯塔肯施耐德(Stakenschneider)改以大理石整修柱廊，并以威尼斯马赛克铺设地板。

❿罗马喷泉
The Roman Fountain

造型虽简单，但两座对称的喷泉立在一片花海中，成为令人印象深刻的造景喷泉之一。

❻圆碗喷泉
The Bowl Fountain

两座大圆池分别由意大利巴拉蒂尼(Barratini)兄弟及法国苏阿莱姆(Sualem)所造，所以东池又名法国喷泉，西池别名意大利喷泉。圆碗喷泉造型单纯，衬托居中的参孙喷泉，发挥平衡布局的作用。

❼仙女喷泉
The Nymph Fountain

立在大理石台座的金色女神，是以藏于冬宫的罗马雕像为蓝本塑造的。

❽亚当喷泉
The Adam Fountain

亚当喷泉位居8条路径的交会点。八角形的水池中央立着高耸的基座，其上的亚当被16条水柱包围着，造型简单而典雅。

❾橘园喷泉
The Orangery Fountain

橘园顾名思义种植了多种水果，在庭园中央立着人身鱼尾的水神特里通(Triton)力战鱼怪的喷泉，也富有纪念瑞典战争大胜的意义。

⓫金字塔喷泉
The Pyramid Fountain

1717年，彼得大帝在造访法国之后，想要造一座以金字塔为造型的喷泉。负责这件工程的米切蒂(Michetti)花了3年的心力，巧妙地运用505支铜管控制水力，完成了这座造型奇特的喷泉。

⓬太阳喷泉
The Sun Fountain

　　水柱成辐射状四射的太阳喷泉在第二次世界大战期间遭受毁损，1957年重建。今日所见的太阳喷泉与200年前相较几乎毫无差异。

⓭孟布雷席尔花园
The Monplaisir Garden

　　濒临芬兰湾的孟布雷席尔宫由彼得大帝规划其花园及喷泉的蓝图。1721年，米切蒂依照沙皇的吩咐动工造景，直到今天，这座花园仍一如往昔地美丽动人。

⓯狮子阶梯喷泉
The Lion Cascade

　　1854年，斯塔肯施耐德设计了这座阶梯喷泉。他打造出14根高8米的爱奥尼克式立柱，每根石柱都是以整块深灰色的花岗岩雕成，柱头以雪白大理石雕出漩涡式装饰，林立在花岗岩平台上，气势惊人。

⓮夏娃喷泉 The Eve Fountain

　　和亚当喷泉同时动工的夏娃喷泉，迟至1726年的秋天才竣工。当时彼得大帝已逝世，无缘亲见他钦点兴建的喷泉。

⓰金丘阶梯喷泉
The Golden Hill Cascade

　　高达14米的斜坡辟出20级大理石阶梯，阶梯间的竖板贴金，最顶端立着手执三叉戟的海神尼普顿、吹海螺的水神特里通以及酒神巴克科斯(Bacchus)。神祇脚下雕着贴金的海怪面具，泉水从海怪嘴中喷泻而下，设计精巧迷人。

⓱吊钟喷泉
The Cloche Fountain

　　这座小巧可爱的喷泉是人身鱼尾的水神特里通顶着吊钟的造型，和立在橘园前力战鱼怪的凶猛造型截然不同。

⓲经济喷泉
The Economical Fountain

　　位于金丘阶梯喷泉前的两座大型圆池，装设有直径30厘米的喷管，喷射出高达15米的水柱，展现惊人的设计巧思。

内姆鲁特Nemrut

位于土耳其安纳托利亚东南部，卡帕多起亚东边约600千米处

　　坐落在安纳托利亚高原东南侧的内姆鲁特，以矗立在峰顶的人头巨像著称，由于距离卡帕多起亚有600千米之遥，又坐落在2150米的高山上，有机会见识这处奇景的游客并不多。

　　内姆鲁特是公元前1世纪科马吉尼(Commagene)王国的国王安条克一世(Antiochus I)所建的陵寝以及神殿。科马吉尼王国面积极小，势力微薄，只能夹在塞琉西(Seleucid)王国和帕提亚(Parthia)王国之间寻求生存的空间。但安条克一世沉溺在自比天神的妄想中，还支持帕提亚反抗罗马，终于招致罗马大军压阵而灭亡。

　　内姆鲁特被世人遗忘了两千年，直到1881年一位德国工程师受奥斯曼之托探勘安纳托利亚东部的交通运

输，才在山顶上发现这处惊人的古迹。遗址坐落在海拔2150米的山上，今天有车道通达山上的停车场，再顺着阶梯爬上高600米的小山，便可见到这处顶峰上的奇景。

　　当初安条克一世下令建造一处陵墓和神殿相结合的圣地。中间以碎石堆建高50米的锥形小山，就是安条克一世的坟丘，东、西、北三侧辟出平台，各有一座神殿。三座神殿形制一模一样，自左至右的巨石像分别是狮子、老鹰、安条克一世、命运女神堤喀(Tyche)、众神之王宙斯(Zeus)、太阳神阿波罗(Apollo)、大力神海格立斯，然后再各一座老鹰、狮子。每一座头像都高2米，头像下的台阶则是一整排的浮雕，上面刻着希腊和

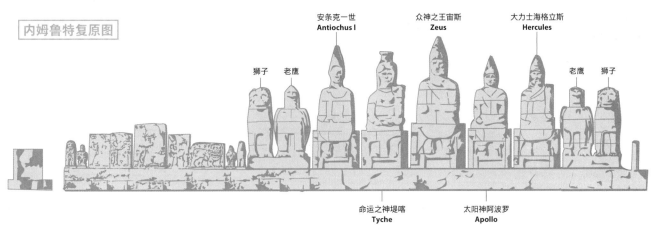

内姆鲁特复原图

狮子　老鹰

安条克一世
Antiochus I

众神之王宙斯
Zeus

大力士海格立斯
Hercules

老鹰　狮子

命运之神堤喀
Tyche

太阳神阿波罗
Apollo

波斯的神祇。

　　两千年来，历经多次地震摧残，头像早已散落一地，北侧更是几乎被摧毁。经过复原，东侧神殿的平台大致完好，头像依序排列在地面上，西侧神殿除了头像被立起来外，石块仍然四散错落。每逢日出或夕阳时分，橙黄光芒打在风化龟裂的头像上，加上孤高的峰棱，更显古

文明的神秘感。山脚下，远方一弯河水蜿蜒流过，那是美索不达米亚古文明发源地幼发拉底河(Euphrates)的上游。

　　在这里，再次见证处于东西要冲的土耳其呈献出东西文化的融合现象。那堆人头像其实是结合了古代希腊和波斯的神祇形象。

223

欧风近代建筑

圣家堂 Sagrada Família

西班牙加泰罗尼亚的巴塞罗那

举世无双的圣家堂，既不受教皇统御，也不属于天主教的财产，只是一间私人的宗教建筑，源自一位身兼圣约瑟奉献协会主席职位的书店老板柏卡贝勒(Josep Ma Bocabella)。柏卡贝勒希望建造一座礼拜耶稣、圣约瑟、圣母玛利亚的教堂，于是找了年轻的高迪。此后43个年头直到高迪死去，这里成了他奉献毕生心血之处。

高迪设计圣家堂的灵感来自蒙瑟瑞特(Montserrat)圣石山，预计由18座高塔和3座立面组成。外围的每座立面各有4座高塔，高达94米，代表耶稣的十二使徒；内圈则有4座高107米的塔，代表四位传福音者；最后是2座位于中央更高的塔，分别代表圣母玛利亚以及至高的耶稣。

立面包括细诉基督的诞生和幼年的"诞生立面"(Fachada del Nacimiento)、描述耶稣受难和死亡的"复活立面"(Fachada de la Pasión)，以及包含死亡、审判、地狱及最后的荣光的"光荣立面"(Fachada de la Gloria)。高迪运用了他观察大自然所得的各项元素，以及深厚的宗教知识和美学素养，使圣家堂成为一座外观结合各种动植物形体、内部仿造森林结构的建筑。

已经存在超过一个世纪的圣家堂，如今已完成教堂内部的主要结构，剩下的装饰与塔楼等部分，建筑师们正力拼全部完工，就请大家拭目以待吧！

诞生立面

几乎每寸空间都述说着故事，按照圣经耶稣诞生成长的故事和加泰罗尼亚人的信仰，以及高迪对大自然的崇拜，加上符合科学理论的设计、巧夺天工的雕刻，高迪在设计这道立面时，挑选居民当作雕像的模特儿，就连出现其中的动物也不例外。

诞生立面总共花了近50年才完成，共有3个门，由右到左分别代表天主教中最重要的精神"信、爱、望"——"信仰之门"(Pórtico de la Fe)、"基督之爱门"(Pórtico de la Caridad)、"希望之门"(Pórtico de la Esperanza)，还有一株代表连接天堂与人间的桥梁及门槛的生命之树立于其上。在高迪的设计里，原本希望这个立面充满亮眼色彩，不过，在他去世后完成的诞生立面，最后没有涂上颜色。

除了雕像及自然界的动植物，文字也在圣家堂占有重要的地位。不但在诞生立面上可以看到圣家族所有人的名字，还有许多荣耀神的话语，就连每一根高塔上也都刻有所代表的使徒名字，以及以马赛克砖拼出"赞美上帝"的字样等，多管齐下地宣扬福音。

高塔

每一座高塔代表一位使徒，柱子上不但雕刻着他们的雕像，一旁还刻有名字。高迪利用高塔顶端来象征十二使徒的继任者大主教们，因此结合了所有代表大主教的象征，包括戒指、权杖、主教冠和十字架。每根高塔顶端的圆形体即主教冠，有两面，中空，每面周围镶着15颗白球，3大12小，每一面圆形体的中间也各有一个十字。主教冠之下，是一根短而弯曲的直柱，上面有许多矮小的金字塔锥形体，象征主教的权杖。权杖之下中空的圆环就是主教的戒指。戒指中间目前空着的洞，以及其他留着的小洞，在教堂完工后，会装设反射镜，让人从远处就能清楚看见这些高塔的顶端。

塔内的风光也不遑多让，不论从上往下或是从下往上看都很惊人，底部还形成美丽的涡旋状。

复活立面

高迪曾说，如果圣家堂从耶稣的死亡及复活立面开始盖起，人们就会退却，因此，他先从诞生立面着手。在他去世前15年(1911年)，高迪其实已经绘制好复活立面的草图，只是在去世前来不及动工。

今日史巴奇斯(Joseph Maria Subirachs)所设计的复活立面，和高迪的草图有一半以上的相似度，均是六根倾斜的立柱支撑入口的天幕，壁面上的雕像则利用表现主义的手法述说耶稣殉难前一周所发生的故事。高迪原本在天幕的上方又设计了一道重天幕，支柱为骨头形状，意味着"殉难是一项付出鲜血的事业"，但史巴奇斯设计的形状是比较抽象的骨头。

经过一年沉浸在高迪的建筑及雕塑作品之后，史巴奇斯自1989年开始着手复活立面的设计及雕塑。他成功地发展出一种新的人像雕塑语言，混合了外在的形式与抽象的意念，同时能呈现积极与消极、满溢与空虚等对立的元素。简单的线条却蕴含着丰富的情绪张力，让他手下的塑像尤其有力，甚至可以说是强烈，尤其用在雕塑耶稣受难的过程时，格外能凸显这一连串悲剧的过程。

史巴奇斯也利用倒S的顺序来排列群像，总共3层的群像里，故事起于左下方"最后的晚餐"，终结于右上角的"安放耶稣于新墓"。一连串惊心动魄的情节，加上细腻的处理，使复活立面和诞生立面同样精彩。

教堂内部

　　高迪希望圣家堂的大殿像一座森林，柱子就是树干，拱顶即是树叶，借由开枝散叶的树枝支撑起整座空间，因此在树干的分枝处还设计了许多椭圆形，用来放置灯光的"关节"，同时在拱顶部分也设计了叶子般的效果。为了让室内产生间歇洒落阳光的效果，设计师依照高迪的愿望，在顶棚开了一个个的圆洞，不但能收集日光，还能借由旋转四散的纹路将室外的阳光分散到室内，再加上美丽的马赛克拼贴，让金色的叶子在大殿顶上发光。

　　5条通道勾勒出教堂的拉丁十字平面，中央主殿拱顶高达45米，足足比其他侧殿高出15米。袖廊由3条通道组成，廊柱呈格状排列。不过由于东面的半圆形室维持原建筑师维拉的设计，因此此区廊柱并未遵守格状原则，而是采用流动的马蹄状图案。

　　教堂的十字部分以4根粗大的斑岩中央支柱支撑成片大型双曲面，两翼还环绕着一连串多达12座的双曲面结构。高迪希望站在主要大门的参观者，能够一眼看尽主殿拱顶、十字部分以及半圆形室，因此创造出这种逐渐增高的拱顶效果。

侧礼拜堂

　　高迪仍按维拉的计划完成了哥特式的地窖。之后，他开始设计半圆形的侧礼拜堂，内含两座回旋式楼梯通往地窖。高迪在侧礼拜堂内装饰了许多天使的头像以及成串的眼泪，以提醒世人耶稣所受的苦难。在屋外，青蛙、龙、蜥蜴、蛇和蝾螈爬在墙头，因为它们是不许进入圣殿的动物。教堂的尖顶则以麦穗等各种植物、农作物为饰，以显示宗教的崇高。

学校

　　在复活立面的旁边有一幢矮小的屋子，它是高迪设计的学校，现在当作陈列室使用，展示圣家堂的模型。虽然看起来只是一间朴实的红砖屋，但其实蕴含了许多大自然的原理，例如像叶子般起伏的屋顶、如波浪般弯曲的壁面，都给予这栋建筑非常稳固的支撑力。

高迪建筑群Gaudi Buildag Complex

安东尼·高迪(Antoni Gaudi，1852—1926)出生于铸铁匠之家，1873年获得巴塞罗那省立建筑学校的入学许可，并于1878年取得建筑师执照，此后至死为巴塞罗那打造了十多座的精彩建筑，让世人无限景仰、感叹。

高迪受到英国美术大师罗斯金(John Ruskin)自然主义学说和新艺术风格(Art Nouveau)的影响，并以心中浓烈的加泰罗尼亚民族意识和来自蒙特瑟瑞(Montserrat)圣石山的灵感为泉源。高迪打破人们对直线的"迷思"，回归上帝赋予大自然的曲线，他曾说："艺术必须出自大自然，因为大自然已为人们创造出最独特美丽的造型。"

高迪的作品常使用大量的陶瓷砖瓦和天然石料，保有原创力，从建材、形式，到门、角、窗、墙等任何细部都独一无二，也因此他的建筑风格很难被归类，使他获得"建筑史上的但丁"雅号。

1878年巴黎万国博览会时，高迪以一只玻璃展示柜参展，引起奎尔公爵(Eusebi Güell)的赏识。靠着公爵的支持，高迪设计了奎尔宫、奎尔教堂、奎尔公园等私人建筑，也因奎尔公爵的慷慨和信任，高迪得以尽情发挥创意，淬炼出益加成熟自然的作品。

文生之家Casa Vicens

◎西班牙巴塞罗那Carrer les Carolines 18-24

这座瓷砖制造商的私人宅第，是高迪成为建筑师之后的处女作，透露出了日后高迪建筑的特色。例如棕榈叶铸铁大门、铺满马赛克的摩尔式高塔，而窗户外令人叹为观止的复杂铸铁结构，也预告了铸铁在高迪建筑中所占的重要分量。最重要的是，由于屋主是瓷砖制造商，高迪里里外外运用了许多美丽的瓷砖，配合花园里栽种的非洲万寿菊，让此屋更为耀眼。

奎尔宫Palau Güell

◎西班牙巴塞罗那Carrer Nou de la Rambla 3-5

奎尔公爵为挽救兰布拉大道西区狼藉的声名，聘请高迪设计一栋华美绝伦的豪宅。奎尔公爵不限制预算、花费、工期，高迪得以尽情发挥创意。这栋公寓自1886年到1891年耗费6年时间，也耗尽了奎尔公爵大部分的财产，高迪也因而声名大噪。1969年，奎尔宫被西班牙政府列为国家级史迹；1984年，被指定为世界文化遗产。

奎尔宫位于巴塞罗那最热闹的兰布拉大道旁的狭小巷弄里，很难窥见其全貌。锻铁打造的鹰雕大正门及以20根彩色烟囱装饰的屋顶，让人惊呼连连，在艳阳下如万花筒般闪烁。宫殿内无论是苍穹般的天花板、梁柱都有精巧的雕刻，铸铁阳台也别出心裁，或如绳之螺旋，或如栅之方正，整齐中见繁复。而其从大门直达马厩的设计，蜿蜒曲折，淋漓尽致的空间运用手法，在当时更是一大创举。

巴特罗之家Casa Batlló
◎西班牙巴塞罗那Passeig de Gràcia 43

这座美丽的建筑并非高迪所建，而是经由高迪之手大变身。身为虔诚的教徒，高迪非常着迷于圣乔治屠龙的故事，于是形成了巴特罗之家今日的面貌：上釉的波状麟片瓷砖如恶龙背部，刺在龙脊上的十字架是圣乔治的利刃，犹如面具般的窗饰象征受难者，位于一楼的骨头则是恶龙的腹部……尽管意象看似残忍，然而因为缤纷的彩色瓷砖，增添了童话故事般的氛围。

屋子内部利用不同深浅的蓝色瓷砖、陶瓷，展现的"海洋"主题，象征加泰罗尼亚人与海为伍，冒险犯难、追寻自由和乐观进取的民族精神。而用柚木以流线造型做成的楼梯扶手、窗框、书桌、椅子等豪华家具，华贵且符合人体工学设计，令人惊艳。

整栋建筑最引人注目的是，位于一楼的宽敞会客厅，波浪状的大面彩绘玻璃窗气势非凡，一扇扇大门让整个空间变换出无数的功能，一旁深咖啡色的火炉也堪称一绝，就连天花板上的灯具、装饰花纹也出自大师之手。

卡佛之家Casa Calvet
◎西班牙巴塞罗那Carrer de Casp 48

高迪在其有生之年唯一获得的建筑奖项，就是1900年以刚落成的"卡佛之家"获得巴塞罗那市议会颁赠的"最佳巴塞罗那建筑奖"。"卡佛之家"是纺织品实业家卡佛(D. Pedro Martir Calvet)的居所及办公室，高迪在地面楼层设计了仓库与办公室。由于卡佛先生的另一个身份是研究真菌的学者，高迪也把这项元素融入大门上方的凸形立窗，设计许多真菌形状的石雕，可爱极了。同时，也把卡佛先生家乡的守护神Vilasar de Mar雕刻在外墙上。

除了外观，高迪还花了许多心思亲自设计1楼的办公室和2楼的家具，特别是座椅的设计，简单舒适。想要参观内部，唯一的方法就是进入办公室改设的卡佛餐厅用餐，不过，消费并不便宜。

米拉之家Casa Milà

⊕西班牙巴塞罗那Passeig de Gràcia, 92

兴建于1906—1910年，占地11000平方米的"米拉之家"，堪称高迪落实自然主义最成熟的作品。整个结构无棱角，营造出无穷的空间流动感。

由于采用乳白原色的石材，"米拉之家"因而被当地人昵称为"采石场"(La Pedrera)。这栋白色波浪形建筑，配上精雕细致的锻铁阳台，显得雄伟大气，令人佩服高迪对铸铁素材之熟稔。为了让位于转角的"米拉之家"更宽敞，建筑外观采用非常薄的石材板；又设计了两座天井，使住家平面图成为甜甜圈形，每一户都能双面采光，各个空间还可互相串联，内部任何一道墙都可拆，可谓节省空间到极点。不论在当时还是今日，都算得上科学且前卫的设计。

除了外观慑人，屋顶上十几个造型新颖前卫的"外星悍客"令人莞尔，其实它们都是排烟管或水塔。在高迪的美化下成为一处美丽且可供游憩的地方，让人再次慑服于高迪丰沛的想象力，即使近百年后的今天，一样前卫耀眼。

"米拉之家"不仅是栋建筑，也是件大型雕塑。不过，其命运坎坷，曾沦为赌场和分租公寓。1984年被联合国教科文组织列为世界文化遗产之后，1986年才由加泰罗尼亚储蓄银行文化中心(Centre Calture Caixa Catalunya) 买下整修，重现其美丽。

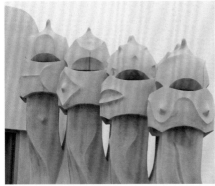

奎尔公园Park Güell

⊕西班牙巴塞罗那Carrer D'Olot s/n

奎尔公园兴建于1900—1914年，高迪利用高低起伏的地形，搭配蘑菇、糖果屋和七彩大蜥蜴的童话趣味，创造出他最多姿多彩的作品。

高迪将大门口的两座小屋设计成拱形屋顶，再饰以波浪形陶瓷片，以及细高的螺旋形塔楼和高迪的标志十字架，接着他在宽广的楼梯上，放置由彩陶拼贴的大蜥蜴，成了公园内最受欢迎的留影标志。往上的希腊剧场由84根圆柱支撑，下方的柱廊回音效果极佳，是街头艺人的最爱。一长排拼贴着彩色瓷砖的石椅，不但色彩斑斓，而且每处弯曲更成为无数个可以容纳小团体独立聊天的座位，颇具巧思。

公园中还有3座特殊的拱廊，灵感同圣家堂一样，都来自蒙瑟瑞特圣石山，内部毫无支撑的结构，完全以当地石块自然呈现，更见大师的大胆与巧思。另外，高迪在公园里设计了一栋房子短暂居住。如今，这栋房子已成为高迪之家博物馆(Casa-Museu Gaudí)，陈列高迪所设计或使用过的家具，集其建筑作品中经典元素的大成。

圣德雷沙学院Col · legi de les Teresianes
⊙西班牙巴塞罗那Carrer de Ganduxer 85-105

　　圣德雷沙学院是一间私立天主教女子学校。1889年高迪接手时，已盖好地基和一楼。高迪以红砖为主要建材，并以排列变化作为装饰，散发浓浓的摩尔建筑风味，从建筑的顶部及角落，可以发现高迪惊人的巧思。同时，在这栋建筑中，高迪运用了许多拱形设计来取代梁柱。摩尔风情的细瘦尖拱，刚好符合教会禁欲、不张扬的保守作风。高挂在建筑物一角的耶稣缩写"JHS"，以及繁复的铸铁门扉，让人能辨识出设计者就是高迪。

米拉勒之门Finca Miralles
⊙西班牙巴塞罗那Passeig Manuel Girona 55

　　米拉勒社区由高迪的好朋友米拉莱斯(Hermenegild Miralles Anglès)所拥有，他邀请高迪为其设计围绕社区的围墙和大门。高迪共设计了36段的围墙，但如今只剩正门和附近的围墙。

　　波浪状的粗石围墙由陶瓷、瓷砖、灰泥所组成，覆盖金属格子的门已被腐蚀只剩边框，更可惜的是，正门上方的天棚也已换成复制品，并非原来高迪利用瓷砖做成龟壳状的屋顶。幸好，像是祥龙盘踞的栏杆，以及跃动的建筑节奏依然屹立，让游客仍能从中捕捉到高迪的巧思。

奎尔别墅Finca Güell
⊙西班牙巴塞罗那Av. Pedralbes, 7

　　奎尔公爵委托高迪为其别墅设计马厩及门房，高迪于是设计出数栋风格不一的建筑，红砖仍是主要建材。他采用多道拱顶，使马厩不需要大梁支撑。目前奎尔别墅为加泰罗尼亚建筑学院的高迪协会所在地，平日不对外开放，只能在外欣赏高迪设计的大门：一只铸铁雕塑、活灵活现的龙盘踞在大门上，门房及围墙则是利用瓷砖、陶瓷和红砖排列建成，适度佐以色彩鲜艳的马赛克，让人目不暇接。在大门右上方，高迪的标志"G"，以及柱顶根据希腊神话"海丝佩拉蒂的果园"所设计的橘子树，值得细细欣赏。

贝列斯夸尔德Bellesguard

⊙西班牙巴塞罗那Carrer de Bellesguard 16-20

贝列斯夸尔德意思为"美丽的景色"，这块土地的拥有者多尼亚·玛丽亚·萨古(Doña María Sagués)非常仰慕高迪，因此委请高迪设计别墅。建材多取自当地的石材和砖块，外表呈现柔和的土黄色，不但隐约让人回想起原来位于此地的中世纪行宫，而且和周围环境互相呼应。高迪设计了许多并排的哥特式瘦长窗户，使得建筑看起来更高，同时可提供内部充足的光线。此外，这次设计在塔楼顶端安置圣十字，覆盖着马赛克，在太阳下闪闪发光。

值得细看的是各色不同的窗棂和阳台，高迪运用各种石块的几何排列，变化出多种图案，让每个窗子都有独特的表情。

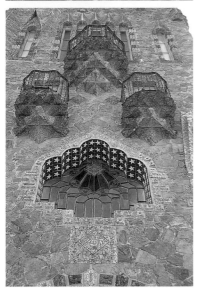

奎尔纺织村Colonia Güell

⊙西班牙巴塞罗那Colonia Güell S.A, Santa Coloma de Cervelló

奎尔村是奎尔安置其纺织工厂及工人之处，也是西班牙至今留存建筑与村镇计划完整的古迹之一。此村镇包含一座纺织工厂、一大块住宅区以及一栋小教堂，高迪仅亲自完成奎尔村教堂的地窖部分，其余村镇上的房舍由高迪的门徒贝伦圭尔(F. Berenguer)以及伊贝尔弗(J. Rubió i Bellver)所完成，整个村镇的建筑风格整齐划一，令人印象深刻。

高迪在教堂地窖工程上，实践了利用吊沙袋的线绳来计算每一座拱顶的承重量，并利用镜子反射原理安排柱子的位置、倾斜度等，该技术后来也运用在圣家堂上，因此奎尔村小教堂可说是高迪进行最多力学研究的作品，也可说是圣家堂的小小前身。

奎尔村小教堂最主要的支柱只有4根，就在礼拜堂内，其余则搭配不规则的砖拱加以协助。礼拜堂外则是一个小回廊，同样以不规则的仿树状砖石柱、拱支撑不规则的天花板，配上小小的马赛克花纹及礼拜堂内粗犷的玫瑰花窗，散发着自然原生的气息。礼拜堂内以木头和铸铁打造的椅子，同样为高迪所设计。

除了奎尔村的小教堂外，村镇内的民宅，皆以红砖、石头为主要建材。令人眼花缭乱的红砖排列与堆砌法，让人佩服高迪等人对于砖石、几何学的高超运用。

埃菲尔铁塔Tour Eiffel

🏠 | 法国巴黎市塞纳河右岸的战神广场上

为了1889年的万国博览会，同时纪念法国大革命100周年，建筑师古斯塔夫·埃菲尔(Gustave Eiffel)于1887年设计了埃菲尔铁塔，其突出的造型和独特的建材，迥异于巴黎古典的建筑样貌。铁塔连同塔顶的旗杆高达324米，除了四个基脚使用钢筋水泥，塔身共由18038片钢铁构成，以250万个铆钉结合，钢铁结构重达7300吨。

埃菲尔铁塔完成于1889年，参观人数已超过两亿人次。铁塔共分为3层，游客登塔可搭乘电梯或爬楼梯，爬到第2层需换搭电梯登顶望远。由于埃菲尔铁塔是巴黎最高的建筑物，因此视野一览无遗。

现今，埃菲尔铁塔俨然成为装置艺术的最佳素材，在夜晚设计了不同主题的点灯，变换不同的灯光，持续吸引众人的目光，建筑师埃菲尔的确打造了一个传奇。

巴黎凯旋门 Arc de Triomphe

🏠 | 法国巴黎市戴高乐广场(Place de Gaulle-Etoile)的中央

拿破仑盛世的象征凯旋门，在1806年奠下首座基石，但未及完工，1821年拿破仑死于遥远的大西洋圣赫勒拿岛。直到1836年才由法国最后一个皇帝菲利普完成了这座高50米的雄伟拱门，12条大道在此交叉，形成重要的交通点。

18世纪下半叶，模仿古希腊罗马的古典时期建筑风格兴起，这种建筑风格被称为古典主义式建筑。凯旋门的外观明显继承了古罗马时期厚重的建筑风格，门上的雄伟雕刻多是描绘拿破仑帝国出征胜利的事迹。正面右边是吕德(Francois Rude)所雕的《马赛曲》，刻画了人民出征捍卫国家的壮烈。如今法国每年在凯旋门阅兵，果真成了法国光荣的象征。

在凯旋门顶楼可眺望整个巴黎市区，一面可以经香榭丽舍大道望至卢浮宫方向，另一面远眺拉德芳斯凯旋门。凯旋门最令人叹为观止的是"拿破仑诞辰景观"，就是每年10月12日拿破仑生日当天，太阳会不偏不倚地从凯旋门正中下坠。

欧美及基督文明建筑艺术及扩展 ◆ 欧风近代建筑

荷兰当代建筑
Contemporary Architecture in the Netherlands

荷兰当代建筑一向旗帜鲜明，最主要的设计概念乃是延续运河屋的特点：最小的空间、最大的利用度，以及独特造型或色彩；"好"的定义在于完美结合比例、尺寸、颜色、机能，以及与使用者的良好互动。因此，可以说实用主义贯穿荷兰当代建筑所有的设计概念，不论是内部巧妙的空间设计，或是外在奇特的形态，都有其存在目的或作用。

在材料及平面规划上也多有共通点：喷砂玻璃、铝、铜雕、钢、陶石等可展现质感及空间感的原料被大量运用，从机能主义(Functionalism)、风格派(De Stijl)、结构主义(Structuralism)到后现代主义(Post-Modernism)，荷兰当代建筑是由许多秉持不同理念和富有柔软创意的设计师的集体结晶，借由不断严谨的探索、实验，交织出荷兰处处美丽的建筑乐章，让每座城市散发迷人的艺术魅力！

阿姆斯特丹新东埠头区
Het nieuwe Oostelijk Havengebied

⊙荷兰阿姆斯特丹新东埠头区

　　由于20世纪70年代阿姆斯特丹码头重心逐渐移向西边，1975年阿姆斯特丹市议会决议将东码头区的4个半岛转而建成住宅区。到目前为止，此区已有超过8000多间房屋、学校、商店、办公室及各种休闲场所，机能齐全，自然成为阿姆斯特丹市中心的一部分。

　　虽然新东埠头区许多建筑是新建的，但仍有不少19世纪的仓房被重新利用。和新建筑混合的旧仓房，都有新功能，例如用作设计中心，周围环绕着住宅区、办公室、公司大楼和文化单位，并借由高楼的建立，赋予此区大都会的氛围。而旧仓房的再利用，将此区的历史、未来和特征交织在一起。

　　由于市议会在一开始规划新东埠头区时，就决定将艺术和文化定位为本区整体的特征，为了成功整合艺术、建筑和都市计划，所有的艺术提案、造景一开始都必须包含在各社区发展计划中，因此所有建筑中的铸铁、外观、装置艺术或是公共造景，如桥梁等，均为事先就设计好的。新东埠头区各具特色的建筑与和谐的环境，非常值得游客搭乘游船来一趟建筑之旅。

IJ音乐厅
Muziekgebouw aan 't IJ

⊙荷兰阿姆斯特丹

　　此处为荷兰皇家交响乐团的表演舞台，与维也纳金色大厅、波士顿音乐厅并称全世界音响效果最好的三大音乐厅。大片玻璃帷幕白天反射天光、云影和游船，夜晚则变身闪闪发光的音乐盒，整幢建筑就是件艺术品。

布莱克车站 Rotterdam Blaak Station
◎荷兰鹿特丹

被鹿特丹人昵称为"茶壶"的布莱克车站，其迷人之处在于它那顶直径35米的倾斜玻璃圆盘。圆盘由两条圆管架起，看似悬浮在空中。圆盘上以双色霓虹灯显示南下或北向列车正要通行，更为布莱克车站带了点儿外太空味。

新式运河屋Patio Dwelling
◎荷兰阿姆斯特丹新东埠头区

新式运河屋分布于Borneo及Sporenburg两个半岛，每栋房子平均30.25坪，背对背整齐排列，每栋的大门都面对马路。一楼挑高皆为3.5米以提供充足的光线；较私人的空间，如卧房都在二楼或三楼；荷兰人习惯的院子、阳台设置于顶楼，以节省用地空间。

集合住宅——鲸鱼The Whale
◎荷兰阿姆斯特丹东北部

鲸鱼落成于2000年，内有194户住家及1100平方米的办公室，突出的高度和不规则的建筑主体相当醒目。基于机能主义，倾斜歪曲的屋顶是依太阳照射方向而设计，以使建筑能得到最充分的光线。鲸鱼的底部、侧面也做了各种倾斜的设计，以能容纳更多不同面积的居住单位，可以说是机能主义的极致表现。

阿姆斯特丹建筑中心Arcam
◎荷兰阿姆斯特丹

这里作为现代建筑学总部，建筑师运用流线的造型，带出弧角、斜度与凹面，整面透明玻璃和一体成型的斜纹上银漆铝板外墙，让整栋建筑充满雕塑形式的未来质感。

鹿特丹中央图书馆
Centrale Bibliotheek Rotterdam
◎荷兰鹿特丹Hoogstraat 110

该图书馆最大的特色为半面阶梯式的外观，以及漆着鲜亮黄色、围绕外墙的外露通风管，因此拥有许多昵称，如"金字塔"、"水管宝宝"或"鹿特丹的庞毕度"等。整栋建筑在层层渐缩的幅度上大量运用45度角的设计，中心部分是电梯和储藏空间，内部设计有阅报室、小型剧场和资讯中心。

方块屋Kijk-Kubus
⊙荷兰鹿特丹Overblaak 70

　　荷兰最出名的当代建筑非方块屋莫属。一个个可爱的倾斜黄色方块，连成一道特别的"天桥"，穿越马路直到水边，看起来没有地板和直立的墙壁，让人对于居住其中的景象充满幻想。

　　方块屋由建筑师布洛姆(Blom)兴建于20世纪80年代，说简单些，他只是将大家常见到的立方体倾斜45度，架在柱子上，开有许多小窗户，并使其栋栋相连。不过，这个简单的设计却轻松地使其内部在实际利用上增加了许多的空间。立起来的方块屋内部可以分为三层，一楼是客厅和厨房，二楼则为内部地板面积最宽敞处，利用转角自然隔成书房及卧室，令人惊讶设计师柔软的创造力。屋中的最顶楼则可装潢成一个小型会客室，充足的光线透过玻璃尖顶洒落下来，让人丝毫不觉得空间局促。

天鹅桥Erasmusbrug
⊙荷兰鹿特丹

　　造型像是一只优雅的天鹅颈，抢眼的桥身被昵称为天鹅桥。该桥落成于1996年，雪白的桥身、简洁利落的造型，成为鹿特丹的市标之一。天鹅桥乃是一个经过严密包套设计的建筑，将建筑架构、都市居民的生活方式、基础设施，以及公众功能都结合成一个超简单易理解的建筑物，广及桥周边的游船码头、停车场等，都是整体设计案的一部分。

　　以一根139米高的水泥柱支撑，不对称的设计，让天鹅桥突出于一般人对于桥的想象。而夜晚的灯光照明设计，更强调此桥不只是个建筑物，更是一个都市艺术品。

　　宽敞平整的天鹅桥连接马斯河南北两岸，桥身有2600级阶梯、数条大道，可供车辆、电车、单车、行人通行，是个十足的机能型建筑。而夜晚的灯光照明，强调此桥更是一个都市艺术品。

伦敦国会大厦及大本钟
House of Parliament & Big Ben

金碧辉煌的国会大厦，与精准报时的大本钟，是白厅区(Whitehall)最明显的地标，终日人潮不断。

19世纪中叶之后，欧洲建筑精神进入了所谓历史主义时期。原本在欧洲建筑史上，每一个时期都有属于这个时代的风格，但是19世纪的历史主义，却是以模仿过去的风格为主，有的采取哥特式，有的仿效巴洛克式，

有的以古典时期为蓝本，更有的结合多种风格于一身。所以这个时期可以说集所有建筑风格之大成，其中最具代表性的就是英国伦敦的国会大厦。

这个地方本来是建于11世纪的威斯敏斯特宫(Westminster Palace)，但大部分已经毁于1834年的大火，只留下威斯敏斯特厅(Westminster Hall)是当时的

240

建筑，其余壮丽的仿哥特式议会大楼为查尔斯·巴利(Sir Charles Barry)所设计。

雄伟的国会大厦有丰富的哥特式垂直窗棂细节，正面长形外观紧邻泰晤士河，南端是巨大的方形维多利亚塔，中间是八角尖塔的中央塔楼，北边则是举世知名的大本钟，又被昵称为大笨钟，三座高塔遥遥相对。整个国会大厦结构非常复杂，除了议事堂之外，还包括办公室、大厅、图书馆、餐厅，以及委员会办公室。从国王、上下议院的议员、官员，甚至一般民众，各种身份的人都可以在一栋建筑里相互交流。

国会大厦的建筑规模在当时可说是举世无双，光建地就有3.25公顷，因为紧邻泰晤士河畔，盖房子之前还必须先在河边筑堤。此外，建筑的防火性、通风、照明、散热的要求，在当时都十分新颖。尽管今天看来外观十分古典，但内部已经具有现代建筑的架构。

伊丽莎白塔是大本钟所在的钟楼，位于国会大厦北角。楼高96米，是世界第3高的钟楼，也是世界第2高的四面钟楼。2012年，为了庆祝女王登基60周年，钟楼改名为伊丽莎白塔。而所谓的大本钟，其实指的不是那四面时钟，而是重达14吨、每整点敲响一次的共鸣钟，自1859年迄今每天提供精准的报时。另有4个小钟名为"Quarter Bells"，每隔15分钟响一次。这面钟曾经破裂又被重新铸造，费了一番心力才把它吊进钟楼里。

百水建筑群

爱好和平且提倡环保的百水，原名佛登斯列·汉德瓦萨(Friedensreich Hundertwasser, 1928—2000)，出生于奥地利维也纳，虽然只在维也纳艺术学院待过3个月，但他依靠源源不绝的灵感创造出众多作品，成为奥地利近代知名艺术家。

百水认为水是一切生命的泉源，因此改名百水。他喜爱航海，画中也常出现雨滴，在建筑物中也会设计跟水相关的喷泉或造景。反对直线、喜爱曲线的百水，将他所有的理念都通过建筑的细部呈现出来：黄金色的洋葱头屋顶，各种形状和颜色的窗户，柱子上大小不同的圆球，如丘陵般高低不平的木头地板，墙壁上大小不同且鲜艳的瓷砖拼贴等。其建筑的每个曲线都像在微笑，让人看了打从心底绽放笑容。

百水曾参与超过50个充满个人风格的建筑创作，从公寓、教堂、超级市场、高速公路餐厅、休息站、购物中心、学校附属医院到垃圾焚化炉等。主要分布于奥地利和德国，在日本、西班牙及新西兰也有他的作品。

百水公寓 Hundertwasser House
◎奥地利维也纳Kegelgasse 36-38

　　这栋由百水创作的公寓宛如他的大型画作，没有一扇窗户的形状是相同的，没有一处线条是平直的，屋顶犹如戴上了金色洋葱帽。两百多位居民就住在这栋充满惊奇的房子里，而他们也参与了画家的大型创作，在盖房子的过程中决定自己窗子的颜色、大小和形状。

　　虽然属私人公寓，他人无法进入，但在外面就可以感受百水的创作精神：大量运用砖瓦和木材的建筑，绿树在每座独一无二的阳台和窗台上尽情伸展身躯，地板是弯曲不平的，而百水最爱的"水"，则是以公寓前的12星座金色喷泉来表现。

垃圾焚化炉Spittelau
◎奥地利维也纳Heiligenstädter Straße 31

　　垃圾焚化炉是维也纳市区著名景观。这座垃圾焚化炉是强调环保的艺术家百水在他的好友担任维也纳市长时完成的，维也纳有三分之一的垃圾都经过这座彩色焚化炉处理，每年可处理约25万吨垃圾。在百水的巧思包装下，灰暗的外墙上生出了冒着圈圈的红色苹果，窗户顶上多了加冕的王冠，阳台在绿树掩映下生机蓬勃。位于100米高、金黄色的圆球烟囱是焚化炉的控制中心，色彩绚丽，外形前卫。

圣芭芭拉教堂St. Barbara Church
◎奥地利贝恩巴赫镇(Bärnbach) Piberstraße 15

　　距离格拉茨约1个小时车程的圣芭芭拉教堂，于1987年开始兴建，1988年在百水的巧思下蜕变出新面貌，颠覆一般教堂中规中矩的样子。百水在教堂里大量运用他惯用的建筑元素：如以色彩缤纷的大小圆球做成圆柱，或是充满童心的装饰；教堂钟楼放上"开始"和"结束"的符号，看起来像个开怀笑脸，旁边还以瓷砖拼贴出他最爱的船与船锚；柱子和窗户更是处处可见。

　　教堂的十字架以大胆风格呈现，以绿、黄、白瓷砖拼贴的光芒簇拥着十字架上的耶稣，两侧壁画也是百水的作品，以纯真又童稚的笔触诉说圣经故事。其中一幅以彩色瓷砖拼贴成的窗户，从外面看有如盛开的花朵。

　　教堂旁的小公园环绕着12道拱门，每道门以图腾象征世界主要的宗教或文化。其中一扇"Ur-gate"的门，百水用3颗圆石表达史前时代的信仰，另一扇没有图案的门则代表"无信仰"。

自由女神像Statue of Liberty

自由女神像是1876年美国独立100周年时，法国送给美国的生日礼物，历时10年才完工。女神像高46米，加上基座总高达93米，是美国新世界的门户象征。

1884年法国把雕像拆开，分装于214只木箱中，横越大西洋送抵曼哈顿。重新组装后，1886年10月28日自由女神像站在高高的基座上，对着曼哈顿的高楼大厦，右手高举火炬，左手则持着一本法典，上面刻着美国独立纪念日——1776年7月4日。自由女神像除了是全球自由民主的象征外，在多数好莱坞电影情节烘托下，也是光明灿烂美国梦的启程。

自由女神像是法国天才艺术家巴托尔蒂(Bartholdi)的作品，他既是一位雕塑家，也是素描和油画家。他的作品中除了自由女神像最为人所熟知，许多著名的作品也流传了下来，其中包括著名的贝尔福狮子像(le Lion de Belfort)。自由女神像最初是在1878年巴黎世界博览会上落成的。如今，在巴黎塞纳河上以及巴托尔蒂的出生地科尔马(Colmar)各有一座复制品。

然而巴托尔蒂毕竟只是一位艺术家，面对这么大的一座雕像，如何克服结构及力学方面的问题，却非他一人能完成，还好建造巴黎埃菲尔铁塔的法国工程师埃菲尔帮了大忙。由于雕像内部中空，外部庞大的表面积却要承受曼哈顿外海极大的风力，埃菲尔针对自由女神像所设计出的解决方法，不但解决了雕像本身结构支撑的问题，也为后来美国摩天大楼的设计者提供了开拓性的视野。

自由女神像的表面由300片铜板组成，厚度只有0.2

厘米。在雕像的里面，埃菲尔设计了一座巨大的塔楼，塔楼中心由4支钢铁直柱组成，柱子之间则以水平和斜对角的横梁连接起来。在此之前，这样的结构设计以及金属材质只在桥梁工程中使用过。

在海上屹立了100年之后，自由女神像的铜表面难免遭受盐分的腐蚀，加上内部结构的损坏，经过3年的勘查及整修，1986年7月4日正式开放，同时增建玻璃电梯和中央楼梯，让游客更方便参观。

2001年9月11日纽约遭受恐怖袭击之后，自由女神像再度停止开放，直到2004年8月3日才重新对外开放。为了安全，目前参观自由女神像有两种行程：一种是步道行程，可以从比较好的角度欣赏自由女神像；另一种是观景台行程，除了走步道，还多了参观自由女神像的内部和登上景观平台，可以鸟瞰整个曼哈顿岛上鳞次栉比的参天高楼。两种行程都得由向导带领。原本最高可以攀爬到皇冠的部分，目前已经不开放了，至于更高的火炬，早在1916年就不准攀登了。

火炬

自由女神像的官方名称其实是"自由照亮世界"（Liberty 'Enlightening the World'），而自由女神右手拿的火炬便是这个名字的具体象征。新火炬是在1986年时替换上去的，这也是女神的第三把火炬，以铜为材质打造，外面覆上一层24K的黄金。

法典

女神左手拿着一本法典，上面以罗马文字写着"7月4日，1776年"，也就是大陆议会正式批准《独立宣言》并对外宣告的日期。

头冠

从女神头冠上射出的七道光芒，象征世界七大洋与七大洲。

脚

绕到女神背后就会发现，女神并非立正站好，她的右脚跟是离地的。如果女神也需要一双真正的鞋子，那么她的尺码将会是879号。

颜色

因为外观是以铜板打造，刚落成的自由女神像其实是暗铜色的，然而经年累月的氧化，终于成为现在这样的铜绿色。

纽约摩天大楼Skyscraper in New York

如果每一个城市都有自己的图腾，那纽约的代表就是以洛克菲勒为中心的摩天大楼建筑群。这片朝天的钢筋水泥，彰显了20世纪人类致力钻研尖端科技征服天空的野心。

20世纪初，缤纷的艺术概念在欧洲风起云涌之际，纽约一位画家休·费理斯(Hugh Ferriss)依据想象，画出五十多幅"明日都会"的大楼素描作品，最大的特色是大楼随着高度增加，面积逐渐缩小，透露出建筑量体(Mass)的秘密。这种在一定高度后逐层递减的概念，不但成为建筑师设立摩天大楼的观念，也变成政府对于高楼的限制规定。

从工业革命之后，强调理性与秩序的美学观逐渐形成，这种概念被归类为"现代主义"(Modernism)，建筑上展现的特色是外观线条简洁明朗，只有简单的线条及比例均衡的外貌。这波对雕梁画栋的反扑最先出现在

19世纪末的欧洲，奥地利建筑大师奥图·华格纳(Otto Wagner)和他的学生洛斯(Loos)，以及德国建筑师密斯凡德罗等人陆续提出"只有实际才是美""装饰是一种罪恶""简单就是美"等主张。而在美国，使充满理性美的现代主义发扬光大的是纽约，大师级的作品傲视曼哈顿的天际线，包括赖特、密斯凡德罗、柯比意等。柯比意在纽约的作品是联合国总部，这件作品清楚地展现他个人的主张，包括高建筑物、造型成简单平板状、立面以玻璃取代石头或砖瓦，并且建筑物尽量减少占地面积。

建筑师们在递减的大楼顶端花尽心思布置，这些五花八门的顶楼变成曼哈顿的一大风景。适逢20世纪20年代流行的装饰艺术(Art Deco)风潮，华丽而繁复的细部设计频频出现，其特色是流线型的圆边、旭日形装饰、埃及式样的花纹图饰，如伍尔沃斯大楼的大教堂式尖塔、奇异电器大楼的电波式的冠顶、洛克菲勒大楼的旭日光芒形装饰等。

世贸一号大楼观景台One World Observatory

◎美国纽约Fulton St 285号

　　双子星倒下后，新的大楼在其周边陆续重建。新世贸中心的6栋大楼中，最受瞩目的一号大楼终于在2014年11月对外开放。这栋有着交错三角形立面的玻璃金属帷幕大楼，楼顶高度为417米，用以纪念原本的双子星北塔，而加了天线后高度达541.3米，也就是1776英尺，用以纪念1776年的《独立宣言》。这个高度在世界高楼排名中位于第六，更是当今西半球最高的建筑。

　　观景台位于大楼的102层，360°的视野，整个纽约市都在脚下，海港中的自由女神像与爱丽丝岛也清晰可见，天气晴朗时，可眺望方圆50英里的范围。此楼最大特色是与各种多媒体的结合，例如电梯内四面都是电子荧幕，一出电梯，又是整面电子墙的影片，观景楼层地板上有时长2分钟的"鸟瞰"影片，下楼的电梯则是模拟飞出大楼之外，令人赞叹。

帝国大厦
Empire State Building

◎美国纽约5th Ave 350号，靠近34街

　　时至今日，帝国大厦仍是最能代表纽约的摩天大楼，毕竟无论在建筑技术、市民情感与流行文化上，它都拥有无可取代的地位。

　　这栋高楼建成于1931年，出资者为企业家拉斯科布（John J. Raskob）。惊人的是，这栋381米高的巨物，竟只花了短短11个月便完工。目前帝国大厦是纽约第4高、世界第42高的建筑。

　　帝国大厦外观为线性带的窗饰，高楼层则采用巴比伦高塔的内缩式设计，并使用大量装饰艺术。游客登顶赏景，得先搭乘电梯至80楼，再换电梯至86楼与102楼的观景台，这是因为80楼已经是1931年电梯技术的极限了。因位居中城心脏的地理位置，拥有最好的视野。

　　作为著名地标，这栋高楼参与过《金玉盟》《西雅图夜未眠》《金刚》等电影拍摄，并作为关键场景；安迪·沃霍尔1964年的《帝国大厦》，以一镜到底的长镜头拍摄了帝国大厦8小时的变化，堪称经典。

洛克菲勒中心Rockefeller Center

🏠美国纽约第五大道至第七大道，介于47街至52街之间

　　洛克菲勒中心是曼哈顿的核心，也是20世纪最伟大的都市设计。这块区域占地22英亩，由19栋大小建筑群组成，开启了城市规划的新风貌，成为纽约第二个"Downtown(市中心)"。相对于华尔街以金融企业为号召，洛克菲勒中心则以文化企业挂帅，这里有NBC新闻网总部、美国主要的出版社时代华纳(Time-Warner)、麦格劳·希尔公司(McGraw Hill)、西蒙与舒斯特公司(Simon & Schuster)、世界最大的新闻中心美联社(The Associated Press)及无线电城音乐厅(Radio City Music Hall)等，因此文化气息浓厚，文艺表演也接连不断。

　　260米高的"洛克之巅观景台"(Top of the Rock @ Observation Deck)位于曼哈顿的心脏地带，可一览帝国大厦、世贸大楼、克莱斯勒大楼、美国银行大厦、公园大道432号等著名建筑物，就连远方的纽约港与自由女神像也可清楚看到。

川普大楼Trump Tower
📍美国纽约5th Ave.(靠近56与57街)

　　楼高68层、202米的川普大楼，拥有者正是争议话题不断的纽约房地产大亨唐纳德·特朗普（Donald Trump）。在特朗普当选美国总统举家搬到白宫之前，他们大部分时间就住在这栋大楼的顶层，而在他当上总统之后，这里的戒备也变得森严起来，虽然一般人还是可以进去，但要经过X光安检，并且荷枪实弹的警卫也让门口多了几许杀气。

　　大楼结合购物中心与商办空间，外观为黑色玻璃帷幕，由上往下俯瞰，形如锯齿。大楼装潢有着暴发户极尽奢靡华丽的奇怪特性，大厅与挑高的中庭完全以粉红色的大理石拼贴，黄铜色的楼梯扶手配上从角落投射的探照灯光，营造出金碧辉煌的豪华感。中庭墙壁上设计了一道80英尺高的瀑布，粼粼水光与潺潺流水声提供水泥建筑中的另类体验。

克莱斯勒大楼
Chrysler Building
📍美国纽约Lexington Ave. 405号(靠近42 St.)

　　克莱斯勒大楼落成于1930年，高282米(加上天线尖顶为319米)，在纽约美丽的天际线上，很难忽略它不锈钢尖塔的耀眼光芒，这是20世纪20至30年代装饰艺术的巅峰之作。它原本是美国汽车大王克莱斯勒公司的办公大楼(已于1950年迁出)，所以，大楼的尖塔是仿汽车的散热器护栅，层层往上为散热器的罩子、轮子及各种汽车的造型。大厅内富丽堂皇至极，原来是作为汽车展示场，以大理石与花岗岩滚金边镶砌，连电梯门都是采用装饰艺术的风格，衬托出克莱斯勒汽车工业巅峰时期的盛况与派头。

联合国大厦
The United Nations Building
📍美国纽约42nd St

　　位于东河畔最耀眼的建筑——联合国大厦占地18英亩，这块地是当时纽约富商洛克菲勒捐出850万美金买下送给联合国的，他希望能把联合国总部留在纽约，以巩固纽约的世界级重要地位。

　　联合国大厦兴建于1947—1953年，由美国建筑师华莱士·哈里森(Wallace Harrison)工作小组设计。今日这片土地并不算是美国疆域，而是属于国际领土，拥有自己的邮局、消防队和警卫人员。前往联合国参观，首先看到的是秘书处大楼前的艺术广场，广场上最著名的雕像是一把枪口打结的"和平之枪"，这是1988年卢森堡所赠。导览行程会带领游客参观联合国大会堂、安全理事会、托管理事会、经济暨社会理事会等会议厅，只要没有会议正在进行，游客都可以进去一睹其庐山真面目。过程中也能了解联合国对各种国际事务的参与，包括教育、人权、环境保护及维和部队的运作方式等。

249

纽约古根海姆美术馆
Solomon R. Guggenheim Museum

🏠 | 美国纽约5th Ave 1071号

古根海姆美术馆的建筑本身就是一件旷世巨作，堪称纽约最杰出的建筑艺术作品。这栋美国当代建筑宗师弗兰克·劳埃德·赖特（Frank Lloyd Wright）的收山之作，从设计到完成都备受争议。其白色贝壳状混凝土结构的外观，经常比馆藏更受游客青睐。而中庭内部的走道动线呈螺旋状，大厅没有窗户，唯一的照明来自玻璃天棚的自然采光，五彩变化的颜色，让参观者仰头观赏时忍不住啧啧称奇。

古根海姆美术馆的展示区包括大圆形厅、小圆形厅、高塔画廊和5楼的雕塑区。馆藏多半是实业家所罗门·古根海姆的私人收藏，也有不少是后来基金会从其他地方收购的当代名作，目前共计有雕塑、绘画等3000多件艺术品。

美术馆中不可错过的收藏，包括米罗的《耕地》（The Tilled Field），画中以奇异的动物造型展现童稚的梦幻，让欣赏者能够通过他的思维创意，对大自然、动物和花草树木拥有另类的思考。而莱热（Fernand Léger）的《都市人》（Men in the City），将人物画成立体的几何图案，与周围机器融合在一起，象征失去人性的世界。另一必看重点是康丁斯基（Wassily Kandinsky）的作品，他作为"蓝骑士"画派的代表人物，在现代绘画史中极具影响力。其作品画面抽象、色彩丰富、线条多变，收藏于古根海姆中的代表作是《几个圆形》（Several Circles）。

250

金门大桥Golden Gate Bridge

🏠 | **美国旧金山海湾**

　　金门大桥正式破土是1933年2月，为克服狂风、惊涛的冲击，所有的工程都空前艰巨。例如为桥塔打地基，工作人员需先在水中建一座高47米超大型的混凝土"防水箱"，方能在箱内进行地基及基座建造作业；而架设其上的两座铸钢桥塔在1935年6月完工时，立即受到地震考验，幸而有惊无险平安无事，使隔月得以开始着手架设桥缆。

　　主缆直径粗达1米，由总共长达8万英里的钢索所构成，这长度足以沿着赤道环绕地球3周。主缆负责承载悬吊桥身的吊缆，它的两端深埋在两岸巨硕的钢筋水泥桥墩中，每座桥墩需达可承受6300万磅拉力的要求，以应付旧金山海湾的劲风和地震的撼摇。

　　1937年5月27日，漆上了"国际标准橘"(International Orange)的金门大桥迎接兴奋的人潮通过桥身。次日一早，首批车队鱼贯开过，正式宣告金门大桥的诞生。每年通过这座大桥的车辆平均多达4200万辆。在一片车水马龙的繁荣景况中，金门大桥简洁的线条、光亮的色彩和笔直的桥身，与周遭自然美景完美融合。

　　金门大桥凌驾其他建筑成为旧金山的地标，在全美近60万座的桥梁中，更享有首屈一指的声誉。至今，金门大桥仍是桥梁设计的一大典范。

欧美及基督文明建筑艺术及扩展 ◆ 欧风近代建筑

悉尼歌剧院Sydney Opera House

🏠 | 澳大利亚悉尼的便利朗角(Bennelong Point)

　　美国建筑师路易斯·康(Louis Kahn)说："太阳不知道自己的光有多美，直到看见这栋建筑反射的光线才明白。"悉尼歌剧院不仅是悉尼艺术文化的殿堂，更是悉尼的灵魂。

　　悉尼歌剧院是从20世纪50年代开始构思兴建的。1955年起公开征求世界各地的设计作品，共有32个国家233个作品参选，后来丹麦建筑师伍重(Jørn Utzon)的设计屏雀中选。1959年3月开始动工，之后因复杂设计和庞大资金造成争议不断，伍重在1966年辞职，由澳大利亚建筑师接力完成，于1973年10月正式开幕。

伍重在1966年离开之后，再也没回到澳大利亚，也没亲眼见证落成后的悉尼歌剧院。

　　悉尼歌剧院高65米，长183米，宽120米，耗资1.02亿美元，醒目的帆形屋顶建筑难度相当高，当年设计团队尝试了12种方法才得以实现。屋顶设计的灵感来自剥开的橘子皮。屋顶由一百多万片瑞典陶瓦铺成，并经过特殊处理，因此不怕海风的侵蚀。而大大小小共14个帆形屋顶若拆开重组，可以拼回一个完整的球面。2007年悉尼歌剧院入选为世界遗产，创世界遗产中建筑年份最短的纪录。

音乐厅(Concert Hall)和
歌剧院(Opera Theater)

　　音乐厅是悉尼歌剧院最大的厅堂，可容纳2679名观众，用于举办交响乐、室内乐、歌剧、舞蹈、合唱、流行乐、爵士等表演。音乐厅最特别之处，就是由澳大利亚艺术家罗纳德·夏普(Ronald Sharp)所设计建造的大管风琴(Grand Organ)，号称是全世界最大的机械木连杆风琴(Mechanical tracker action organ)，它由10500个风管组成。此外，整个音乐厅建材均使用澳大利亚木材，忠实呈现澳大利亚自有的风格。

　　歌剧院比音乐厅小，主要用于歌剧、芭蕾舞和舞蹈表演，可容纳1547名观众。

北面大厅

　　除了表演空间之外，悉尼歌剧院内部的北面大厅也是必拍的场所。整片玻璃帷幕将悉尼港湾大桥、岩石区及悉尼港景色引入空间中。

缤纷悉尼灯光音乐节
Vivid Sydney

　　每年5月底到6月中，为期20多天的"缤纷悉尼灯光音乐节"最大的亮点就是悉尼歌剧院的炫丽灯光秀。设计师竭尽心力创造投射在歌剧院的声光影像效果。悉尼港湾大桥及当代艺术馆等处也会设置光影艺术，搭配上各类音乐表演，入夜后的悉尼变成一座令人惊艳的缤纷城市。

悉尼港湾大桥 Sydney Harbour Bridge

🏠 | 澳大利亚悉尼岩石区悉尼港边

悉尼港湾大桥于1923年7月动工，直至1932年3月通车，总工程师为约翰·布拉德菲尔德(John Bradfield)。桥梁工程由英国米德尔斯堡市的多门朗(Dorman Long)建筑公司承造。桥面长为1149米、宽49米，桥拱最大跨距503米，由海面到桥拱最高处为134米，是全球最高钢铁拱桥，外形被悉尼人昵称为Coat Hanger(衣架)。

目前悉尼港湾大桥肩负着悉尼湾交通枢纽的责任，桥上辟建有1条人行道、8条车道、2条铁道、1条单车道，加上它绝佳的地理位置，观光价值与日俱增，"攀登悉尼港湾大桥"活动更是广受欢迎。

攀登悉尼港湾大桥

　　攀桥活动有一般攀登(BridgeClimb)、快速攀登(BridgeClimb Express)、初体验攀登(BridgeClimb Sampler)这3种不同体验，现已增加中文攀登(BridgeClimb Mandarin)。"初体验攀登"是由内拱桥攀登至半高处，费时约1.5小时；"快速攀登"是由内拱桥顶端爬楼梯到外拱桥顶端，费时约2.5小时；"一般攀登"是沿着外拱桥登上顶端，费时约3.5小时，可以慢慢感受360°的悉尼风景。攀登时段主要分白天、晚上和黄昏3种时段，另有黎明时段。

　　这种活动不论老少都可试一下身手，领队也会提供完善的安全设备和御寒衣服，并一边讲解悉尼港湾大桥历史，一边说笑话娱乐游客。在行进的过程中，参加者往往会忙着欣赏眼前景观，而忘却了恐惧。

米尔森斯角Milsons Point

　　在悉尼港湾南岸，麦考利夫人之角被公认是同时欣赏悉尼港湾大桥和悉尼歌剧院最好的角度，北岸则是米尔森斯角。

　　从岩石区沿着悉尼港湾大桥走到对岸，下桥后走到港边便是米尔森斯角。气势宏伟的大桥就在眼前，悉尼歌剧院则在远方闪烁着光芒，与南岸看到的景色大异其趣。加上没有环形码头的拥挤人潮，在此赏景分外宁静惬意。这里还有一处月神乐园(Luna Park)，从20世纪30年代便开始营业，入口处极具戏剧性的小丑脸孔是其标志。

漫步悉尼港湾大桥

　　建议大家顺着大桥散步到桥的另一端，换个角度来眺望悉尼。行人专用道上人来人往，此处即可望见悉尼歌剧院美丽的身影，以及桥上正在享受攀桥活动的人们，穿越悉尼南北的火车不时从身旁轰隆而过。从桥塔观景台出发的桥上漫步单程大约需20分钟。

桥塔观景台Pylon Lookout

　　从桥上人行道可以抵达悉尼港湾大桥的桥塔观景台。观景台内部展示着建造悉尼港湾大桥的相关历史，观景台外的眺望角度也很棒，这里是拍摄悉尼歌剧院的一大热门地点。如果觉得攀桥活动价格实在太贵，这里是不错的替代选择。

东亚建筑艺术

本单元就中国大陆、中国台湾、日本及韩国的建筑艺术做一下介绍。

中国自秦朝开始，就形成一个君王集权的国家，相较于西方，是一个稳定而平和的社会。二三千年来，建筑形式、结构技术没有太大变化，台座、梁柱加斗拱、大屋顶这三段式的基本造型不变；在平面的组合上，也以单体沿着地面向外扩散，形成层层相套的院落。

中国的建筑以木构框架为主，然而木材保存不易，能够流传后世的纪念性或永久性建筑屈指可数。木结构建筑尽管保存不易，却相对有许多优点，包括使用上有很大的灵活性，防震性较佳，也便于施工建造。因为木结构建筑的各个部分都是用榫卯连接起来的，工匠可以依照梁、柱、门窗等不同构件加以施工、拼装，于是殿堂、亭榭、廊子、高塔等各种建筑类型变化万千，造就了中国建筑独特的美学。

谈论中国建筑，不能不提到梁与柱结合处的"斗拱"，利用悬臂方式托住屋顶。斗拱的结构极其精密与复杂，本身就是一种艺术品。斗拱的地位有点类似西方建筑中古典柱式的柱头，但实际发挥的功能更

大，而非纯为装饰性质。

不同角度的斗拱及悬吊方式，产生了各种不同的屋顶形式及屋檐轮廓，如人字形的"硬山"，四面坡的"庑殿"，锥形的"攒尖"，其他还有"悬山""歇山""盔顶""卷棚"，甚至双层屋顶的"重檐"。除了屋顶形式，屋脊、垂脊和檐口的装饰与曲线也是重点，特别是飞檐翘角、反曲向上、层层叠叠的气势，正好呼应了中国人讲求动静交替、虚实相济的审美观。

宫殿是中国建筑舞台的主角，占去了中国建筑艺术半部的历史，从商朝安阳的殷墟宫殿残迹到清末为止，三千多年不曾断过。现存的宫殿以北京紫禁城为代表，它是集中了当时技术最高明的工匠、使用最上等的材料，以及耗费最大的人力和财力而建造起来的。

皇帝把陵墓当作自己死后的宫殿，所以陵墓又成为中国建筑中一项重要分类。中国历史上空前的陵墓，首推秦始皇陵，仅凭周遭挖掘出的兵马俑，便可窥知地下陵墓工程的浩大。目前中国最大规模的陵墓区，就数位于北京郊外的明、清两代皇家陵墓，最著名的是清东陵、清西陵。中国皇陵地上部分不若地下精彩，地面上除了清楚的轴线、神道、碑亭、石雕的文臣武将与狮兽之外，所有建筑机巧全数藏在地下宫殿，十足反映出中国人"事死如事生"的生死观。

至于宗教与中国建筑是互相影响的。佛寺进入中国之后，也完全融入中国木造结构的建筑传统。除了佛塔耸立，佛寺与宫殿建筑或衙门府第的外观并没有太大差别，特别是大型佛寺群落也依照宫殿建筑的中轴线安排大门、天王殿、大雄宝殿、观音殿、法堂、诵经楼等，鼓楼、钟楼分列左右。不过西藏地区的藏传佛教则是例外，除了不采取严格的中轴对称，也会随山势起伏灵活布置。

坛庙在中国建筑中独树一帜，中国坛庙建筑的巅峰之作，非北京的天坛莫属。明清两朝皇帝在冬至日祭天、立春时祈求丰年，天坛即依照这两个主题布局和设计。其中祈年殿可以说是中国古典建筑中，构图最完美、色彩最协调的一座建筑。

园林在中国建筑史上也占有一席之地，今天仍然

流传后世的园林,多半是明清时代的杰作,也是中国古代园林的最后兴盛时期。在北方,有北京颐和园、承德避暑山庄等皇家园林,在南方,则以江南苏州、杭州的私家园林为代表。皇家园林追求宏伟气魄,构图完整,建筑金碧辉煌,色彩缤纷;南方园林的建筑风格清静淡雅,布局上则曲折多变,在有限空间创造丰富的景观。

而中国台湾建筑的一切,得从三百年前说起。当时,郑成功率兵来台,赶走荷兰人,打算以此作为反清复明的根据地。加上闽粤地区土地贫瘠、谋生不易,先民们纷纷冒险渡海前来,汉人文化就此在台扎根蔓延。清康熙年间,清政府一度发布海禁限制移民,直到乾隆四十九年解禁后,狂烈的移民潮再度掀起。

当先民们抵台上岸,努力建设新家园之际,闽南、客家及原住民三大族群为了争地,时有械斗,促使更多家族紧密团结。渐渐地,闽粤先民中有的务农起家或经商致富,有的因科考功名而崭露头角。苦尽甘来最容易牵动思乡之情,这些地方首富或大地主特意从大陆请来知名匠师,仿照老家宅院模式建起一座大宅邸。

换句话说,清代的台湾民居建筑即属于闽粤文化的延伸,这点从绅官大户建立家园的模式可一一印证。而长期与平埔族共处,让闽粤先民学会如何就地取材盖房子,再加上海岛地理环境的开放,外来文化容易交融。于是,台湾的传统古厝逐渐摆脱闽粤移民的复制,孕育出自己的生活形态与文化特色。

台湾古厝百年的历史虽短,建筑规模与占地面积亦不恢宏,但小小岛屿却展现丰富多元的建筑特质,始终坚持以做工精致取胜,同样令人惊艳。

至于日本的建筑师承中国,特别是对木构建筑的偏好,结合本土的神道教及外来的佛教,走出自己独特的风格。在12—19世纪幕府时代达到巅峰,特别是出现了防卫性城堡,不同于中国的围城式防御系统,姬路城是其代表作。

19、20世纪交替,清王朝覆灭,日本军国主义取代了幕府,加上西风东渐,属于传统的东方文化未能再继续向前发展,20世纪之后的建筑已是另外一番风貌。

中国建筑

紫禁城

🏠 | 中国北京市东城区景山前街4号

　　紫禁城的宫殿建筑是中国现存最大最完整的木造古建筑群，不但建筑技艺杰出，更是珍稀文物的陈列宝库。明清两代总共有24位皇帝住在紫禁城内。清朝灭亡后，1914年设古物陈列所，开放故宫前半部，1925年改为故宫博物院，正式开放。

　　紫禁城是在元大都皇宫的基础上建造的，建筑观念和汉族相去甚远，因此紫禁城在明成祖永乐皇帝的规划下奠基、彻底改建，永乐十八年(1420年)终于建成。东西宽753米、南北长961米，占地72万平方米，建筑面积15万平方米，有宫殿建筑9000多间。周边由一条宽

52米、深4.1米的护城河环绕。护城河内是周长3.5千米的城墙，墙高近10米，底宽8.62米。城墙上开有4门，南有午门、北有神武门、东有东华门、西有西华门。城墙四角还耸立着4座角楼，造型别致，玲珑剔透。

　　故宫布局是很严谨的，从功能看，前朝后寝，主建筑都在中轴线上，再左右对称地展开，并主从分明；在礼制上来说，则是左祖右社，即左祖庙右社稷。前朝以太和殿、中和殿、保和殿为中心，左右辅以文华殿、武英殿，是皇帝举行重大典礼的场所；后寝以乾清宫、坤宁宫、交泰殿为中心，左右辅以东西六宫，是皇帝和后

护城河

　　护城河宽52米，水源来自北京西郊的玉泉山。玉泉水经颐和园、运河、西直门的高粱河，流入市中心的后海，然后从地安门步量桥下引一支水流，经景山西门地道，进入护城河。从康熙朝代起，皇室就在护城河栽种莲藕，据了解清初皇帝种莲藕并非闲情逸致，而是莲藕可补皇室的用度，勤俭之风可想而知。

妃们居住及皇帝处理日常政务的场所。

　　礼制则是建筑装饰的最高原则，前朝规格高于后寝，东西六宫则再次一级，所以屋顶形式、殿门宽度（面阔的进数，两柱间为一开间）、屋顶的装饰、梁枋的彩画，都依等级形制安排。

　　用色也不得僭越体制。红是极尊贵的颜色，"楹，天子丹"，帝王宫殿当然要用红柱子，门、窗、墙也都用了红色，而黄则是五行中的中央方位，所以宫殿多以黄琉璃瓦盖顶。红屋黄顶，再加上大量运用金色装饰，使故宫建筑金碧辉煌。

　　黄琉璃顶、青绿彩画、红殿红柱红窗、白玉石台基，这样大胆的配色恐怕世间少有。强烈反差的色彩让建筑物主体突显、层次分明，站在景山上眺望故宫，更能感受故宫如金波荡漾的浩瀚之海。

内金水河·内金水桥

　　午门后一如纯净飘带蜿蜒流过太和门前广场的内金水河，在太和门广场前形成一道优美的拱形渠，水碧如玉、河道弯曲，又称为玉带河。内金水河最大的功能是排泄雨水，更是救火时重要的水源。此外还可观鱼赏荷，带来江南风情，既实用又造景。河上跨着5座汉白玉石雕栏拱桥，内金水桥也是以中桥为主桥，由于位于紫禁城南北中轴线上，所以又称御路桥，专供帝后通行。

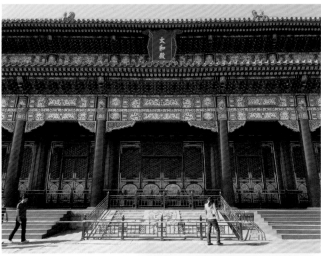

紫禁城平面图

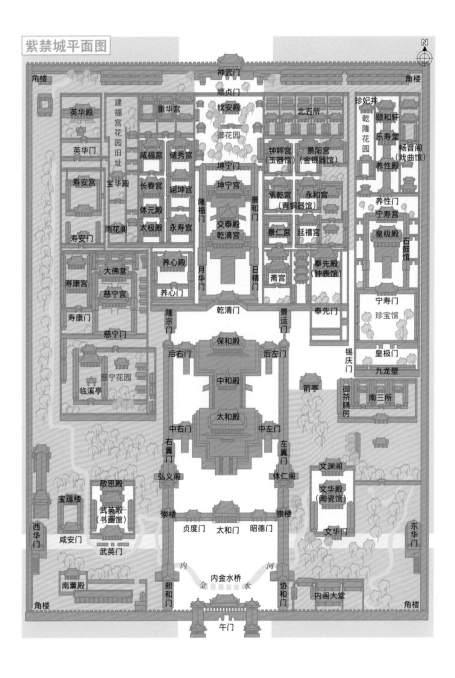

外朝三大殿

　　太和殿、中和殿、保和殿，俗称三大殿，是前朝的主体。明时的名称是奉天、华盖、谨身，后又改名皇极、中极和建极。

　　三大殿建在一座平面呈"土"字形的三层须弥座式的丹陛(台基)上。丹陛南北长230米、高8.13米，依古人的五行原理来看，木火土金水，土居中，三大殿建于"土"台上，表示是天下的中心。居三大殿中位明堂之用的中和殿，是风水中的龙脉，它用简朴的单檐方形格局，面阔进深各三间，四面开透明门及窗，都是古代明堂的遗制。

　　三层丹陛的正面铺汉白玉云龙戏珠阶石，两侧有陛阶，三层共有石雕栏板1458根、排水的螭首1142个，处处都显示君主至高无上的地位。保和殿的云龙雕石是宫内最大的石雕，由一整块艾叶青石雕成，长16.75米、宽3.07米，总重270吨；下雕海水江崖，上雕九龙腾行于龙云之间，雕工精细、生动，实为石雕精品，也是一方国宝。

　　三大殿四面由廊庑和墙垣围住，四角上各建重檐歇山顶的方形崇楼一座，整个区域占地约76400平方米。

内廷后三宫

明代建紫禁城时，后三宫原本只有二宫——乾清宫、坤宁宫，当时皇帝住"乾"清宫，皇后住"坤"宁宫，天地乾坤，各有居所。到了清嘉庆年间才因"乾坤交泰"而加建了交泰殿，完成后三宫的格局。

后三宫的规模小于前三殿，四周则由连檐通脊的廊庑贯通，形成一大型的四合院，南北开乾清门和坤宁门，通前三殿、御花园。

和前三殿一样，后三宫也建在高架的"土"台上，但只有一层，形制矮了一截；基台前一条高起地面的"阁道"连接乾清宫和乾清门，方便皇帝往来于宫殿之间，一般人要上下台阶才能登阶入殿，太监、侍卫更是只能走丹陛桥下的老虎洞。

殿前露台陈列龟、鹤、日晷、嘉量、宝鼎，但略逊于太和殿。特别的是丹陛下两旁各有一座汉白玉文石台，台上各安放着一座镀金的小宫殿，左边是社稷金殿，右边是江山金殿，是清顺治重建乾清宫时增设的。

东六宫

东路分内东路和外东路，内东路包括钟粹宫、景阳宫、承乾宫、永和宫、景仁宫和延禧宫，除钟粹宫在晚清慈安太后居住时，添建了廊子外，其余都保持明代的格局。

外东宫则以乾隆整建为退位养老之用的太上皇宫殿群为主，以皇极殿、宁寿宫为主，包含一座清代四大戏楼之一的畅音阁，还带一狭长却设计精巧的花园。

御花园

御花园是皇宫的宫廷花园，为严肃又讲究礼制的皇宫生活带来生气。它的设计是以钦安殿为中心，呈左右对称的形式，但为了打破呆板的格局，又故意安排成相对的设计，例如前带宽廊的凸状绛雪轩，相对的就是凹字格局的养性斋。

中心线布局如果没有多变的样式来缓和，必然会僵硬而无法达到园林的意境，所以御花园里，有道教大殿、多层楼阁，又有单层的斋轩和各种式样的亭子。虽然北方难有缤纷的奇花异草，但御花园擅用了假山石点缀，另有一种北方园林的氛围。而且为了卸下沉重的皇家龙形标志，御花园的装饰多有植物花果虫鸟的纹样，连地上的碎石子路，都有小彩石拼成的神话故事、人物风景，既有美好的祝福含意又能让气氛生动起来，增加游园的乐趣。

御花园占地12万平方米，为长方矩形，楼亭起伏，檐宇错落，包括养性斋、绛雪轩、万春亭、千秋亭、天一门、钦安殿、浮碧亭、澄瑞亭、堆秀山、御景亭、延晖阁、泰平有象等，御花园的清幽绚丽和严整肃穆的宫廷气氛，恰恰形成强烈的对比。

东六宫 ◆
太上皇宫殿

所谓的太上皇宫殿指的是乾隆让位嘉庆后的居所。乾隆崇拜祖父康熙皇帝，即位时就立誓在位时间绝不超过康熙的60年，没想到乾隆很长寿，于是退位给儿子后，就在外东路兴建太上皇宫殿。其布局完全是紫禁城的小缩影，和乾隆退位仍掌实权的事实不谋而合。

东六宫 ◆
九龙壁

从乾清门广场的东门景运门进入东六宫，向东走即可见宁寿宫入口的锡庆门，锡庆门内、皇极门前有一照壁，用琉璃砖瓦建造，是清代现存的三座九龙壁之一。高3.5米，宽29.4米，270块彩色琉璃件构成九条蟠龙戏珠于波涛云雾之中的画面，九龙姿态生动，有极高的工艺水准。

西六宫

西六宫是后妃们居住的地方，所谓"三宫六院七十二妃"，指的就是生活在西六宫的嫔妃。西六宫除永寿、咸福两宫外，其余各宫格局在晚清都经改造，二宫合一，变成两座四进的四合院。现在宫院内外陈列仍多依原样摆设，特别是慈禧太后住过的长春宫和储秀宫。

东六宫 ◆
珍妃井

外东路中路最北端的景祺阁后，也就是宁寿宫一带的北墙之门贞顺门里，在湘竹掩映的矮墙侧，有一口青石枯井，那正是慈禧太后令太监强把光绪爱妃珍妃推入之井。

264

西六宫 ◆
养心殿

乾清宫虽然是皇帝的正寝，但实际上长住的只有康熙。雍正为给康熙守孝，而改住养心殿。顺治、乾隆和同治也常居养心殿，甚至死于养心殿，直至清末，皇帝的生活起居和日常活动都不脱离养心殿的范围。养心殿可以说是清朝最高的权力中心，末代皇帝溥仪也是在养心殿签署退位诏的。

养心殿前的养心门，为庑殿式门楼，两侧还有八字影壁烘衬气势，门前布置一对鎏金铜狮，使门面典雅而气派华贵；呈工字形的养心殿，有一穿廊连接前后殿，前殿面阔大三间，每间又用方柱分成3间，乍看像9间的格局；殿前明间和西间明抱厦，东间窗外则敞开，直接面对庭院。

西六宫 ◆
储秀宫 · 翊坤宫

慈禧进宫被封为兰贵人时曾住在储秀宫，同治皇帝则出生在后殿的丽景轩。慈禧太后50岁寿辰时，对储秀宫进行大改建，内装精巧华丽，居六宫之冠。为了万寿庆典，储秀宫的外檐全是花鸟鱼虫、山水人物的苏式彩画，玻璃窗格做成"万寿万福""五福捧寿"的图案。廊檐前则有一对戏珠铜龙和一对梅花鹿，庭院的左右游廊，刻满了大臣们的万寿无疆赋。屋内全用兰作为装饰(慈禧小名兰儿)，家具屏风、碧纱橱全用名贵的花梨木、紫檀木。整个改建改装总共花了63万两白银，在列强分割中国、烽火漫天之时，这笔支出简直动摇国本。而与储秀宫连为一体的翊坤宫，则是节日时慈禧接受妃嫔朝拜的地方。

颐和园

🏠 | 中国北京市海淀区新建宫门路19号

　　颐和园的园林艺术成就，可说是中国，甚至是东方古典造园艺术的巅峰。青山(万寿山)、绿水(昆明湖)、建筑(以佛香阁为中心轴中点)巧妙布局，借景西山群峰的技法完美，再借着长达七百多米沿湖迤逦绵延的长廊，自然地过渡山景与水面，达到间隔又紧连景区的作用。颐和园的建筑人工美与山水自然美交融，景色变化无穷，美不胜收。

　　颐和园原本是帝国的行宫和花园，乾隆将其改建为清漪园。瓮山是清漪园的主要造景场地，山不高，才58.59米，乾隆为皇太后祝寿，将其改名万寿山，还建了大报恩延寿寺，现今的佛香阁就是大报恩延寿寺的旧址所在。清漪园被英法联军焚毁，1888年慈禧挪用海军经费重建，并改名为颐和园，但后又遭八国联军破坏。这座命运多舛的庭园，最后在1903年重新修复，恢复昔日光彩。

　　广达290公顷的面积，根据地形和地点，设有精致的亭、台、楼、阁，构思巧妙。颐和园可分成三大区，一为宫廷区，以仁寿殿为中心，前朝后寝，后即为慈禧寝室的乐寿堂，是慈禧暗掌朝政之处，在晚清末年，其重要性远远超过紫禁城。

　　二为万寿山，又可分成前山和后山，以佛香阁为中心的中轴线各建筑及长廊，集中在前山，层峦上出、飞阁下临，由山下的排云殿总结集势，布局严谨，是颐和园建筑的精华所在；后山以汉藏式样的喇嘛庙群为主，苏州街充满江南水乡的趣味，园中园"谐趣园"更是精致的园林小品。

　　第三区以昆明湖、湖上仙岛和东西堤为主，万寿山美景倒映湖面上，苍郁碧绿相得益彰，览景水榭和水上虹桥使昆明湖生气蓬勃。

　　中国皇家园林的艺术在颐和园建园时达到顶峰，一园之中集北方(四合院)、杭州西湖(昆明湖)、西藏(万寿山喇嘛庙)、江南水乡(苏州街)等各种风格于一处，堪称全世界最精妙的皇家园林。

颐和园平面图

谐趣园

谐趣园有着浓浓的江南风味，是仿无锡寄畅园建造的，四时有景，方塘水清，亭阁倒影，清丽动人。主建筑涵远堂是慈禧休憩赏园的地点，凌驾水面而建的"饮绿"和"洗秋"两座浪漫水榭，既是水上之景，也是四面观景的场所，饶富趣味。另一趣点是千姿百态的桥，造园者运用桥来沟通三方水塘，最著名的是"知鱼桥"，桥名引自《庄子·秋水》中庄子和惠子的对话。该园既是模仿江南园林，梁枋上笔法洗练、题材丰富的苏式彩画也很精彩。

宫廷区

园林中有朝政运作功能的宫廷区，是皇家园林的特色。气派雍容的仁寿殿，以简素青瓦取代华丽的琉璃瓦，是慈禧和光绪接见王公大臣处理朝政之处，殿后则为慈禧的生活起居空间。乐寿堂是慈禧的寝居，四面廊榭楼台分布，以方便慈禧往来为原则。出东院可以到达光绪皇后隆裕居住的宜芸馆，出宜芸馆前门则抵囚禁光绪的玉澜堂；若出东门北走，则是慈禧看戏的德和园；出西院过邀月门，则步上长廊，可游览万寿山前山各景；而正门"水木自亲"则紧邻码头，方便慈禧登船游湖，赏玩游乐。

从布局可知，乐寿堂是后寝内廷的中心，装饰和配置极为用心。门外是一对铜鹤、一对铜鹿、一对铜铸大瓶，意寓"六合太平"；花木则有玉兰、海棠、牡丹，意为"玉堂富贵"；殿前的青芝岫是一方珍贵巨石，还有铜麒麟增加气势。

万寿山前山

　　颐和园以万寿山为主景，采中轴线布局，从山下的排云门直到山顶的佛香阁。佛香阁是视觉中心，体量巨大，建筑形式丰富多彩，扮演着全园的结构关键角色。乾隆为佛香阁煞费苦心，最终建成三层八方阁佛教建筑。山腰起高阁，气势宏伟，更将万寿山周边的景致，如西山和玉泉宝塔等借景入园中，所谓阁仗山雄、山因阁秀，即此境界。

　　佛香阁下以排云殿为中心的一组建筑群，是慈禧祝寿时接受朝拜、举行庆典的地方，游廊配殿为辅，前院有水池和汉白玉金水桥。从排云殿两侧的爬山廊通往德晖殿，穿过德晖殿沿着八字台阶可到达佛香阁及佛国世界的众香界、八大部洲。

　　引导游园路线的长廊，以排云殿为中心往左右延伸。14000幅以神话故事、古典文学名著为题材的苏式彩画让长廊变画廊，再以"留佳"、"寄澜"、"秋水"和"清遥"四座重檐八角亭子调整长廊高低和曲折变向的过渡，步移景换，作用绝妙，是颐和园最为人津津乐道之处。

268

昆明湖

　　昆明湖原名瓮山泊或西湖，是颐和园造景的灵魂，和万寿山合组青山绿水的大好湖光山色。

　　颐和园的水面占全园面积的3/4，达220多公顷。湖面上还有三十多座造型各异的桥，特别是优美的十七孔桥，增加水面层次感。湖面由六座桥连成的西堤，是乾隆的巨心杰作，仿杭州西湖上的苏堤。西堤六桥中，玉带桥是唯一的高拱石桥，桥面高出水面十多米，通体洁白，是湖面最秀美的一景。

万寿山后山

　　沿着众香界、智慧海往后山中轴线前进，香岩宗印之阁、四大部洲、喇嘛塔和须弥灵境，合组成一雄伟的汉藏式佛教建筑群，左右对称，金碧辉煌，是清朝崇尚喇嘛教的结果。

　　整组建筑群意在表现佛国世界。须弥灵境有两根高三米的经轮，上刻佛经。香岩宗印之阁重修成一层，四大部洲围绕香岩宗印之阁，另有八座塔台，即八小部洲，四大部洲和八小部洲间则是日台和月台。乾隆因应政治的需要花费巨资建造喇嘛庙，但在英法联军侵入北京时被一把火烧掉了。慈禧重修时，因国库空虚，顾了前山修不了后山，后山建筑群就比乾隆时的原样简略了些。现在虽也有整建，但整体来说，后山还是比前山的建筑逊色。

圆明园

🏠 | 中国北京市海淀区清华西路28号

　　圆明园的面积约有350公顷，比颐和园要大上许多，同样以"水"为筑景中心。圆明园从康熙四十八年（1709年）开始兴建，雍正即位后喜爱长住园内，园中又加建了处理政事与召见朝臣之所。接着，乾隆即位后的60年间，更花费心力与大笔金钱为圆明园添美。乾隆六次下江南，每下一次，就让画师画下江南美丽的山水，然后回圆明园复制一番。因此园内共有四五十处与江南名园相似的景色，连杭州西湖十景也照样原封不动地搬来。同时，又在东面加建长春园、东南面加建绮春园（又称万春园），大增华美程度，因此圆明园又有"万园之园""东方凡尔赛宫"之美名。遗憾的是，咸丰十年（1860年）英法联军一役，圆明园被破坏殆尽，再经过光绪二十六年（1900年）八国联军的洗劫，以及之后军阀、盗匪的破坏，使得圆明园如今只剩下搬不走的残垣断壁，令人心痛惋惜。

长春园西洋楼景区

　　长春园西洋楼景区是中国首座欧式园林，常见的代表圆明园的图片，皆是在此摄得，是园内最可观的遗迹。这处壮观的欧式园林占地约8公顷，由谐奇趣、黄花阵、养雀笼、方外观、海晏堂、远瀛观、大水法、观水法、线法山等十余座西式建筑和庭院组成，结合了西方传教士如意大利郎世宁、法国蒋友仁与王致诚等洋人的设计监修，以及中国工匠的建造手艺。在战争的浩劫下，此处因为以大型石材建筑为主，所以残留的景观较多。

　　大水法是西洋楼景区内最壮观的喷泉，原本的形态为一个门洞，门洞下有一尊大型狮子头喷水口，可形成7层水帘。下方为椭圆菊花式喷水池，池中心有一头铜梅花鹿，水池两侧有10只铜狗，从口中喷出水柱直射鹿身，俗称"猎狗逐鹿"。至于前几年在欧洲拍卖会上引发轩然大波的兽首铜像，则是当年英法联军在海晏堂所劫掠。海晏堂是西洋楼景区中最大型的喷泉建筑，昔日由十二生肖的兽首铜像组成喷泉，并按12时辰依序喷水，俗称"水力钟"，是当时最精巧的工艺科技。

　　欧洲贵族花园中常见的迷宫，在这里有以砖石为墙的黄花阵，据说每年中秋夜，皇帝会在此举行灯火晚会，宫女们手执用黄绸扎制的荷花灯，在迷阵中东奔西走，看谁先到中心园亭，便可得到赏赐。

圆明园

圆明三园中最早兴建的就是圆明园，园内本有皇帝接受朝见、寝居、祭祖、礼佛、藏书、看戏、观看练武等的建筑与场所，但今日已难辨其旧观，除非到法国巴黎国家图书馆中，找到《圆明园四十景图》的馆藏，才得以一窥其昔日盛貌。《圆明园四十景图》是由乾隆的宫廷画师唐岱、沈源所描绘的分景彩图，乾隆在每一幅景图上还题有对景诗。圆明园的精彩及规划之缜密，如今也只能从纸上探得。

长春园

长春园始建于乾隆十年（1745年），利用小岛、桥梁划分宽阔的水面，殿、堂、亭、台、楼、榭，错落得和谐有致，共有二十多处美景，现在最可观的有狮子林与西洋楼景区。最可惜的是园中的含经堂，原是乾隆皇帝准备退休后的安养之地，曾为园区内最大的寝宫型建筑，但现在只能看到一片荷花池。在这里进行的考古工程，已探得地下供暖设备与排水设施遗构，并出土各类文物千余件，不难想象昔日设施的完备。

长春园狮子林

在方河的线法墙、线法山南侧，原有一座仿建苏州园林狮子林的江南园区，从现在青石乱堆的情形中，实在难以想象这里曾是亭榭拱桥处处的美丽园林，勉强能辨认的只有单孔石拱桥和乘船游湖的水关平台。

绮春园

绮春园又称"万春园"，是嘉庆皇帝最喜爱的园林，道光初年，东路更改建为皇太后园居之处。今日残存的景观有绮春园宫门、仙人承露，以及圆明园目前仅存的一座单孔残桥。绮春园宫门建成于嘉庆十四年（1809年），因比圆明园大宫门和长春园二宫门晚建半个多世纪，是以又称"新宫门"，并一直沿用至今。而在露水神台上的铜人，拿着铜盘向天承露，造型生动高贵，实为难得的杰作。

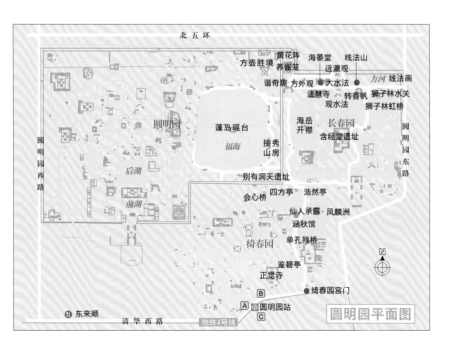

圆明园平面图

万里长城

　　举世闻名的万里长城是中华民族的伟大创造，是全世界规模最大的军事防御工程，早在几百年前就与罗马竞技场、比萨斜塔等，并列为中古世界七大奇迹之一。

　　长城最早修筑于公元前7、8世纪，历经两千年的改朝换代，至清代，依然修建不休，总长度达两万多千米。所谓"上下两千多年，纵横十万余里"，一语点出长城工程的浩大。

　　长城不只是防御建筑而已，它也透露出民族争战与生存竞争。细察长城史有个特点，那便是农耕社会与游牧营生的对抗。关内是定居，由农耕到小商的汉族社会，但关外则是逐水草而居，以畜牧为主的经济体。关内外的许多冲突都因关外天候或收成不良，而往关内挤压，于是冲破长城成为首要目标，长城一旦被冲破，关内政权则摇摇欲坠。

　　中国从春秋战国到明朝，包括入主中原的少数民族政权，如金、元在内，历代对长城都有不同程度的维修与增建。春秋战国时楚最先建长城，而后齐、韩、魏、赵、燕、秦、中山等诸侯国跟进以自卫。可想而知，这时的长城并非连续性、有方向性地修筑着，而是朝向四方，且长度最长不过两千米，这类长城称先秦长城，以便与汉族对抗北方匈奴修筑的秦万里长城做区别。

　　秦是中国第一个封建集权的国家，北方匈奴的侵扰是秦政权最大的威胁，于是首次出现大规模地定向修筑长城，"西起临洮，东止辽东，蜿蜒一万余里"。秦后的十多个朝代，都进行过不同规模的长城工事，汉、金、明三朝修建的长城都超过五千米，甚至一万米。清康熙因政治理念不同于过往的皇帝，停止修筑长城，但在面对西南苗乱时，还是选择修筑南方长城，配合军寨驻防，以便镇压。

　　万里长城东起辽宁省的鸭绿江，西至甘肃省的嘉峪关，且横跨辽宁、河北、天津、北京、内蒙古、山西、陕西、宁夏、甘肃这9个省、直辖市和自治区。墙体不是万里长城的全部，它是由城墙、敌楼、关城、墩堡、营城、卫所和烽火台组成的防卫军事工事，整套防卫体系有严谨的指挥系统，配合重兵防守，形成荒漠上一道令人望而生畏的边关重镇。

　　烽火台是整套系统中最令人印象深刻的建筑。烽火台是一座独立据守的碉堡，建筑于长城沿线两侧的险要

之处，或视野较为开阔的岗峦上或峰回路转之处。一般每隔5至10里筑一台，每个台上设有5个烽火墩，供燃放烟火以示警、传递军情用。如遇敌情，白天燃烟称之为"燧"，夜间点火称之为"烽"。

　　自明成化二年(1466年)起，燃放烟火时还加入硫黄、硝石用以助燃，同时鸣炮为号。根据敌军多寡而燃放号炮的数量有明确规定：敌人百余人左右燃1烟、鸣1炮，500人则举放2烟2炮，千人以上则举放3烟3炮，等等。只要一台燃放烟火，便逐台相传燃点，且每一燃烟必须以三个烽火台能相互望见为原则。由烽火台构筑成的资讯系统，使军情得以迅速传递。

　　修筑长城的材料不全都是砖造或夯土的，新疆境内西汉时建造的沙漠城墙即"就地取材"，运用柳条加芦苇、砂粒而层层铺设出防卫结构。万里长城之所以傲世，在于累积了民族文化和平、冲突、再和平的千年记忆，它的人文历史内涵才是辉煌的篇章。

八达岭长城
⊙中国北京市延庆区

　　位居天下九塞之一的八达岭，始建于明弘治十八年（1505年），嘉靖、万历年间再加修葺。东门额题"居庸外镇"，西门额题"北门锁钥"，古时从这里可南通北京，北至延庆，西达山西大同（宣镇），东抵永宁，四通八达，故名"八达岭"。八达岭最高峰海拔达1015米，岭口两峰夹峙，扼控交通，故有"居庸之险不在关，而在八达岭"的说法。

　　目前八达岭开放南、北两段城墙，一般人爬八达岭都以海拔888米的"北八楼"为目标。那是这段长城海拔最高的敌楼，也是俯瞰长城景色最壮观的地方，有"观日楼"之称。

　　八达岭山脚下有中国长城博物馆，展示和长城有关的历史文物。而在八达岭西南方有处残长城，即原来的石峡关长城。当年李自成久攻不下八达岭，在当地老人献计下奇袭石峡关，长驱直入北京城。如今保存原样，没有重修，虽然残破，但更有一种沧桑雄壮之感。

慕田峪长城
⊙北京市怀柔区渤海镇慕田峪村

　　慕田峪长城西可连居庸关，东能接古北口，最初是由明初大将徐达在北齐长城遗址上重新建造的。明朝与蒙古朵颜部曾在此爆发数场激战，因而重修频繁。长城上的敌楼有22座，共有6条步道，来此若不搭乘缆车，得先爬上千阶楼梯才可上到长城。

　　慕田峪长城的建筑特点是城墙两面都建有垛口，因此腹背皆可拒敌。慕田峪关是这段长城地势最低的地方，海拔不到500米。由此向东到大角楼（慕字一台），在500米内就上升117米，而往西直至慕字十九台均为平缓起伏，但慕字二十台至牛角边的最高点间，却是陡升500多米。这牛角边的称号，便是从山势有如牛犄角而来。

　　拜丰富植被所赐，慕田峪长城四时风采各异，春季群芳吐艳，夏季重峦叠翠，秋季红叶染山，冬季银妆玉琢，在诸多长城段中，独以灵秀扬名，令人印象深刻。

居庸关长城
📍北京市昌平区南口镇

　　居庸关形势险要，自古即为军事重镇，早在战国时代便已修筑城塞，《吕氏春秋》中便有"天下九塞，居庸其一"的记载。汉朝时，居庸关已颇具规模，到了北魏，这段城墙更与长城开始连成一气。但今日所见的居庸关长城乃是明太祖开国时，为防蒙古来犯，而在旧关的基础上增建的。关隘东到翠屏山，西至金柜山，全长四千多米，设有五个关口：岔道城、居庸外镇（八达岭）、上关城、中关城（居庸关城）、南口等，居庸关城即为指挥中心。居庸关城呈圆周封闭式设计，古时设有行宫、衙署、庙宇、书院、买卖街等。中心有座汉白玉石"云台"，云台券洞内壁有以六种文字刻成的佛经，以及四大天王浮雕，是居庸关城内艺术价值最高的杰作。

　　居庸关山峦叠嶂，植被繁茂，景色怡人，在金朝时即以"居庸叠翠"名列燕山八景。今日还能见到乾隆书写的"居庸叠翠"四字御碑。

金山岭长城
📍位于北京市密云区与河北省滦平县交界处

　　金山岭长城盘踞在燕山支脉上，东望雾灵山，西临卧虎岭，控扼出入关塞要道，形势险要，是明代重要的边防之一。这段长城最初是在明洪武年间，由开国名将徐达主持修建，到了明末已见倾圮，于是由抗倭名将戚继光奏请重建。

　　金山岭长城全长逾20千米，敌楼密布，结构各异。一路行来，可以见到木造双层楼、砖造双拱楼、拐角楼、六眼楼等楼型，再轮番搭配穹隆顶、船篷顶、四角钻天顶、八角藻井顶，精彩绝伦，堪称长城建筑的顶级精品。而城墙上的"望京楼""瘦驴脊""登天梯"，都是登城必看的名胜。敌楼内所藏的"麒麟影壁""文字砖"更是罕见珍品，令人动容。

　　附带一提的是，1992年"小黑"柯受良骑特技摩托车飞越的长城，就是这段金山岭长城。

秦陵兵马俑

🏠 | 中国陕西省西安市临潼区西阳村

　　1987年，联合国教科文组织将秦陵兵马俑列入世界文化遗产名录。秦始皇陵墓工程前后历时38年，征用70万民工打造阿房宫和陵园。陵区面积超乎想象，高耸的陵冢、巨硕的寝殿雄踞于陵园南北侧，震惊寰宇的陪葬兵马俑坑，就位于距陵冢1.5千米处。传说公元前206年，项羽攻占关中时火焚秦宫和陵园，火海绵延三百多里，连兵马俑也惨遭劫掠坍塌。

　　自从兵马俑出土后，陕西省组织考古队勘查挖掘，自三处兵马俑坑中掘出两千多件陶俑、陶马及四千多件兵器，预估埋藏数量惊人，还有待陆续出土。其中一号坑是战车、步兵混编的主力军阵，军容严整，造型各异，展现了秦军兵阵的卓越工艺。二号坑由四个小阵组合成一曲尺形大阵，战车、骑兵、弩兵混编，进可攻、退可守，体现秦军无懈可击的军事编制。三号坑依出土武士俑排列方式，推断为统帅所在的指挥中心"军幕"。三号坑因未遭火焚，陶俑出土时保留原敷彩绘，可惜考古队不具保存技术，任由武士俑身上彩绘全数剥落殆尽。

　　这批地下精锐部队，军阵严整，塑像工艺超群，兵器异乎寻常的锋利。20世纪才研发的铬化防锈技术，秦人在两千多年前已经熟用。秦人超越今人智慧的谜，还留在兵马俑坑里待解。

承德避暑山庄

避暑山庄建于中国封建社会最后的盛世"康乾盛世"，集造园艺术和建筑艺术之大成，成为古代帝王宫苑与皇家寺庙完美融合的典型范例。它同时也是清朝的第二个政治中心，清帝曾在此处理军政要务，并接见外国和边疆使节。

承德避暑山庄的兴建历时89年之久，占地564公顷，约为北京颐和园的近两倍、北海的八倍，是中国现存最大的皇家园林。清朝皇帝每年依例必须赴塞外木兰围猎，由于路程遥远，清帝不仅要避暑，还需要有场所处理政务，因此从康熙开始，在这段路程之间陆续修建行宫。其中热河行宫因位处中段，风光优美，特别受到青睐。康熙五十年（1711年），康熙在内午朝门题了"避暑山庄"，从此得名。

山庄内的宫殿区建于1711年，是清帝处理朝政、举行庆典及日常起居之所；湖区为清帝游豫宴乐之所，结合了南方园林的秀丽和北方园林的雄伟，湖间建堤、岛、桥，呈现山绕水、水绕岛的水乡风光。1994年为联合国教科文组织列入世界文化遗产名录。

丽江古城

🏠 | 中国云南省丽江市中心

　　丽江古城位于崎岖不平的高山上，一直保存着古朴自然的原貌。其民居建筑融合了几个世纪以来不同民族的文化特色。丽江先民以智慧设计出精密又复杂的水利供应系统，至今仍能运作。

　　丽江古城海拔2400米，面积约7.279平方千米，建于宋末元初，距今已有800多年的历史。明朝称大研厢，因其位居丽江坝子中心，四周青山围绕，仿如一块碧玉巨砚，砚同研。清朝称大研里，民国称大研镇，因此丽江古城又称大研古城。

　　它在过去是南方丝绸之路和茶马古道的重镇，几百年来，一直是个人潮如织、热闹喧嚣的贸易集散地。但这种繁华从来不减它一分古典优雅的气质。河流穿街绕巷、贯布全城，主街傍河、小巷临渠，无处不是水声潺潺、垂柳依依。以五花石面铺成的街道曲折有致，与白墙黛瓦、高低错落的"三坊一照壁"民居建筑，形成一

种古朴的美感。

　　"小桥、流水、古树、人家"，显然成了丽江古城最好的写照，它兼有水乡之容、山城之貌，景致幽雅迷人，更胜江南，因此不但有"高原姑苏"的美誉，而且人们也喜欢以"东方的威尼斯"来形容它。1997年为联合国教科文组织列入世界文化遗产名录。

天坛

中国北京市东城区天坛路甲1号

天坛是世界现存最大的祭天建筑群，乃明清两代皇帝"祭天""祈谷"的地方，当它在1998年被列入世界文化遗产名录时，联合国教科文组织对它的评价是：中国延续了两千多年的封建统治，其合理性正是被传达在天坛的规划与设计思想中。

天坛自明永乐十八年（1420年）开始兴建，整个外墙北面呈圆形、南面为方形，寓意"天圆地方"。在外墙内，再筑一圈同样北圆南方的墙，圈出内坛的范围，而主要的祭天建筑群都集中于内坛。内坛也分为南北两个部分，北边为祈谷坛，以祈年殿为中心建筑，是皇帝于春天时祈求丰年所用；南边为圜丘坛，以圜丘为中心建筑，皇帝于冬至时会来这里举行祭天仪式。南北两坛以一条高出地面的丹陛桥相连，合组成长约1200米的天坛中轴线，两侧则种植了成林的柏树。

中轴线上的重要建筑还有两坛的"天库"：祈年殿北边的皇乾殿和圜丘北边的皇穹宇，为平日神明、祖宗牌位的供奉之地。祭祀前一日，皇帝会亲率群臣到此恭请各神版移位至祭坛。而偏离中轴线的建筑则有西侧的斋宫（祭祀前皇帝斋戒的居所）、祈年殿与东门之间的七十二长廊、祈年殿西边的双环万寿亭，以及位于外坛的神乐署（掌管祭祀乐舞之教习和演奏者的单位）等。

天坛不仅仅是皇帝祭天的场所，也是宇宙主宰者"天"的居所，它的建筑处处透露出神权与政权结合的痕迹。同时，其庄严神圣的主建筑物，与周遭的大片柏树林，无不和谐地创造出一个幽远神秘而情感洋溢的氛围。各种表达中国人"天人对话"的象征词汇，如数字、色彩和形象等，都巧妙地运用在各个细部，而在《周易》阴阳五行的规制下，又见许多大胆及创新之处。

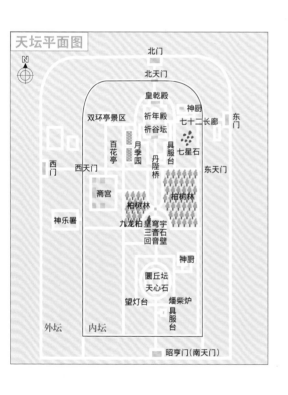

天坛平面图

N

北门
北天门
皇乾殿
双环亭景区　　祈年殿　神厨
　　　　　　　祈谷坛　七十二长廊　东门
百花亭　月季园　具服台　七星石
　　　　丹陛桥
西门　西天门　　　　　东天门
　　　斋宫　　柏树林
神乐署　　九龙柏皇穹宇
　　　　　三音石
　　　　　回音壁
　　　　　　　神厨
　　　　圜丘坛
　　　　天心石
　　望灯台　燔柴炉
　　　　　具服台
外坛　内坛
昭亨门（南天门）

皇乾殿

初建于明永乐十八年(1420年)，为五间庑殿顶，上覆蓝色琉璃瓦的大殿，殿匾为明嘉靖皇帝朱厚熜御笔。皇乾殿是祈谷坛的"天库"。大典时祈年殿所供奉的皇天上帝和皇帝列祖列宗的神版，平日在皇乾殿内供奉，祈谷大典前一日，皇帝亲临上香，行请神礼后，方由太常寺官员将神版用龙亭恭请至祈年殿内，陈放于各神位上。

琉璃门

穿过位于圜丘坛和皇穹宇间的琉璃门，就进入天坛的"天库"范围内。天库指的就是回音壁圈起的皇穹宇、左右配殿，平时是供奉皇天上帝和诸神牌位的地方，可以说"天"就住在"天库"的皇穹宇里，祭祀时才被请上圜丘坛。

回音壁

回音壁是天库的圆形围墙，因墙体坚硬光滑，是声波的良好反射体，又因圆周曲率精确，声波可沿墙内面连续反射，向前传播。若两人分立于东、西配殿后回音壁下，面北轻声对话，双方均能清晰听到，一呼一应，一应一答，妙趣横生。

三音石、对话石

位于皇穹宇殿门外的轴线甬路上，从殿基须弥座开始数，前三块条型石板即为"三音石"。由于三音石正好在四周回音壁反弹声波的交点，因此形成次数渐增的回音：站在第一块石板中心拍手一次或喊一声，可听到一次回音，站在第二块则回音两次，站在第三块则回音三次。至于对话石，指的是三角对话关系，站在第18块石板上说话，可以和站在东配殿东北角或西配殿西北角的人清楚对话，声学传奇再添一桩。

皇穹宇

这是一座单檐圆攒尖顶殿宇，好像一把金色蓝顶琉璃伞，与红色院墙相辉映。该殿建于明嘉靖九年(1530年)，是专门贮放神牌的殿宇，故俗称寝宫。该殿原为重檐绿瓦，乾隆十七年(1752年)改建为单檐蓝瓦，殿顶改为黄铜贴金叶九层。殿内由8根檐柱和8根金柱支托屋顶，上面斗拱层层上叠，天花藻井步步收缩，形成隆穹圆顶，建筑艺术价值极高。

丹陛桥

天坛内坛的主轴线即丹陛桥，它是一条贯穿南北的宽广甬路，连接圜丘坛及祈年殿，也叫"海墁大道"。

丹陛桥长360米，是通往圜丘坛和祈谷坛的一条高出地面4米的大道。大道中部下有东西向券洞通道，故名桥。桥面宽30米，中间石板大路为"神道"，供天帝专用，东侧砖砌路面称"御道"，供皇帝专用，陪祀的王公大臣只能在西侧的"王道"上行走，进退等级分明。丹陛桥北高南低，北行令人感到步步登高，如临天庭，加上走在高出地面的台基上，视野辽阔，更觉登天庭长路漫漫。

圜丘坛

这里是皇帝举行祭天活动的地方，始建于明嘉靖九年。圆形祭坛高1丈6尺，分三层，每层四面均有9级台

阶，坛周各层都围以汉白玉石栏。

祭坛所用石料数目，都与"9"有关。上层直径9丈，中层15丈，下层21丈，三层之和为45丈，不但是9的倍数，还含有"九五之尊"之意。

上坛圆心是一块圆形大理石，称作天心石、太阳石。从中心向周边铺以扇形石，上坛共有9环，每环扇形石数目也都是9的倍数，一环的扇面石是9块、二环18块、三环27块……九环81块；中层坛从第十环开始，即90块扇面石，直至第十八环，162块；下层坛从第十九环开始，至第二十七环，扇面石243块。三层坛共有378个"9"，共用扇面石3402块。

祈年殿·祈谷坛

　　广阔的祈谷坛为三层白石构造，每层的望柱和排水螭首雕饰皆不相同：上层为龙纹、中层为凤纹、下层为云纹。各层栏板数108块，坛座为须弥座式，都是最高等级。此外，祈谷坛共有8座出陛，其中南、北两向的石陛中镶有巨幅石浮雕，自上而下分别为"双龙山海""双凤山海""瑞云山海"图案，比喻龙凤呈祥。

　　三檐蓝瓦圆顶的祈年殿则矗立在祈谷坛正中央，完全按照"天数"兴建，以达到"敬天礼神"的诚意。其殿高9丈，取"九九"阳极数之意；殿顶周长30丈，表示一个月有30天；大殿中央有4根通天柱，又称龙井柱，是一年有四季的象征；中层金柱12根，象征一年12个月；外层檐柱12根，象征一日12个时辰；中、外层柱数相加为24根，表示一年有24节令；三层柱数相加为28根，指的是天上的28星宿；若再加上顶部的8根童子柱（短柱），则为36柱，对应三十六天罡。大殿宝顶下的一根短柱，称为雷公柱，是皇帝一统天下的象征。虽有立柱，但祈年殿却是一幢无梁建筑，仅靠28根楠木大柱，以及密堆的斗拱、枋桷支撑，不可不说是古代建筑科学的一大奇迹。

七十二长廊

　　祈谷坛东砖门外有一条连檐通脊、朱柱绿瓦的长廊，原有75间，乾隆改为72间，暗喻七十二地煞。长廊原是运送祭品的通道，尽头即宰牲亭，与神库、神厨相通。曲折的长廊有美丽的彩绘梁枋和宽敞的游步空间，抵消了肃穆之气。而长廊外古柏参天、繁花点缀。

双环亭景区

　　套环式的万寿亭是乾隆为其母祝寿而建的，平面为一寿桃状。登亭的低台阶，造型往前突出2个尖角，呈桃尖状，意为和合、吉祥、长寿，充分表达乾隆的祝寿心意；藻井也很特别，双环连接处的海墁格拼接得特别有味道。对面假山上还有一座优美的扇面亭，扇面是中国园林中特有的造型，宽廊面正对着万寿亭，正好将景区主景尽收眼底。和万寿亭以画廊相连的，还有由双方亭组成的方胜亭。万寿亭的套环和方胜亭的套方合组成一个吉祥圆满，意涵丰富。

斋宫

　　又称小皇宫的斋宫，是皇帝祭天祈谷前斋戒三天所住的地方。斋宫位置靠近西天门，不但有两重围墙护卫，还有护城河，都是考虑皇帝居所安全所做的设计。斋宫正殿是红墙绿瓦，砖造建筑，兼以砖拱承重，所以室内呈拱券形，没有梁枋木柱，所以又称"无梁殿"。

拙政园

🏠 | 中国江苏省苏州市东北街178号

　　中国园林依地区的不同，可分为气派的北方园林、秀丽的南方园林，以及兼容并蓄的岭南类型，而江苏省的园林属南方私家宅第园林。

　　说起江南私家园林，造园者很多是怀才不遇或是被贬官职的文人墨客。他们在官场不得志，回到自己的故土造园林以寄托人生抱负，并享有自己的天地，寄情于山水间。但因为这些园林多半建于城市中，占地不大，如何在小格局中创造大世界，让人不出城也能像神游山水一样，这正是造园艺术的最高表现。

　　集中国江南私家园林之最的苏州园林，许多已被列为世界文化遗产。要将此苏州文化发挥到登峰造极的层次，就需要多方面配合，例如建筑工艺、绘画、家具陈设、庭园造景、花木盆栽等，要看出其中的高深学问需要时间。

　　拙政园是苏州最大最著名的庭园，与苏州另一名园留园、北京颐和园、承德避暑山庄并称"中国四大名园"。

　　整个拙政园占地约五万平方米，最大的特点是总体布局以水池为中心，光是水域面积就占了五分之三。然后所有建筑临水而建，形成全园各个景点既独立又依附的关系，并且营造出许多诗意的境界。

　　明代正德年间(1509—1513)，监察御史王献臣对政治失望，于是弃官返乡，建造了这座园林，并借晋代潘岳《闲居赋》中"拙者之为政"，取名"拙政园"，表彰崇尚无为而治的政治态度。所以可以理解拙政园内，弥漫着文人的恬淡致远，却掩饰不了些微对朝政的

不满与嘲讽。

　　拙政园划分为东园、中园、西园，不同的园区有不同的旨趣。东园林木蓊郁、花木扶疏，而且水景设计非常巧致而特别，特有江南庭园的自然风韵。穿过有拙政园全景漆雕画的"兰雪堂"，即可看到缀云峰假山，紧接着是芙蓉榭、天泉亭、秫香馆、放眼亭等景点。由于曹雪芹的祖父曹寅在苏州当江宁织造时曾寓居于此，因此曹雪芹对此印象深刻，所以在《红楼梦》中就常可看到和拙政园相关的名字或景象。

　　中园为拙政园的精华所在，建筑都是临水而建。水域环绕四周，穿插着假山、长廊，把水乡泽国的温柔韵致收揽在一起。十余座亭阁式样都不同，属于明代园林气派的翘楚。值得注意的是，拙政园的水廊是苏州三大名廊之一。

　　西园则是后来才由清朝的张履谦扩建的，又称"张氏补园"，为占地面积最小的园林。水景仍是此园的重点，它和中园的水池一脉相连，主体建筑为由十八曼陀罗花馆与三十六鸳鸯馆组成的鸳鸯厅。

中园 ◆
小飞虹

　　远香堂左后方有一座飞渡池水的廊桥"小飞虹"，是苏州园林中独创之景。此桥倒映在水中，和四周的绿荫相辉映，就如同天上的彩虹般。而站在桥上往池水中望，可以观赏到"苔侵石岸绿，水漾落花红"。通过小飞虹观赏小沧浪的水景，感觉水像是一直延伸到很深远的地方，更添庭院深深的意境，为造景的极妙处。

中园 ◆
荷风四面亭

　　在远香堂的四周则有代表四季的四个亭子。"绣绮亭"四周种牡丹，是春天赏牡丹的春亭。"待霜亭"植有橘子树，秋天时可观赏到红橘的秋天样貌。"雪香云蔚亭"则种满梅树，为冬亭。"荷风四面亭"则是夏亭，该亭四面敞开，夏天时可以完全坐拥荷花香。

中园 ◆
远香堂

　　中园内主要的建筑是"远香堂"，这是因为堂前临荷花池，夏天时荷花的清香飘到堂内，取宋朝周敦颐《爱莲说》文中"香远益清"之意而成此堂名。拙政园的园主人相当喜爱荷花，所以在拙政园中有7个景点可看到荷花，每年夏季在园内更会举办荷花节。远香堂四周廊庑环绕，堂中四壁都是透空的长玻璃窗，宽敞而明亮，即使足不出户也可将四周景物尽收眼底。

中园 ◆
倚虹亭

　　倚虹亭旁为欣赏拙政园最佳的角度，因为拙政园之妙，就是妙在将江南的名塔——北寺塔"借景"过来。此为中国园林艺术中"借景"的运用之最。此塔巧妙地在荷花池的远端处，感觉就像是园中一景般，不仅延伸园林的视野，也增加景色的层次感，让人由衷佩服造园者的精妙之处。

西园 ◆
倒影楼

　　倒影楼重点是观赏水中丽影。楼分两层，楼下是"拜文揖沈之斋"，文指文徵明，沈指沈周，两位都是明代苏州知名的画家。楼左有波形长廊，右有"与谁同坐轩"，倒影如画，景色绝佳。

中园 ◆
香洲

　　香洲为旱船的样式，似船的形但却不能行走，故有旱船之名(江南园林中常会出现的造园手法之一，因为江南为水乡，古代常以舟代步，而园林中的旱舟则可展现水乡景色)。拙政园的香洲集亭台楼阁轩5种古典建筑之美，可说有画龙点睛之效。而悬挂在船头的"香洲"匾额也是大有学问，其字迹出自明朝四大才子之一的文徵明。

西园 ◆
十八曼陀罗花馆与三十六鸳鸯馆

　　这里是一个四方厅，由馆内中央一座银杏木雕刻的玻璃屏风隔成南北厅，南是"十八曼陀罗花馆"，北是"三十六鸳鸯馆"。这里是园林主人宴客、看戏的地方。特色是建筑的四角都有"耳室"，这是给戏曲艺人化妆更衣的地方。而且该厅引进西方的蓝玻璃，在阳光照射下非常美丽。

西园 ◆
留听阁

　　"留听阁"的名字，取自李商隐的诗句"留得残荷听雨声"。四周植有荷花，雨打残荷所发出的声响，使人感觉格外惬意。此外，留听阁虽不大，但建筑优美，特别是精巧的雕刻，让人赞不绝口。

曲阜的孔府・孔庙・孔林

🏠 | 中国山东省曲阜市

孔子诞生和活动的地方，春秋时代属于鲁国，在今山东省曲阜市。孔子虽平生不得志，但其死后，历代帝王莫不尊儒学为正统思想。连带着曲阜也受到帝王及名人文士的仰慕，其中又以孔府、孔庙和孔林为甚，即所谓的"三孔"。"三孔"于1994年为联合国教科文组织列入世界文化遗产名录。

孔府

孔府又名"衍圣公府"，三路布局，九进院落，但整体氛围因灰瓦而显得低调得多。因历代君王对孔子的长子、长孙多加封赏，待遇一如皇亲国戚，所以孔府兼有官府和民居的特色。前半官衙，后半内宅，空间布局巧妙，是明清建筑及园林规划的杰作之一。

孔林

孔林位于曲阜城北，是孔子及孔氏家族的专用墓地，占地面积达三千多亩，是目前世界上最大、最长久，也是保持最完整的家族墓地。由于历代重修之故，孔林提供了历代丧葬风俗演变的考据，千年林木的生态也是孔林的珍贵之处。

孔庙

位于孔府西侧的孔庙原是孔子的故宅，从三间的平民庙屋，经历代君王的扩建，形成三路九进、规模宏大的宅邸。祭祀孔子的大成殿，其建筑精美，足以和故宫的太和殿媲美，也是民间建筑中唯一具皇家规格的例子。除建筑外，由于历代文学家、艺术家造访频繁，留下很多书法石碑作品，总共有两千多块碑碣，几乎各代各流派的作品都可在此找到，尤其珍贵的是大量的汉画石刻。

平遥古城

⌂ | 中国山西省晋中市平遥县

明太祖为了抵御北方蒙古兵的进犯，洪武三年(1370年)在平遥修建一座城池；之后，山西商人崛起，平遥跃居为全国的金融中心，城内商家林立，豪宅大院鳞次栉比。由于整座古城保存良好，因而被评为中国保留最完整的县级古城。

整座城墙有3000个垛口、72个敌楼，寓意着孔子的3000名弟子与72位贤人。平遥城的街道布局，严谨方正，两两对称。南大街俗称明清街，是平遥最热闹的街道。中国第一家票号"日升昌"，坐落于西大街上，明清时期这里聚集了逾20家的票号、数十家的商号。

平遥城内的明清四合院共计有3797座。临大街的宅院有部分改装成客栈的模式经营，前院为饭馆，后院则规划为供住宿的旅馆。

位于平遥古城西南方6千米处的双林寺，以悬塑、彩塑与唐槐最为有名，大小塑像有2050尊，被西方学者评为"东方艺术的宝库"，1997年与平遥古城一同列入世界文化遗产名录。

北京雍和宫

🏠 | 中国北京市雍和宫大街12号

　　占地66400平方米的雍和宫，是北京最大的喇嘛寺庙，由昭泰门、天王殿、正殿、永佑殿、法轮殿、万福阁等建筑组成五进院落，每一进主要殿堂两侧，还设有左右对称的东西配殿。雍和宫内香火鼎盛，游客与香客络绎不绝。具有历史价值的佛像、唐卡、坛城、法器，以及雍正、乾隆等御笔遗迹不可胜数，值得花时间细细品味。

　　雍和宫最初是康熙三十三年（1694年），康熙皇帝建给皇四子胤禛的府邸，人称"禛贝勒府"，后胤禛被封为"和硕雍亲王"，此地改名为"雍亲王府"。雍亲王即位为雍正皇帝后，对旧居念念不忘，于是将这里改为行宫，赐名"雍和宫"。而雍和宫亦是乾隆诞生处，所以此府被喻为"龙潜福地"，也种下日后只能成为寺庙的因果之一。

　　雍正皇帝驾崩后，乾隆将其灵柩移至雍和宫中的永佑殿（雍正生前的寝宫），停放至隔年才移往清西陵安葬。当时为了迎棺，雍和宫在15天内将屋顶全部改覆黄琉璃瓦以符合规制，而永佑殿则常年供奉雍正图像，直到后来改为藏传佛教寺庙为止。

　　乾隆九年（1744年），雍和宫正式改为皇家第一藏传佛教寺庙，最大的原因是为了安抚、团结蒙藏各族而采取的怀柔政策，但也着实替清朝巩固边疆安定起了一定的作用。

昭泰门

　　昭泰门为一进雍和宫最醒目的主要建筑，为歇山式琉璃花门楼，门匾以满、汉、蒙、藏四种文字雕成，气势恢宏。

须弥山

　　雍和宫前有座高1.5米的铜制须弥山，它代表的是佛教世界的极乐净土。雍和宫建筑上还用了只有皇帝宫殿才能使用的黄琉璃瓦及蟠龙藻井，处处都显示了皇家寺院的规格。

御碑亭

　　御碑亭是座门开四面的重檐方亭，建于乾隆五十七年（1792年）。亭内有一块巨型石碑，四面分别用汉、满、蒙、藏四种文字镌刻《喇嘛说》，由乾隆皇帝御笔，描述喇嘛教的由来及乾隆所施行的怀柔政策。

天王殿

　　天王殿原为雍亲王府的正门，殿内供奉弥勒佛与四大天王像，是标准的寺庙前殿格局，门匾亦以满、汉、蒙、藏四种文字写成。殿内正中的弥勒佛慈眉善目，左右两侧的四大天王则分别为东方持国天王、南方增长天王、西方广目天王、北方多闻天王，各踩着代表各种邪念的小鬼。殿的后方则供奉被封为护法天神的韦驮天。

大雄宝殿

　　雍和宫的正殿为大雄宝殿，殿内供奉三世佛像，中间的是现在佛（释迦牟尼佛），左侧为过去佛（燃灯佛），右侧为未来佛（弥勒佛）。释迦牟尼佛前的两个站像是佛陀两大弟子：左为迦叶，右为阿难。

万福阁

　　以飞桥连接三座二层楼阁的万福阁，有着雍和宫三绝之一的迈达拉佛巨像。迈达拉佛即弥勒佛，地上高度18米，地下尚埋着8米，合计26米，由一整根白檀木雕成，是全世界最大的木造佛像。这根巨木原是由七世达赖喇嘛从尼泊尔获得，令人雕成佛像后进贡给乾隆皇帝的。

　　万福阁不但佛像高大，香柱也很可观。佛像旁两根4米高的香柱，和巨佛的高度相得益彰，香上更因布满细孔，故又名凤眼香。深究起来，凤眼香并非真正拜佛时所用的香，而是一种因地质变化产生的藻类植物化石，来自青藏高原，在清代被作为贡品送进宫中。

永佑殿

　　永佑殿供奉的是阿弥陀佛、药师佛和狮吼佛，但最重要的是位于内部东西两侧的"白度母"和"绿度母"堆绣唐卡。绿度母也称为"圣救度佛母"，是一切诸佛之母，颈挂珠宝璎珞，左手捻莲花，下垂的右手作与愿印，表示克服八难，施与众生安乐。

　　白度母因为脸上和手脚上共有七颗眼睛，而又称"七眼佛母"，额头上的眼睛可观十方无量佛土，其余六眼观六道众生，并且头戴宝冠，面目慈祥，右手作与愿印，胸前左手以三宝印捻乌巴拉花。这两张堆绣唐卡都是乾隆皇帝的母后，虔心领着一班宫女一针一线缝绣出来的，是雍和宫收藏文物中极为重要的珍品。

法轮殿

　　雍和宫中最大的殿堂即法轮殿，其建筑融和了汉、藏两式，是僧侣举办佛事活动的主要场所。殿内供奉着黄教喇嘛祖师宗喀巴的铜像，以及用金、银、铜、铁、锡五种金属制作的形态各异的五百罗汉，但现在仅存449尊。宗喀巴铜像的背后还有一座以紫檀木刻成的罗汉山，是不可多得的艺术品。

北京恭王府

🏠 | 中国北京市西城区前海西街17号

　　有人说："一座恭王府，半部清朝史。"恭王府可分为府邸与花园两部分，府邸占地32260平方米，花园面积28860平方米，规制布局都与王府的地位相符，由严格的中轴线贯穿整个四合院。花园内造景精致，可说是晚明直到清末的园林艺术缩影。相传《红楼梦》中的大观园及荣国府指的就是恭王府花园萃锦园。

　　恭王府花园虽不如皇家园林广大，却有北方少见的私人园林趣味，一景一故事。整座王府分为中、东、西三路，中轴由西洋门、蝠池、邀月台、蝠厅组成，以安善堂为界，两侧以游廊环抱蝠池，形成向南敞开的三合院。安善堂北面是第二进院落，充满山石堆成的假山，还有花园的制高点邀月台。第三进院落的蝠厅是面阔五间的后厅，现为茶屋。东路呈四合院形式，以大戏台为主建筑，入园以竹林增添四合院的意境；大戏台在恭亲王奕䜣主掌外交事宜时，发挥了许多公关功能，戏台下用水缸传声的效果，现在依然能发挥效用；天井、梁拱

绘满彩色枝藤，让人即使身处密闭空间，也仿佛能感受凉意。西路则以水为主景，布局比中轴、东路开朗，湖心亭及环湖的垂柳形成一幅图画。

　　花园周边三面以青石堆叠成连绵假山，隔离了外界喧嚣，园内更是园中有园，整齐划一。而在这规矩之中，用来区隔院落的水池、山石形状特异，用以打破僵硬的观赏动线和呆板布局。既有王室园林的气派，又富山水情趣，恭王府花园可谓是北京城内的园林建筑代表。

蝠池

蝠池的形状犹如一只展开双翼的蝙蝠，因为音同"福"，有吉祥之意。在萃锦园中，有蝠池以及用蝙蝠装饰的格窗、游廊、围墙等。据说全园共有9999只明蝠或暗蝠，再加上藏于秘云洞内的"福"字碑，就成了"万福"，可以和皇帝平起平坐，由此可见和珅僭越礼数。

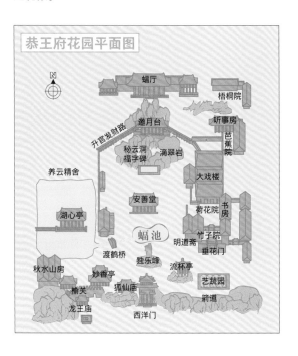

垂花门

这座东路四合院入口的垂花门，不但是萃锦园三绝之一，更是嘉庆处死和珅的借口。在皇权之下，封建礼制是很严格的，任何人都不得逾越，这些礼制大到官制，小到居家门面，都有规定。而和珅竟命人把紫禁城宁寿宫的图例描绘出来，依图建了自己的宅邸，并造了皇宫才能使用的垂花门、铜路灯。据说恭王府花园内的铜路灯比紫禁城的还要多。嘉庆皇帝在乾隆死后立刻把和珅逮捕入狱、家产充公，罪名就是他僭越礼制。

邀月台

邀月台和台上的厅堂"绿天小隐"是花园的最高点，位于假山堆造的滴翠岩、秘云洞之上，两侧有爬山廊和台下两侧的建筑物相连接。这条由低而高的长廊有个典故，据说一定要由下而上登高，比喻步步高升，因而名为"升官发财路"。

邀月台露台前的假山石，形状宛如双龙戏珠。山石间还架着两口铜鼎，铜鼎下有漏口，承水后漏下，好让山石生青苔，形成黄石绿点的皇家色泽。

洞门、竹子院

连接竹子院和荷花院的圆形洞门，从垂花门看进来，特别好看。据说竹子院就是《红楼梦》中林黛玉住的潇湘馆。

大戏楼

萃锦园中的大戏楼是恭亲王奕䜣所建，为典型的中国传统戏楼。奕䜣之孙溥心畬为当代著名书画家，曾邀请京剧大师梅兰芳和程继先在此合演了一出《奇双会》，为母亲祝寿。

流杯亭曲水

流杯亭曲水是萃锦园的三绝之一。曲水流觞的典故发生在晋朝绍兴的兰亭，大书法家王羲之和一群诗人举行曲水之宴，也就是把酒杯放入曲折的流水中，酒杯在谁面前停下，谁就得吟诗一首，否则罚酒一杯；这场曲水之宴宾客尽欢，微醺的王羲之写下兰亭诗集，序文即天下第一行书的《兰亭集序》。

和珅在流杯亭内也造了曲水，时常举行曲水之宴，但和珅一定坐在下首。除让自己有更多构思时间，还因曲水从和珅的坐处看，就像一个"寿"字，其中的意义不言而喻。

蝠厅

　　蝠厅面阔五开间，左右各连三间耳房，前后又各出三间抱厦，像蝙蝠状。蝠厅最令人印象深刻的是，在木构建筑上画黄、浅绿、深绿的竹节，柱身、天井、斗拱都是嫩黄翠绿的竹画，非常有园林气息。

湖心亭

　　花园西路以水景为主，建筑物不多，所以湖面虽然不大却显得开阔。过去到湖中的湖心亭得搭小船，现在为方便大家到湖心亭览胜，特地搭了便桥。然而虽方便了赏景，却也让景观显得突兀。

福字碑

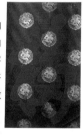

　　嘉庆皇帝抄了和珅的家，唯一搬不走的就是康熙御笔的福字碑。康熙留下的字迹并不多，一是故宫交泰殿的"无为"匾额，福字碑则是其二。康熙题福字，是为抚养他长大的孝庄皇太后祈求病体康复而写，写成后康熙竟不顾体制，给字轴盖上玉玺。福字碑的"福"字，就是根据康熙的福字轴刻成，连玉玺也刻了进去。这个玉玺之刻意义重大，因为故宫珍藏的23颗皇帝玉玺中，独缺康熙的玉玺。

　　福字碑原本也在紫禁城内，但和珅买通宦官偷运出宫，藏在自家花园内。为了长保福字碑，和珅用双龙戏珠山石构成的秘云洞来藏它。嘉庆虽然想把福字碑搬回宫，但要取回福字碑必先拆掉双龙戏珠，这对嘉庆的皇位来说会是个恶兆，因此福字碑才得以留在原地。

细赏北京胡同

"胡同"一词虽已成了北京街巷的总称，但据考证，这个称呼是七百多年前传入的蒙古语，意指"水井"，有水才能聚居，这番推想倒也合理。

要谈胡同，得由北京城的规划部署说起。整座北京城是以皇城为中心，划建出一条长达8千米的中轴线，南北走向的要道和东西走向的干线组成十字街道网，并纵横交错切割出称为"坊"的居民区。胡同便平行排列在南北大街两侧的"坊"中，罗列齐整，构筑成坐北朝南、左右对称的棋盘式格局。

四平八稳的布局，养成了北京人绝佳的方向感和耿直的脾气，问路总是回答："往南走，过两条胡同再向西拐。""不辨东西"在北京是绝无仅有的事。不过，即便北京人拐街串巷的本事高强，也说不准胡同的数。据记载，元时全城街巷胡同共计400多条，明代在元大都基础上改筑京城，全城分36坊，因扩建了外城，街巷胡同增至1170条。清代圈占内城供旗人居住，汉、回民搬迁至外城修筑新宅，胡同数目暴增至2077条。之后数目仍不断攀升，1944年增至3200条，20世纪结束前，北京街巷胡同数量已高达6000多条，当真应了"有名胡同三百六，无名胡同似牛毛"之说。

说起胡同名称，又是一门学问。北京人给胡同取名相当生活化，举凡日月山川、天文地理、花草树木、鸟兽鱼虫、城门庙宇、人物姓氏、牌楼水井、官衙府第、商品特产、工厂作坊、兵营驻地等，都能入名，于是有美如仙境的百花深处胡同，也有务实传神的狗尾巴胡同，名称逗趣，但叫人觉得亲切踏实。

随着旅游业起飞，到北京逛胡同的游人日益增多，"胡同游"成了最热门的游览项目。开设在胡同里的餐馆、酒吧也兴旺起来，多了几分热闹，少了几分幽静。但无论变化多大，胡同里的生活节奏依旧不徐不疾，北京人的脾气也依然爽利洒脱，就如同老北京人挂在嘴上的那句——"胡同是北京的门脸儿"，这话从古至今始终掷地有声。

胡同建筑元素

屋脊

屋脊一般分大脊、清水脊及过"土龙"脊3种。大脊仅限宫殿、坛庙、王府采用，清水脊在两端高插蝎子尾，过"土龙"脊选在屋面两端施脊，都极具特色。

门联

四合院古意洋溢的门联，是直接镌刻在门心板上，内容有修、齐、治、平，书法含行、楷、篆、隶，表达宅主的心声与才气，值得细细品味。

门钹

门钹因形似乐器钹而得名，多以铁或铜制成，常见的形状有兽面、圆形、六角星、花叶形。门钹上挂有门环以便敲门，门环的形式也多变化，和门钹相得益彰。

盘头

盘头连接墙身和屋檐，由戗檐、拔檐、枭砖、炉口、混砖及荷叶墩等组成，表现手法分素作及雕花，具画龙点睛的效果。

影壁

影壁俗称照壁，依所在位置大致分为大门外的一字与八字影壁、大门内的独立式与跨山墙式影壁，以及位于门旁的反八字影壁等数种。门内影壁古称"隐"，门外影壁古称"避"，后来合称为"隐避"，最后转成了今日所称的"影壁"，具强烈的装饰效果。

屋瓦

屋瓦按样式分筒瓦及合瓦两种，外观极易辨识。筒瓦讲究滴水及瓦当装饰的花纹，合瓦由瓦片一仰一合铺成，斜光投影，煞是好看。

门铁

门铁俗称"护门铁"或"壶瓶叶子"，顾名思义，常见有瓶、葫芦、如意等造型，以铁钉固定在大门下方，左右对称。讲究些的，还以泡头钉钉出万字花纹。

门

四合院常见的门面有广亮大门、金柱大门、蛮子门、如意门等，等级鲜明。最气派的广亮大门，配垂带踏垛台阶、砖雕花饰墀头、棋盘门、四门簪、抱鼓石、上马石。其他门面较广亮大门轻巧些，但需谨守式样、用色、装饰的规矩，旧时嫁娶讲究"门当户对"，就是这个道理。

门簪

门簪镶嵌在大门上方，插过中槛紧固连楹，广亮、金柱、蛮子等大门设4枚，如意门仅设2枚，形状与装饰多变，簪上镌刻的文字常随时代而更变。

抱鼓石

抱鼓石俗称"门墩儿"，主要有圆鼓及方鼓两种。圆鼓分狮子、圆鼓、须弥座3层，方鼓分头、须弥座2层，多为工艺精湛的石雕艺术品，令人赞叹。

清东陵·清西陵

🏠 | 清东陵位于中国河北省遵化市西北30千米处，清西陵位于中国河北省保定市易县梁各庄西15千米处的永宁山下

　　清东陵所在的地点据说是顺治皇帝打猎时选定的。东陵陵区南北长125千米，东西宽20千米，四面环山，于康熙二年（1663年）开始修建顺治帝的孝陵，此后陆续建成217座宫殿牌楼，组成大小15座陵园。

　　清东陵的神道是全国最长的皇陵神道，由最南端的孝陵石牌坊算起，一直到最北端的孝陵宝顶，共有5.6千米长。这条神道也形成清东陵的中轴线，顺治以后的历代帝后依照辈分在东西两侧以扇形排列，整个陵区总共埋葬了161人，包括孝庄皇后、顺治、康熙、乾隆、咸丰、慈禧太后、慈安太后、同治等，均长眠于此。

　　雍正时期另辟皇陵，称为清西陵，共有雍正的泰陵、嘉庆的昌陵、道光的慕陵、光绪的崇陵设在这里，另有3座皇后陵、3座皇妃陵，以及怀王陵、公主陵、阿哥陵、王爷陵等共14座，合计葬有4位皇帝、9位皇后、56位妃嫔，以及王公、公主76人。

　　至于雍正为什么不在东陵建墓，反而另辟西陵呢？原因众说纷纭，较有依据的说法是永宁山脉距离出产石材的曲阳县较近，雍正想节省人力物力，所以就近在此处兴建墓地。西陵建筑面积五万多平方米，由于交通不便，所以盗墓、破坏者较少，保存较为完好。

清东陵 ◆
孝庄皇后昭西陵

　　昭西陵是清太宗皇太极的孝庄文皇后陵寝。依照大清惯例，孝庄文皇后应与皇太极合葬于盛京，即今沈阳的昭陵，但她遗命要葬在顺治皇帝孝陵旁，康熙遂将孝庄宫殿移建至孝陵附近称"暂安奉殿"，并将孝庄移灵于此，直到雍正即位，才正式将孝庄葬入地宫。孝庄文皇后是葬在东陵内辈分最高的人，后世皇帝前来东陵祭拜，都要先到昭西陵，才去其他陵园。

清东陵 ◆
顺治孝陵·孝东陵

　　清世祖顺治皇帝的孝陵位于东陵中轴线上，后世四座帝陵则依次左右排列，严格遵守居中为尊的体制。孝陵的地点为顺治生前亲自选定，是清朝统治者在关内修建的第一座陵寝。而顺治的皇后孝惠章皇后及28名妃子，则葬在孝陵东边的孝东陵，因为是清朝第一座后妃墓，所以在形制上尚不完备。

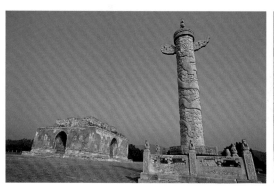

清东陵 ◆
康熙景陵

　　康熙的景陵基本结构和孝陵相似，但改了一些规定，如订定先葬皇后、附葬皇贵妃的制度，以及改火化入葬为土葬。值得一提的是，清朝每座皇陵皆有一座圣德神功碑亭，由继位的皇帝兴建，用以表彰先皇功业。景陵的圣德神功碑亭中，由雍正皇帝撰写了4300字的碑文记述康熙皇帝事迹，分别刻成满文及汉文，是后世研究康熙朝历史的珍贵史料。

清东陵 ◆
乾隆裕陵

乾隆的裕陵为清东陵中最壮观宏伟者，由三间长方形的殿堂（明堂、穿堂、金堂）串联，乾隆与两位皇后、三位皇妃的灵柩安放在最里面的金堂中。裕陵的地宫内无处不雕满佛像和经文，处处显现出乾隆皇帝好大喜功及崇尚佛教的习性。

清东陵 ◆
裕陵妃园寝

裕陵妃园寝内葬着乾隆皇帝的1位皇后、2位皇贵妃、5位贵妃及其他嫔妃、贵人等，共计36人。其中较著名的后妃有乌喇那拉皇后、纯惠皇贵妃、庆恭皇贵妃陆氏、容妃（即香妃）等，从第一位后妃入葬到最后一位，前后长达71年。知名香妃的陵墓因为被盗，只剩下棺木，棺木上刻有一行阿拉伯文"以真主的名义"字样，可证实香妃的宗教信仰为伊斯兰教。

清东陵 ◆
东、西太后的普祥峪定东陵、普陀峪定东陵

东（慈安）太后的普祥峪定东陵及西（慈禧）太后的普陀峪定东陵，皆于同治十二年（1873年）开始兴建。最初两座陵墓的规制相同，但普陀峪定东陵即慈禧陵在光绪年间重修，前后一共花了13年。重修后的慈禧陵，三大殿木构架全部采用名贵的黄花梨木，梁枋及天花板上的彩画不敷颜料，而是直接沥粉贴金，图案全为等级最高的金龙和玺彩画。殿前的汉白玉石台基上，甚至有"凤上龙下"的陛石雕刻，在中国历史上相当罕见。

1928年，军阀孙殿英以军事演习为名，盗掘了慈禧陵，劈棺扬尸，将所有珍宝劫掠一空，并破坏地宫的金碧装潢，使今人只见所剩无几的残状与基本墓型，殊为可惜。

清西陵 ◆
雍正泰陵

泰陵规模宏大，是陵区的中心，其余各陵皆分布在其神道两侧。雍正生前曾下诏不建神道和石像生，但乾隆雕了石像生、铺了2.5千米的神道，更在神道前建了三座中国最大的石牌坊。乾隆自己在东陵修筑豪华的裕陵，并下诏后世皇帝"昭穆次序，隔代埋葬"。但之后的皇帝或因时空背景，或因个人喜好，并未都按旨意隔代在东、西陵下葬。

清西陵 ◆
道光慕陵

道光皇帝的节俭是史上出了名的，他在清东陵建了一座小墓，但因先葬下的皇后陵墓地宫渗了水，道光大怒，便把建在东陵的墓拆了，另在西陵建墓，规模虽然也是小墓，但因属两建一拆，建陵的费用却是最高的。

同时，慕陵外观虽小，但内部造价惊人。他请了工艺高超的木匠，用珍贵的金丝楠木以浮雕和透雕手法，雕出隆恩殿和东西配殿共1318条木雕龙，置放在天花、雀替等处，因为他认为将龙请上"天"，就不会在地宫里吐水了。同时这些龙都未涂金漆，保持原色，而且金丝楠木质地坚硬，时至今日仍不需修缮。

清西陵 ◆
嘉庆昌陵

嘉庆的昌陵最有看头的是其隆恩殿，地面以珍稀的黄色花斑石铺成，石板上还带有紫色花纹，远观如满堂珍宝。而殿内梁柱盘上金龙，也令满室生辉。

清西陵 ◆
光绪崇陵

光绪的崇陵为中国现存最后一位帝王陵寝，合葬了光绪皇帝与隆裕皇后。慈禧生前只忙着兴建自己与同治皇帝的陵寝，因此崇陵是在光绪去世后才动工的，又因辛亥革命，拖至1913年才完工。崇陵的地宫目前为一座博物馆。崇陵外则有珍妃与其姊瑾妃的墓。

武当山古建筑群

　　湖北武当山的山坡及谷地，罗列了许多道教建筑，这些道观最早建立于公元7世纪，到了明代更形成道教建筑群。这些建筑代表中国元、明、清三朝(14—17世纪)的艺术成就。

　　传说真武大帝修仙得道后到了武当山，看上这块福地，与无量佛斗智斗法得胜，才赢得居留权，成为各道观供奉的主神。看过武侠小说的人想必对武当山这座道教第一名山不陌生，在此修炼的名人有唐代的吕纯阳、五代的陈抟、宋代的寂然子，以及传说中武当派的宗师张三丰。

　　武当山北接秦岭、南连巴山，绵延八百余里。景点包括72峰、36岩、24涧、11洞、3潭、9泉，不容错过的景点首当其冲的便是"金顶"，其次是"南岩宫"和"紫霄宫"，以及位于山下的"玉虚宫"。武当山古建筑群于1994年为联合国教科文组织列入世界文化遗产名录。

皖南古村落——西递村和宏村

🏠 | 中国安徽省黟县西递村和宏村

　　自16世纪始，徽商鼎盛，造就了徽派古民居建筑。粉墙、黛瓦、马头墙的民居、祠堂、牌坊、门楼，搭配花样繁复的石雕、木雕、砖雕艺术，无处不展现黟县的古村落最精雕细琢的一面。其中宏村和西递村，不仅是皖南最具历史考据的遗产，也被专家誉为"东方古建筑的艺术宝库"，2000年为联合国教科文组织列入世界文化遗产名录。

　　宏村在规划设计上，非常强调风水与水系，建造了堪称中华一绝的"牛形村落"和"人工水系"。宏村现有明清古民居约158幢，保存较完好的有137幢，其中以"承志堂"最为富丽堂皇，可谓皖南古民居之最。

　　西递村民居建筑多为木质、砖墙结构，"徽州三雕"丰富。两条清溪从村旁流过，99条高墙深巷，让外人仿若置身迷宫。目前有明清古民居300余幢，保存完好的有124幢，祠堂3幢，明代"胡文光刺史牌坊"1座。

嵩山少林寺

🏠 | 中国河南省登封市西北约13千米处

　　素有中岳之称的嵩山，除了名山胜景和旖旎迷人的风光外，更有闻名古今中外、耐人寻味的少林功夫。少林寺位于登封市西北13千米处的嵩山少室山下，因为这

座寺庙建于"少"室山的树"林"内，名称由此而来。

　　少林寺建于北魏太和十九年（公元495年），创始人乃是印度高僧跋陀。南朝梁武帝时，菩提达摩修禅于嵩山少林寺，在这里面壁九年，因此被奉为中国佛教的禅宗祖庭。而唐代初年，少林十三棍僧救了秦王李世民，现在少林寺前还立有李世民碑刻。有关少林寺的传奇故事非常多，颇为世人津津乐道。

　　少林寺占地面积约57600平方米，是僧徒进行佛事活动和生活起居的地方，建筑结构自山门到千佛殿共7进，红墙飞檐，翠柏蓊郁。尤其是电影《少林寺》的放映，使少林寺的名气如日中天。少林功夫、少林武僧、武打明星出少林的故事，更是令人称颂不已，享誉海内外。

少林寺平面图

千佛殿
地藏殿　　白衣殿
普贤殿　立雪亭　僧房
　　　　文殊殿
西寮房　方丈室　东寮房
西客房　　　　　东客房
厕所
塔院　藏经阁　禅房　僧院
客堂
　　　大雄宝殿
鼓楼　六祖殿　紧那罗王殿　钟楼
　　　　天王殿
锤谱堂　碑　林　区　碑廊
　　　　山门
西石坊　　　　　东石坊

碑廊

　　碑廊安放少林寺的历代碑刻共计一百多通，其书画和雕刻艺术皆具有相当高的研究价值。其中立于碑廊北端的"达摩一苇渡江碑"，为明河南太守梁建廷于天启四年（1624年）所制。宋代所刻造的"祖源谛本碑"刻有达摩面壁坐像。碑廊中还有米芾、赵孟頫、董其昌等文学书法名家们所书写的碑铭。碑廊可谓是一座丰富的文化宝库。

碑林

　　少林寺山门后有条长通道，两旁尽是苍松、古柏、银杏，这些大银杏树为建寺时所栽种，已有千年历史。此处林立着24通排列整齐的历代石碑，其中包括"宗道臣归山纪念碑""息息禅师碑"等。碑林中，最特别的是金庸于2000年4月所敬书《题少林武功医宗秘笈》，上书"少林秘笈国之瑰宝，拜领珍藏感何为之"。

东亚建筑艺术 ◆ 中国建筑

山门

　　山门为少林寺大门，应作"三门"，为"三道解脱门"之意。三门乃清雍正十三年（1735年）时所建，正门上方横悬长方形黑底金字匾额，上书"少林寺"。匾正中央镶嵌着"康熙御笔之宝"六字印玺，为康熙四十三年（1704年）亲笔书写。大门的八字墙，乃明嘉靖年间所建立的石坊两座，东石坊题额"祖源谛本"，内横额"跋陀开创"；西石坊题额"大乘胜地"，外横额"嵩少禅林"。

305

天王殿

　　天王殿为少林寺中轴线上第二进殿宇，与大雄宝殿、藏经阁并称为佛教三宝殿。原建筑于1928年被军阀石友三烧毁，1981年重建，建制五间，重檐歇山顶。殿前隔屏的左右，外塑两座金刚力士像，为护法天神，俗称"哼哈二将"；殿后彩塑为"四大天王像"，手持琵琶者为东方持国天王，持宝剑者为南方增长天王，手上缠龙者为西方广目天王，手持宝伞者为北方多闻天王。

大雄宝殿

　　大雄宝殿是寺僧佛事活动主要场所，现有建筑为1986年重建，属于重檐歇山顶建筑。殿堂正中央则悬挂清康熙皇帝所亲笔书写的"宝树芳莲"，殿内供奉东方净琉璃世界的药师佛、娑婆世界的释迦牟尼佛，以及西方极乐世界的阿弥陀佛。

　　屏墙后壁则为紫竹观音塑像，观世音菩萨名号为"正法明如来"，两侧矗立着彩塑金色的十八罗汉像。

千佛殿

　　绿色琉璃瓦的千佛殿内供毗卢遮那佛铜像，故又名毗卢殿，始建于1588年，殿外高悬"西方圣人"匾。殿内有著名的大型壁画《五百罗汉朝毗卢》，忠实呈现少林武僧习武和习拳的画面，堪称镇寺之宝。殿内的青砖地面上留有昔日僧人练武留下的"站桩坑"，参差不齐的坑洞共计4行48个陷坑，深约20厘米，由此可见当时武僧打拳练武的高强功夫。

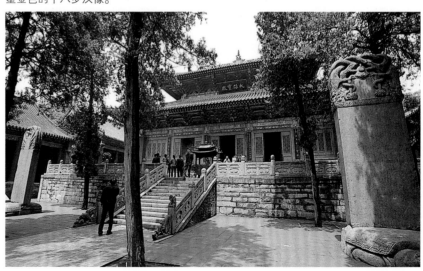

锤谱堂

锤谱堂乃是四合院长廊形态，共42间，廊内安放少林武术和拳路塑像等共14组，共有215尊塑像，其中有系统地介绍关于少林武术的起缘、发展过程、精华套路、拳法绝技，以及少林寺曾经参与的一些历史事件和成为武术之乡起源的典故等内容。旁边是少林药局，游客来此可购买少林寺自制的膏药、贴布、喉糖等。

藏经阁

藏经阁又名法堂，是高僧讲经说法和研究佛教、苦读经书的地方，重建于1993年。内部目前供奉缅甸仰光一居士送的白玉大卧佛，东西两壁经柜内则存放《中华大藏经》《日本大正新修大藏经》《高丽大藏经》及有关佛教和少林武术等典籍。令人玩味的是，藏经阁的匾额上，由赵朴初先生所书写的"藏"字，缺少左下侧扁旁，隐喻目前经书的保存已不完整了。

白衣殿

白衣殿位于千佛殿东侧，因为殿内供有白衣大士观音菩萨铜像，所以又名观音殿。内观古朴，殿内两山和后壁上的彩色壁画为清代绘制，内容包括少林拳谱、十三棍僧救秦王及少林寺刀枪、兵器的种类，还有少林寺古建筑图样。至于后者，也为日后重建寺院提供了参考蓝图。

方丈室

方丈室乃寺中方丈起居与理事之处，清乾隆十五年（1750年），皇帝曾在方丈室住过一宿，所以此处又称"龙庭"。当时他还曾写下诗句："明日瞻中岳，今宵宿少林。心依六禅静，寺据万山深。树古风留籁，地灵夕作阴。应教半岩雨，发我夜窗吟。"

钟楼、鼓楼

钟楼是4层歇山楼阁建筑，1928年遭火焚毁，重建于1994年，13000斤的大铜钟重铸于1995年。钟楼前方有一通"太宗文皇帝御书碑"，背面为《赐少林寺柏谷庄御书碑记》。碑文描述有关隋末叛将王世充叛变，十三棍僧营救李世民，后被赏赐武僧官爵和土地，并获准在寺内养僧兵，此碑有珍贵的唐太宗亲笔签名。至于与钟楼相对称的鼓楼亦是重建于1995年，楼内摆放转轮藏，上方则有中国最大的工艺鼓。

立雪亭

立雪亭又名达摩亭，是为了纪念二祖慧可立雪明志苦候达摩，并且断臂求法获得衣钵法器的地方。原建于明正德七年（1512年），殿内神龛供奉着达摩祖师的铜坐像，龛上悬挂的匾额写着"雪印心珠"，匾额正中刻有"乾隆御笔之宝"。两侧四个泥塑像分别为二祖慧可、三祖僧璨、四祖道信和五祖弘忍，为明嘉靖十年（1531年）所铸。亭前有柏树两株，环境幽静。

布达拉宫

🏠 | 中国西藏自治区拉萨市城关区北京中路

　　位于拉萨市内的布达拉宫、罗布林卡、大昭寺同列为世界文化遗产，其中高踞山头的布达拉宫不仅造型醒目，更是藏地崇高的政经中心所在。

　　关于松赞干布修筑布达拉宫的主因有两点：一是《新唐书》所载"为(文成)公主筑一城以夸后世"，二是《西藏王统记》记载松赞干布称王后，欲学先王筑一处"吉祥安适之处而作利益一切众生之事业"。

　　初建的布达拉宫气势宏伟，据松赞干布所写的《尼玛全集》描述："红山中心筑9层宫室，共999间屋子，连宫顶的1间共1000间……王宫南面为文成公主筑9层宫室，两宫之间架银铜合制的桥一座以通往来……"这座恢宏的建筑群在朗达玛遭暗杀、吐蕃王朝

崩溃后遭受毁损。直到1642年五世达赖喇嘛在哲蚌寺建立甘丹颇章政权后，决定在布达拉宫旧址重修宫殿以巩固政权，因而于1645年举行白宫开工典礼，1648年竣工。五世达赖喇嘛圆寂8年后，五世达赖灵塔及红宫同时动工兴建，之后经历3个世纪多次增补扩建，才有今日完美的规模。

规模惊人的布达拉宫在红山南侧山腰建基，建筑群盘山而建直达山顶，宫墙以花岗岩砌筑，墙基深入岩体，墙体还加灌铁汁以增强坚固性和抗震能力。大小经堂、经院、佛殿、灵塔殿、僧院，层层叠接，高低错置，主体建筑白宫和红宫分别是历世达赖喇嘛居住、活

动之地，以及达赖灵塔殿、佛殿集中之处。在十四世达赖喇嘛出走印度之前，此地是藏地权力中心所在，直到今天依旧地位非凡。

从入口进入宫墙后，会先经过一片名为"雪城"的山前部分，这里原是清朝时噶厦政权的政府机关、印经院、仓库、监狱等设施所在地。攀爬过一长段直至山顶的阶梯后，才算正式进入布达拉宫。沿参观路线前进，先是达赖喇嘛办公的白宫，而后转入采取坛城布局的红宫，沿途著名的佛教壁画、唐卡不胜枚举。最后沿着山后部分的"林卡"离开，走向素有"达赖喇嘛后花园"之称的龙王潭。

白宫

白宫是历世达赖喇嘛居住、办公与召见大臣的地方。

目前所见的白宫，是五世达赖喇嘛阿旺罗桑嘉措取得西藏政权后而建的。从1645年开始兴建，共花费3年完成。

整座白宫建筑鳞次栉比，最大的宫殿为东有寂圆满大殿(简称"东大殿"，藏语名称"措钦夏司西平措")。1653年五世达赖喇嘛接受大清顺治皇帝册封，这里从此成了历世达赖喇嘛举行"坐床"与亲政大典的地方。

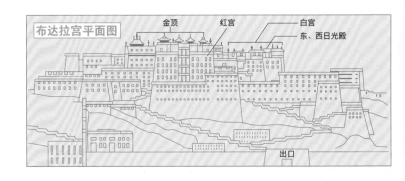

布达拉宫平面图

金顶 红宫 白宫 东、西日光殿 出口

东、西日光殿

白宫最顶层的两座殿堂，因没有被建筑物遮蔽，阳光可透过玻璃窗照射殿内，采光极佳，故名曰东、西日光殿。

东日光殿藏语名"噶丹朗色"，是十三世达赖喇嘛晚年的起居殿，有喜足光明宫殿、永固福德宫、护法殿、长寿殊胜宫与寝宫等；一旁藏语称作"索朗列吉"的西日光殿，则由福地妙旋宫、福足欲聚宫、喜足绝顶宫、寝宫及护法殿组成。

红宫

　　红宫由灵塔殿、佛殿组成，是全藏佛教重镇。

　　五世达赖喇嘛圆寂之后(1690年)，第司桑结嘉措不但主持五世达赖喇嘛灵塔殿的兴建，而且同时大肆修筑红宫建筑群。根据史书记载，红宫建筑群共花费了213万两白银，动用本地民工近6000人、工匠1700多人，康熙皇帝还调派114名汉族、满族工匠一同参与了这项巨大的修建计划。

　　宫中的灵塔殿，共修有五世达赖、七世至十三世达赖的八座灵塔。其中又以五世达赖的规模最大且最豪华。该塔高14.86米，塔身分为5层，镶嵌有精美的珍贵珠宝，总耗费达黄金11.9万两。

　　红宫的佛殿不仅巩固其宗教地位，还保留了藏传佛教的经典。弥勒佛殿典藏有全藏最早的纳唐版大藏经《丹珠尔》。坛城殿铸造有密集、胜乐与大威德的金箔巨型坛城，规模令人咋舌。红宫中央最高处的殊胜三界殿，是举行重大活动的殿宇。该殿供奉有康熙皇帝的长生禄位与乾隆皇帝身穿僧服的唐卡画像，以前每逢藏历新年，达赖喇嘛率要员到此参拜，祈求大清皇帝政躬康泰、国运昌盛。长寿乐集殿藏有六世达赖喇嘛的宝座。帕巴拉康与法王洞，位于布达拉宫中心位置，是源自公元7世纪松赞干布时期的古老建筑。前者珍藏着一座有1300多年历史、以檀香木自然形成的观音菩萨像，后者曾是当年松赞干布的修行洞，地位超群，无可取代，名列布达拉宫最重要的两大文物。时轮殿里有一座大型立体鎏金铜质时轮坛城，这座坛城建于五世达赖时期，代表着300多年前藏人高超的工艺水平。

金顶

　　金顶指的是五世、七世至十三世达赖的灵塔鎏金屋顶，总数7座，其中5座为歇山顶，其余的为放角亭式。金顶不仅是红宫的最顶层，也是布达拉宫的最高之处。整座金顶有精美的斗拱承托，再加上经幢、经幡与法幢的装点，在灿烂的阳光照耀下，富丽堂皇的气势油然而生。

大昭寺

🏠 | 中国西藏自治区拉萨市城关区八廓街

大昭寺坐落于拉萨市区最热闹的八廓街上，是目前西藏现存最具代表性的吐蕃时期建筑。

建于公元7世纪的大昭寺，藏语为"觉康"，意为"佛祖的房子"。当年由松赞干布、唐朝文成公主、尼泊尔尺尊公主(或译为赤尊公主)共同兴建，并经后代多次扩建而成。因兼容藏传佛教格鲁、噶举、萨迦、宁玛与苯教等五大派，并供奉佛、菩萨、各派师祖的法像，而深受各地藏民崇仰。

大昭寺是一座融合汉藏建筑风格的寺院，关于寺内的主供佛与最初选址修建均有多种传说。据《西藏王臣记》《西藏王统记》所载，熟知汉历观测法的文成公主入藏后，推算出藏区的地形就像是一个仰躺的罗刹女(魔女)，卧塘错就是罗刹女的心脏所在，为了不使其造次，便以白山羊驮土填湖建造此寺予以压镇。

大昭寺落成后，供奉尺尊公主从尼泊尔恭迎而来的释迦牟尼佛8岁等身像，而小昭寺供奉文成公主从中土迎来的释迦牟尼佛12岁等身像。后来唐蕃失和，大唐攻藏，吐蕃王担心小昭寺内的释迦牟尼佛像被唐朝夺回，于是将两尊佛像互调，自此一直供奉至今。

转经道

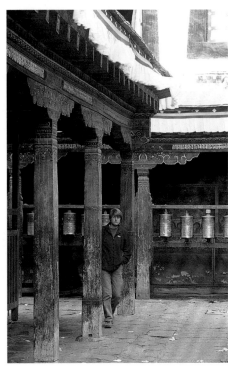

拉萨有林廓路(外经道)、八廓街、大昭寺内回廊等三条主要的转经道，每逢藏历的初一、十五涌入众多的信徒，循顺时针的方向转绕转经道祈福。大昭寺内的回廊里绘满了千万尊佛像，内容有释迦牟尼佛、格鲁派创始人宗喀巴与各教派创始人的生平事迹。

卧鹿法轮

藏传佛教寺庙的屋顶都修有鎏金的铜制卧鹿法轮，源自佛经所载释迦牟尼在鹿野苑"初转四谛法轮"。法轮象征佛法，而两侧的卧鹿象征聆听佛法，鹿专注仰望法轮呈跪坐姿态，象征佛法无边，普度万物生灵。

唐柳

唐柳又称为"公主柳"，相传是文成公主从长安灞桥携带柳树幼枝至大昭寺种植，至今已有一千三百多年历史。

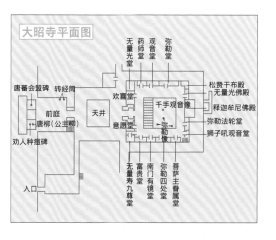

大昭寺平面图

唐蕃会盟碑·劝人种痘碑

唐蕃会盟碑又称甥舅会盟碑，坐落于大昭寺大门入口处，长3.42米、宽0.82米、厚0.35米，是吐蕃王在公元823年纪念唐蕃和平会盟所建。碑文记载"舅甥二主，商议社稷如一，结立大和盟约，永无渝替，神人俱以证知，世世代代，使其称赞"。在唐蕃会盟碑旁边的劝人种痘碑，是1794年由清朝驻藏大臣设立，碑文记载劝人种牛痘以预防天花疾病的内容。

天井

1409年，格鲁派创始人宗喀巴为纪念释迦牟尼以神变之法击退外道，而创立传昭大法会（藏历1月3日至24日）。法会期间，拉萨主要寺院的僧侣齐聚大昭寺的天井诵经，并参与辩经的格西大会考。

释迦牟尼佛12岁等身像

释迦牟尼佛殿供奉文成公主从洛阳白马寺迎来的释迦牟尼佛12岁等身像。根据藏文史书描述，这尊佛像是释迦牟尼在世时塑成，并由世尊自己开光。一手作结定印、一手作压地印的庄严法像，让朝拜者心生信仰与慈悲善念。

千手千眼观音菩萨像

慈悲的观音为普度众生化成千手千眼，以期救度更多的善男信女。

拉萨建城壁画

大昭寺壁画广达4400平方米，内容涵盖宗教故事、历史传记与民间故事等，图中壁画描述公元7世纪松赞干布与文成公主建拉萨城的过程。

罗布林卡

　　"林卡"是"园林"之意，"罗布林卡"藏语意为"宝贝园林"。罗布林卡的历史源自18世纪时驻藏大臣遵从清朝旨意，为七世达赖喇嘛修筑乌尧颇章（凉亭宫），这处简单的休憩处就是罗布林卡初始的建筑。

　　由于此处树木成林、鸟语花香、气候合宜、景致美丽，因而居住在布达拉宫的达赖喇嘛，便在夏季移居于此处理政务，所以罗布林卡又有"夏宫"别称。经过200多年历世达赖喇嘛的扩建兴筑，林卡面积已达36公顷，并规划成格桑颇章、金色颇章与达登明久颇章等三大宫殿（"颇章"为"宫殿"之意），被誉为西藏最典型、最美丽与最豪华的林卡。

达登明久颇章

　　1956年启用的达登明久颇章，藏语意为"永恒不变的宫殿"。这座新式建筑拥有现代化设施，曾是十四世达赖喇嘛住所，又称"新宫"。宫内最吸睛的是一幅幅精致壁画，包括出自十四世达赖喇嘛画师安多·强巴手笔的《狮虎》、大经堂内的《噶厦百官图》《释迦牟尼佛讲经》等画作。小经堂里则有描述西藏历史的巨型壁画，从猕猴转变为人类到吐蕃王朝的兴衰，与历世达赖喇嘛的生平皆有着墨。另外，楼梯过廊间的回文诗壁画，无论是纵向或横向阅读皆可连成诗句，也是重要典藏。

格桑颇章

　　格桑颇章是七世达赖喇嘛格桑嘉措于1751年修建，包括佛堂、神殿、集会殿与卧室。1楼主殿留有七世达赖喇嘛的宝座与度母唐卡像，2楼有释迦牟尼佛像、十六罗汉像与六臂护法神像，四周墙壁绘有吐蕃藏王的故事。

观戏楼

　　过去每到雪顿节，达赖喇嘛除了在此设酸奶宴宴请大小官员，也会坐在观戏楼与文武官员、藏民一同欣赏藏戏表演。

罗布林卡平面图

金色颇章

1922年竣工启用的金色颇章，大殿内壁画满饰，以兼容汉、藏风格著称，南面的曲敏确杰是十三世达赖喇嘛晚年直至圆寂的居住地。该殿因坐落于隐秘的西北方树丛中，多了一份神秘与宁静之美。

湖心亭

湖心亭是罗布林卡最大的园林建筑群，水榭四周楼阁依偎而立，北面有龙王亭、东面有东龙王亭、南面为马厩，西面的春增颇章则是达赖喇嘛读书的地方。

雪顿节在罗布林卡

雪顿节意为"吃酸奶的节日"，固定于每年的藏历6月下旬举行。雪顿节主要的活动为晒大佛、过林卡和跳藏戏。在雪顿节期间，罗布林卡内四处围起布幔、帐篷，来自各地的藏人聚集饮酒野餐、逛林卡、看藏戏。

早期，罗布林卡是禁止百姓进入的，只有在雪顿节期间才开放，允许藏人前来观赏藏戏。1959年春天，十四世达赖喇嘛从罗布林卡出走至印度，这里便对外开放，变成藏人休憩游玩的最佳去处。

哲蚌寺

中国西藏自治区拉萨市城关区北京西路276号，拉萨西郊约8千米处的根培乌孜山脚下

1416年，宗喀巴弟子降央曲杰破土修建哲蚌寺，出任该寺第一任堪布(住持)。根据佛教史《黄琉璃》的记载，哲蚌寺修筑之初，宗喀巴还特赐白法螺一只以庇佑修建顺利圆满成功。此法螺目前珍藏于寺内，成为镇寺之宝。

依山势而建的哲蚌寺，全名为"吉祥米聚十方尊胜洲"，藏语意为"雪白的大米高高堆聚"或"米仓"。创建之初仅有大经堂、密宗殿、僧舍，而后扩建了洛色林、果芒、德央、阿巴、兑桑林、夏郭日、都哇等七大扎仓，名列黄教六大寺院之首，远望有如一座庞大的山城。主要建筑为措钦大殿、甘丹颇章，以及合并后的果芒、洛色林、德央、阿巴等四大扎仓。

措钦大殿

措钦大殿的大经堂有183根大柱，可容纳千人诵经，名列拉萨寺庙面积之最。大经堂设有三世至五世、七世至九世与十三、十五世达赖喇嘛的佛塔与佛像，主供佛有法力无边的大白伞盖佛母像、无量佛9岁等身像。大殿3楼供奉哲蚌寺最著名的强巴佛8岁等身铜像，置于铜像前的白法螺相传是释迦牟尼佛的遗物，当年宗喀巴赠予弟子降央曲杰的，为镇寺的法宝。

哲蚌寺晒大佛

每年藏历6月下旬雪顿节，哲蚌寺会展开盛大的晒大佛活动。晒大佛在凌晨时分展开，将长30米、宽20米的释迦牟尼佛唐卡，挂在根培乌孜山的展佛台上，在东升阳光的照耀下，呈现佛光普照、佛佑子民的祥和境界。

果芒扎仓

藏语"扎仓"是专供僧侣学经和修法的场所，相当于现代的学院。洛色林、果芒、德央等三大扎仓为显宗僧院，主张公开宣道弘法、修身近佛。阿巴扎仓为密宗僧院，重视传承，不对外人传授密法。两者相较，密宗的门槛较严格，并规定"先显后密"。

甘丹颇章

甘丹颇章由哲蚌寺第十任堪布、二世达赖喇嘛根敦嘉措修建，主供宗喀巴师徒三尊。在五世达赖喇嘛未重修布达拉宫前，达赖喇嘛均居住于此，是当年西藏甘丹颇章政权的权力中心。

德央扎仓

哲蚌寺的洛色林、果芒与德央都是修习显宗佛法的，但僧人的来处不同。洛色林僧人以西康、云南人居多，果芒多为青海、蒙古族人，德央则多为前、后藏人。

洛色林扎仓

洛色林扎仓是哲蚌寺四大扎仓中最大的一个，鼎盛时，僧人多达六千余人。大殿内供奉有扎仓首任堪布勒贡活佛灵塔、二世达赖喇嘛灵塔、洛色林扎仓历代活佛灵塔，以及降央曲杰、宗喀巴、贾曹杰、克珠杰、大白伞盖佛母与五、七、八、十三世达赖喇嘛的塑像。

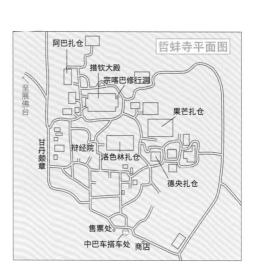

哲蚌寺平面图

阿巴扎仓
措钦大殿
宗喀巴修行洞
至展佛台
果芒扎仓
辩经院
甘丹颇章
洛色林扎仓
德央扎仓
售票处
中巴车搭车处
商店

阿巴扎仓

阿巴扎仓修习密宗教法。密宗推崇大日如来，重视真言、秘咒求得即身成佛，这也是密宗广受众生接受的原因之一。阿巴扎仓的修习管道畅通，修习成绩优秀的僧人，可进入上、下密院继续修行。

扎什伦布寺

🏠 | 中国西藏自治区日喀则市桑珠孜区几吉郎卡路

　　扎什伦布寺藏语意为"吉祥须弥寺"，除了与哲蚌寺、色拉寺、甘丹寺、青海塔尔寺、甘肃拉卜楞寺并列为格鲁派六大寺院外，也是后藏规模最大的寺院以及历代班禅喇嘛的驻锡地，与布达拉宫分掌前、后藏的政教事务。

　　15世纪宗喀巴创立格鲁派后，第八弟子根敦珠巴为宣扬教义，进入后藏布教，并于1447年开始动工兴建扎什伦布寺，历时12年建成。当达赖活佛转世系统建立后，根敦珠巴被追认为一世达赖喇嘛。到了1600年，四世班禅罗桑确吉坚赞担任扎什伦布寺第十六任堪布，自此扎什伦布寺成为历代班禅喇嘛驻锡地，并在历代班禅喇嘛扩建下规模日渐拓展。

强巴佛殿

　　强巴佛殿是1914年由九世班禅罗桑确吉尼玛，动用百余名工匠耗时两年修建而成的。大殿高近30米，殿内供奉世界上最大的室内雕像"强巴佛鎏金铜像"，佛身高26.2米、莲座高3.8米、肩宽11.5米、脸长4.2米、耳长2.2米、佛手长3.2米、腿长4.2米，光是鼻孔就能塞入一个7岁大的孩童。整座佛像估计耗费6700两黄金与23万多斤的黄铜，仅眉间就镶饰30多颗钻石，全身另有千余颗珍珠、珊瑚、绿松石、琥珀等。

扎什伦布寺平面图

十世班禅大师灵塔祀殿

十世班禅大师灵塔祀殿藏名为"释颂南捷",藏语意天上、人间、地下三界圣者的灵塔殿,1990年动工,费时3年竣工。花岗石砌成的大殿墙体厚1.83米,可抵御8级强震。灵塔塔身高11.55米,外观以鎏金包裹,并镶有钻石、玛瑙、猫眼石、绿松石、珊瑚、翡翠等珍贵宝石。殿内还藏有金制的嘎乌(护身符)、粮食、茶叶、药材、袈裟、藏服、马鞍、珠宝、贝叶经、佛经、佛像、唐卡与十世班禅大师的法体等。

四世班禅大师灵塔祀殿

四世班禅大师灵塔祀殿藏名为"曲康夏",兴建于1666年,是扎什伦布寺最早修建的灵塔殿。灵塔高11米,塔身包裹白银,并耗费黄金2700两、白银3.3万两、铜7.8万斤,以及无数珍贵宝石,华美庄严。

汉佛堂

汉佛堂藏名为"甲纳拉康",殿内收藏有大清乾隆皇帝巨幅画像、道光皇帝万岁万万岁牌位、大清赐给班禅的金册金印,以及皇帝赐予历代班禅的礼品等,表明了后藏班禅与清朝的臣属关系。偏殿为班禅会晤清朝驻藏大臣的厅室。

措钦大殿

措钦大殿修建于1447—1462年,由大经堂、释迦牟尼殿、弥勒佛殿与度母殿组成,是全寺最古老的建筑。以48根大柱构成的大经堂,可容纳2000僧人诵经,殿内主供班禅大师宝座、清代唐卡《无量寿佛净土图》与释迦牟尼佛庄严的法像画作;释迦牟尼殿主供一世达赖喇嘛根敦珠巴像;弥勒佛殿供有西藏、尼泊尔工匠合制的佛像,以及根敦珠巴亲手雕塑的观音、文殊菩萨像;度母殿则有一尊高2米的白度母像,以典雅的形象救度众生。

班禅东陵扎什南捷殿

藏名为"扎什南捷"的五世至九世班禅合葬的灵塔殿多次遭受破坏。十世班禅大师于1984年动工重修,费时4年8个月完工。合葬灵塔殿总面积1933平方米、高33.17米,四面墙壁绘满了佛教高僧的壁画。

展佛台

展佛台矗立于尼马山上,高32米、底长42米,是日喀则最高的建筑物。每年藏历5月14日至16日展佛节时,就在此处展示佛像唐卡,供信徒朝拜。

福建土楼

🏠 | 散布于中国福建省永定区、南靖县、华安县境内

　　土楼的外观是那样威严而不可一世地拒人于外，然而走进土楼的内部，却又是另一种截然不同的亲切面貌。土楼内的空间设计完全是以"人"为主体，小巧玲珑的隔间、环周连通的长廊、居中向心的祖堂、用途多

元的天井，就像是一圈自成一体的小村落、四面合围的桃花源。可以说，土楼的外在面对的是敌人，而内在面对的是家人。

　　其实土楼的前身就是堡垒。早在唐初陈元光开漳之时，汉人为与当地原住民抗争，在山头上建立了许多山寨，而漳州的山头多呈圆形，自然而然便建成圆形的土堡。后来原住民逐渐与汉人融合，山寨因失去了其必要性而荒废，但这种圆形的防御型建筑却保留了下来。

　　土楼具备保护整个宗族的能力，但这种防御力并不是从一开始就如此无懈可击。千百年来，土楼塌了又建，建了又塌，人们从每一次的坍塌教训中汲取经验，慢慢地改良进步，终于发展出固若金汤的完美形式。2007年土楼被联合国教科文组织列为世界文化遗产。

台南孔庙

🏠 | 中国台湾台南市中西区南门路2号

朱色建筑的台南孔庙，绿荫环绕，在艳阳蓝天下，显得十分神气。孔庙建于明永历十九年（1665年），已有300多年历史，是目前台湾历史最悠久的建筑群。

现在的入口是原本的"大成坊"，高挂"全台首学"金字匾额。该建筑群目前还大致保持"左学右庙"的传统规模：左学是以明伦堂为主的建筑群，右庙则以大成殿为中心。不过，现在许多围墙都已倾圮，空间结构和原来稍有不同。

鹿港龙山寺

中国台湾彰化县鹿港镇龙山街与金门街交会处

鹿港龙山寺素有"台湾紫禁城"的美誉，始创于明永历年间(约1653年)，为开台最早佛寺。原址在今天的大有街，乾隆年间，当时的鹿港位居要津，交通发达，商业繁荣。龙山寺位于旧街的空间不敷使用，遂由陈邦光倡议迁建至现址，并由鹿港八郊士绅共同募资扩建，历经数十年完成今日雄伟庄严的古刹。寺内主祀观世音菩萨，配祀境主公、注生娘娘、十八罗汉及东海龙王，镇寺之宝为唐式风格的铜观音像。每年农历二月十九日的"观音妈生"会举行盛大的法会和庙会活动，非常热闹。

该寺规模宏大，造型优美，坐东朝西的方位，为河港庙宇朝向河面的特色。在格局结构上，属于四进三院的大型佛寺，自外至内分别有重檐歇山式山门、五门殿、正殿和后殿。居间区隔地依序为前埕、戏亭、回廊、中埕、拜亭和后埕，空间纵深幽长，饶富变化。

寺中的建筑，艺术价值极高。在石材上大量使用泉州白石和青斗石，拼贴出的墙面结实而美观；屋顶的檐翼翘角形式多样，屋脊的装饰如斗拱、吊筒，在色泽和造型上简明而朴实；另外，在石雕、木雕、泥塑与彩绘上的呈现更为可观。其他如山门、石狮、八卦藻井、惜字亭、古钟、匾额、碑、古井、神龛等，都是寺内的特色。其中，位于戏台上方的八卦藻井，是台湾保存年代最久，体积最大的作品，结构繁复华丽。

板桥林本源园邸

位于板桥的林本源园邸，俗称"林家花园"，是清末台湾首富林平侯两代家族所建造的豪宅，被公认为清代台湾园林的典型代表作。

林家第一代先祖林应寅于清乾隆年间从福建漳州来台开垦，其子林平侯在乾隆五十一年(1782年)来台，事业版图扩及米业、樟脑业，并经营航运业，来往于中国台湾、中国大陆、南洋各地，成为台湾首富。

道光年间，台北盆地漳泉械斗频繁。林平侯选在大科崁(今桃园大溪)建筑豪宅，后因许多佃农为林家耕作，为了收租方便，于道光二十七年(1847年)搬迁到水运交通方便的"枋桥"(今板桥)，此为林本源园邸的滥觞。

林平侯有五个儿子，分别以"饮、水、本、思、源"为记，其中三子林国华与五子林国芳最得疼爱，"林本源"园邸的命名就是以林国华与林国芳家号的"本"和"源"合称而来的。

林国华两兄弟合力兴建三落大厝，并沿大厝周边建造千坪花园，规模之大、施工之繁复考究，放眼台北城，无人能出其右。台湾光复后，军队进占林家园邸，林家族人全数避居福建。还原园林风貌的重建工作从1982年开始，足足4年才完工，重现管窥典型台湾园邸之美的迷人殿堂。

观稼楼

屋顶为少见的平顶，这是由于观稼楼地位不若主楼来青阁重要，因此高度不可逾越，又称为小楼。

来青阁

来青阁门窗精雕细琢，为招待贵宾住宿之用，是全园最高、视野最好的建筑。阁前有"开轩一笑"方亭戏台，内有一面螭虎团炉图样的太师壁。

汲古书屋

书屋有"汲"取"古"人学问智慧之意，为林家收藏图书的地方。屋前有一座轩亭，半圆筒状屋顶有一说认为形似"棺材"，有"升官发财"的吉祥寓意。

方鉴斋

"方"指的是方形水池，"鉴"可照景亦可照人，昔日这里是与文人墨客交游的地方。莲花水池中设有戏台，上演文戏与戏曲音乐，依墙筑有假山、回廊，层峰相叠。

漏窗

院落墙面上的装饰漏窗，除了"框景"，造型装饰上多取象征吉祥或风雅的图案，如花瓶(平安)，蝙蝠、蝴蝶(福气)，还有麒麟、牡丹、桃子、鹿、鼎，等等。

榕荫大池

榕荫大池为不规则形状，池北仿林家故乡漳州的山水，以灰泥塑成峰、峦、涧谷、绝壁等，池旁四周分布着八角亭、菱形亭、斜亭、叠亭等不同形式的凉亭。

美人靠

美人靠又称鹅颈椅，位于榕荫大池池畔。窄窄的廊下挑出简洁的长椅，低头俯瞰锦鲤游塘，抬头仰望垂覆杨柳，如此写意的角落，曾让外国的建筑学家大为赞叹。

香玉簃

"簃"指阁楼边的小屋。因香玉簃前方有片花圃，此处是林家人赏花的地方。

月波水榭

月波水榭为双菱形相连的建筑，四周池水环绕，内部格局虽小，但四面都是格扇窗，可望见全园景色，视野极好。

酒瓶池

吉祥寓意在园林造景中处处可见。观稼楼前的这方水池设计成酒瓶外形，除了赏景、消防用途，也有"平安""平顺"的寓意。

赤嵌楼

🏠 | 中国台湾台南市中区民族路二段 212 号

　　赤嵌楼原来是荷兰人所建，称为普罗民遮城（Provintia），居民则习惯以赤嵌、番仔楼、红毛楼称之；目前留存的部分，仅剩下古城门与一些断壁残垣，以及那个砖造的台座。

　　海神庙为中国式建筑，为同治十三年（1875年）钦差大臣沈葆桢来台处理日本入侵牡丹社事件时，有感于海神协助，因而奏请朝廷兴建海神庙。后来清朝陆续又在台座上增建文昌阁、五子祠、蓬壶书院，将殿、祠、庙、阁、书院聚集一处。后来五子祠倒塌了，蓬壶书院仅剩下大门，如今只留下了文昌阁与海神庙。

淡水红毛城

🏠 | 中国台湾新北市淡水区中正路28巷1号

　　17世纪时西班牙人首先看上台湾的优越位置，在淡水建立"圣多明哥城"，接着由击退西班牙人的荷兰接手，平埔族人因而称之为"红毛城"。其后再历经明郑时期以及清朝的接管，英法联军后英国又接手红毛城作为领事馆，除将原军事用途的堡垒修建成办公场所、增设牢房外，因淡水港贸易量大增，而于1878年在城堡旁增建一红砖建筑作为领事官邸。

　　红毛城四百多年来，伫立在山丘上，看守着悠悠的淡水河口，历经起起落落的岁月。造访此地有几处观赏重点：位于建筑角落顶楼的哨楼，设有琉眼，可用于瞭望四周；位于一楼的监狱是用来关在台犯罪的英国人；位于秘书室的文件焚化炉，在英国接管时期用于焚烧机密文件；位于领事官邸建筑正面的砖雕也值得细赏。

台中雾峰林宅

🏠 | 中国台湾台中市雾峰区民生路42、28号，莱园路91号

属于台湾五大家族的雾峰林宅包括莱园、顶厝、下厝等区域，占地广阔，自清朝起造至今，历经多次增建，建筑与庭园融合中、西、和三种风格。

著名"莱园十景"如五桂楼、小习池、夕佳亭、考槃轩等，现已修复完成，逐一重现风采。而由雾峰林家林献堂主持兴建的明台高中，自1949年创办至今，已有70多年历史，其位置就在雾峰林家的莱园内。

莱园是林文钦师法老莱子彩衣娱亲的精神所兴建，与台南吴园、新竹北郭园、板桥林家花园合称"台湾四大名园"，并有"莱园十景"之称号。校园内也典藏林献堂相关文物，成立林献堂文物馆，可预约参访。

"9·21"大地震令雾峰林宅各建筑群遭受严重破坏，当时在九二一重建委员会的经费，以及台湾有关当局的支持下，于2002年起动第一期复建工程，于2009年底修复了顶厝的景薰楼、颐圃及下厝的大花厅、宫保第、二房厝，历时7年多，渐次恢复往日风华。

东亚建筑艺术 ◆ 中国建筑

台南祀典武庙

中国台湾台南市中西区永福路二段229号

祀典武庙出人意料的美丽，斑驳的红墙搭配柔美起伏的重檐歇山顶，将府城朴实优美的气息表露无遗。

朱红色的墙全长66米、高5.5米，随着五落屋顶而呈现高低起伏的情形，从前殿到后殿分别是"山川燕尾""硬山马背""歇山""歇山重檐""硬山燕尾"，造型各异，尊卑有序，是难得一见的闽南建筑。

祀典武庙主祀武圣关公，相传这间武庙是来自福建漳州的关帝庙，随着明宁靖王分灵来台供奉，建于明永历十九年（1669年），迄今经过多次整修。

三峡清水祖师庙

中国台湾新北市三峡区长福街1号

祖师庙从草创时期至今已有两百多年的历史，为三峡当地最重要的精神及信仰中心。曾历经地震和战乱而受损的祖师庙，在李梅树的主持下进行全庙的修缮改建，集结当代优秀的艺师及艺专的学生，融合中西技法，一刀一凿、一工一法打造而成。大至建筑格局，小至梁柱壁面，尽是精致的艺术杰作。

全庙以华丽繁细的木雕、石雕、铜雕取代传统彩绘的形式，使得庙中的人物、花鸟、山水更栩栩如生。令人目不暇接的建筑、雕刻、装饰，让祖师庙赢得"东方雕刻艺术殿堂"的美誉。

南鲲鯓代天府

🏠 | 中国台湾台南市北门区鲲江里976号

南鲲鯓代天府建于清康熙时期，除了是全台最古老的王爷庙外，也是王爷信仰总庙。内部主祀俗称五王或鲲鯓王的李、池、吴、朱、范等五姓王爷，因此又别名"五府王爷庙"。每年农历四月二十六、二十七举行的"王爷祭"是南鲲鯓代天府最热闹的祭典。

南鲲鯓代天府占地近六万坪，殿宇雄伟壮丽，建筑细腻华美，剪黏、雕塑、石刻，无一不是名师精心所制，使用素材也是上乘之选。前拜亭是一座八角形三层攒尖亭，后拜亭屋顶的歇山形式，是水形马背与红砖堆砌而成。还有山花的剪黏，赋予建筑浓厚的中国南方色彩。南鲲鯓代天府是相当正统的泉州建筑。

彰化马兴陈宅（益源大厝）

🏠 | 中国台湾彰化县秀水乡马兴村益源巷4号

马兴陈宅又称益源大厝，为台湾目前保持完整的三大古厝之一，和台北板桥林本源园邸、台中雾峰林宅并称。这栋红砖瓦大宅院占地三千多坪，共有九十多间房间，精致的建筑与工艺彩绘之美值得细赏。

建筑格局为三进二院，前埕有一道院门，门楣上书有"陈四裕"。益源古厝开基祖陈武生有四个儿子，"陈四裕"即意喻陈家第二代四房皆能富裕。前埕前的旗杆座，为清咸丰九年（1859年）陈培松中举人所设。院中有一口井，为当时主要的饮水来源。正厅前设有一座门厅，为燕尾脊，是正厅内护龙的主要入口。正殿两侧护龙设有轿厅，屋脊采用双马背，为台湾传统建筑的特例。蝙蝠窗棂设计，独具巧思。处处可见的精细雕刻，可想象当年的风光豪景。

澎湖西屿西台

如果说澎湖拥有重要的战略地位，西屿西台古堡就是最好的见证。中法战争后，刘铭传为台湾首任巡抚。光绪十三年(1887年)，清廷派人修筑西屿炮台，作为台湾海峡的防御据点。

古堡占地8.15公顷，四周筑起高墙，墙内放置四门大炮；底下隧道呈山字形，长13尺、高11尺。除了作为海防抵御外侮之用外，西屿西台也曾是清朝水师训练基地。

今天澎管处在古堡入口处竖立了几块解说牌，把古堡的历史、营建特色、建筑格局解说得十分详尽，有兴趣的游客不妨花些时间，端详一番。

原台南地方法院

历时13年修复才得以重现的百年建筑古迹原台南地方法院，1914年和日本东京车站同年落成。该建筑由台湾总督府技师森山松之助规划设计，建筑风格为巴洛克式。其外观采用西洋建筑中较为尊贵、高级的巴洛克圆顶式建筑，主、次两个出入口，分别有圆顶塔楼及方形高塔，构成不对称的平衡，相当特别。天花板以格子梁施工，门厅柱子雕饰华丽，均展现当代建筑美学。

大厅最显气派华丽，法庭、库房、拘留室、天塔皆可一睹真相。最难得的是猫道参观，可近距离感受马萨式屋顶体验。另外，在模拟法庭有法官、检察官角色扮演(cosplay)，在拘留室可配合道具拍照，十分特殊。

台北101

🏠 | 中国台湾台北市信义区市府路45号

台北101是台北市主要地标与信义区商圈首座顶级国际购物中心。占地23000坪的台北101，挑高、穿透式的设计相当壮观奢华。以纽约第五大道为概念，台北101购物中心有许多国内外知名精品旗舰店入驻，还有美食餐厅、书店、美式超市、夜店等，为游客提供丰富的娱乐消费选择。

由五楼售票处可搭乘吉尼斯世界纪录最快速的电梯。每分钟1010米的高速恒压电梯，仅需37秒即可抵达89楼观景台，除了可一览台北市的高空景观外，还有纪念品店与"高楼邮筒"，让游客可以从台北101寄出来自高空的祝福。

从89楼可走上90楼户外观景区，也可走下至88楼，最近距离观赏重达660吨的世界上最大的风阻尼器，还可与其一起合影。

东亚建筑艺术 ◆ 中国建筑

331

东京皇居

日本东京都的中心，皇居参观由桔梗门入场

在东京都中心有一大片绿意被高楼层层围绕，这里便是日本的精神象征"天皇"的住所。日本皇居原本为江户城的中心，德川幕府灭亡后，于明治天皇时改成宫殿，到了二战时期被美军炸毁，最后才在20世纪60年代重建。

如果你对皇居有"豪华"的期待，恐怕要失望了。其实皇居是以前的江户城，东苑院内留有不少江户城遗迹，像曾建有天守阁的天守台，现在只剩平台。另外，像大手门、平川门、富士见橹、江户城本丸御殿前的检察哨"百人番所"，以及随处可见的石垣等，每一角落都充满历史风情。

皇居终日戒备森严，并不是能够自由进出的地方。但近年来宫内厅开放皇居的一部分区域给事前上网申请，或是当天前往取号码券的人参观，让民众得以一探天皇的神秘住所。整段导览全程2.2千米，一路地势平缓，走来并不累，算是轻松的小散步。

松之塔

以松树为意象建造的松之塔，是座高16米的照明塔，寓意日本国运繁盛昌荣。

富士见橹

皇居参观的第一站——高16米的"富士见橹"，为江户城本丸唯一保存下来的建筑。

东京皇居平面图

东御苑 ◆
竹林

　　天守台附近的竹林植有12种竹子，盛夏走在林间，听着风吹过林梢的声音十分风雅。

宫内厅

　　有着铜绿色屋顶的宫内厅是处理皇室事务之处，许多重要仪式都在这里举行，如内阁总理大臣的任命仪式、天皇与皇后的婚礼等。

东御苑 ◆
三之丸尚藏馆

　　这里每年不定期更换工艺美术品展示，让人一探皇室品位。

正门铁桥

　　正门铁桥又称二重桥。由于桥面离护城河约13米，江户时期的人们为了克服高度，便在河面先建一座矮桥，再于矮桥上建立另一座桥，于是有此一称。现在虽然改为铁桥，但许多老东京人仍以二重桥称之。各国宾客前来宫殿拜会天皇时，皆会由此通过。

长和殿

　　长和殿南北长160米，每年新年的第二天与天皇生日时，皇室一族会在长和殿的2楼阳台接受民众的朝拜，场面盛大。而在长和殿的右手边有处"南车寄"，是天皇迎接外宾的地方。

东御苑 ◆
天守台

　　江户城本丸北侧的天守阁曾高达51米，是日本最高的天守。如今原址只剩下平台，让游客登高凭吊。

伏见橹

　　现在看到的宫殿位于江户城的西之丸，从正门铁桥往回望，是当时保留下来的伏见橹。

外苑

　　皇居外苑位于东京站左侧，是一处结合丸之内道路的公园绿地，人们可以自由在其间散步。外苑占地十分广大，主要的参观景点为樱田门、正门铁桥、二重橹、楠木正成像、和田仓喷水公园等。

东京明治神宫

🏠 | 日本东京都涩谷区代代木神园町1-1

明治神宫是为了供奉明治天皇和昭宪皇太后所建，1920年落成，2020年迎来百年历史。

明治神宫占地约73万平方米，内有本殿、宝物殿、神乐殿等庄严的建筑，御苑古木参天、清幽自然，是从江户时代便保存至今的庭园。明治神宫在明治时代被称为"代代木御苑"，曲折小径伴着低矮草木特别风雅，每到6月，菖蒲花盛开时最是美丽，这时会延长开园时间，让游客尽赏这一片蓝紫之美。

拜访明治神宫会对浓密茂盛的森林留下深刻印象。有趣的是，这片森林是百年前创立明治神宫时人工造林的成果，当时以"永恒之森"为目标，将日本各地献给神宫的十万棵树木栽植于此。目前森林里共有上千种生物，游客在此有可能和狸猫或野鸟偶遇。

清正井，传说是熊本藩主加藤清正所掘。据说明治神宫建在富士山"气流"的龙脉之上，而清正井是吸收灵气后涌出的泉水，这让清正井成为鼎鼎大名的能量景点。

日本的神社每年都会有一定的祭事流程。明治神宫有名的祭事便是每年二月的纪元祭，东京都内的神社请出各神轿，从明治公园经由表参道前来明治神宫本殿前，声势浩大。另外像秋大祭中的流镝马、代代木之舞等活动，更是认识日本传统历史的好机会。

夫妇楠

　　明治神宫本殿旁有两株高大的楠木，被称为"夫妇楠"。夫妇楠上系有"注连绳"，代表有神明居于树木之上，它能保佑夫妻圆满、全家平安，还可结良缘。

御守

　　明治神宫游客众多，御守是热门的纪念品。一般日本人在祭拜神宫时并不许愿，而是怀着感谢的心情来参拜。

皇室家徽

　　明治神宫是祭拜皇室祖先的，四处不时可以看到皇室家徽"菊纹"。

鸟居

　　在南北参道交会处，有一座日本最大的原木鸟居，高12米，宽17米，直径1.2米，重量达13吨。这座鸟居是由中国台湾丹大山上树龄1500年的扁柏建成，十分珍贵，是明治神宫的象征。

神前式

　　江户时代，一般民间的婚礼为"人前式"，邀请亲友前来自家，在壁龛挂起信仰的神像，宣示结为夫妇。到了明治时代，大正天皇在供奉神器的"贤所"前举行婚礼，东京大神宫便参考皇室婚礼制定了"神前式"的礼仪，在民间受到欢迎。今日在明治神宫内，常可见到身穿"白无垢"的新娘与新郎在神官、巫女的引领下走在本殿前，这便是仪式之一，参观时千万不要打扰了婚礼流程的进行。

浅草寺

🏠 | 日本东京都台东区浅草

　　浅草寺是浅草的信仰中心。浅草寺的代表景色，莫过于位于其参道之始的"雷门"，门前终日人潮涌动，说是东京第一也不为过。

　　浅草寺的起源相传为公元628年，有一对渔夫兄弟在隅田川中捞起了一尊观世音菩萨像，后由当时浅草的地方官土师中知迎回并虔诚供奉，他将自宅改建为寺。后来浅草观音寺渐渐成了武将和文人的信仰中心，也成了江户时期最热闹的繁华区，直到现在依然香火鼎盛。每年除夕夜里寺庙会敲起108声钟响，称为"除夜钟"，而新年的第一天还会涌入大批信众参拜，称为"初诣"，热闹非凡。

　　来到浅草寺，若要抽签，会发现抽中"凶"的概率竟高达30%以上。原来寺方遵守古训，以吉：凶＝7：3的比例配置签诗，用以提醒世人向上。如果抽到"凶"不用太在意，只要把签诗结在寺内，坏运便会由寺方化解。

　　东京晴空塔落成后，从浅草寺可眺望塔景。过了宝藏门，可拍摄到神社与晴空塔同框的画面。

　　从雷门开始，一路延伸至宝藏门、本堂，参道两侧聚满了商家，这条道便被称为"仲见世通"。这里有许多有趣的小玩意儿，充满江户时代的工艺品与和果子等，是浅草最热闹的街道，边走边吃最是尽兴。

本堂

浅草寺最神圣的就是供奉圣观音像的本堂。原建于庆安二年(1649年)的本堂在战火中烧毁，现在看到的是昭和三十三年(1958年)重建的钢骨结构建筑，特别是内部天花板有川端龙子的"龙之图"与堂本印象的"天人散花图"，别忘了抬头欣赏。

雷门

写着"雷门"二字的红色大灯笼重达130公斤。雷门的右边有一尊风神像，左边则是雷神像，所以雷门的正式名称就叫作"风雷神门"。

宝藏门

挂着一个写着"小舟町"的大红灯笼的门就是宝藏门，左右各安置了仁王（金刚力士）像，所以又被称为"仁王门"。如今见到的建筑为昭和三十九年(1964年)所建，和五重塔一同被指定为日本国宝。门的内侧挂着巨大草鞋，据说这双草鞋就是仁王真实的尺寸，象征仁王之力。

五重塔

五重塔原建于庆安元年(1648年)，曾多次遭受大火毁损并迁移，但一直是浅草寺的重要建筑，目前所见是1973年重建。最顶层供奉的是来自佛教之国斯里兰卡的舍利子，平日不对外开放。

传法院通

与仲见世通垂直的传法院通为了招揽观光客，设计了许多有趣的造街活动。比如每家店的招牌风格要统一；即使没有营业的日子，也可见到铁门上画有趣味十足的江户图案；一路上还不时可发现营造复古风情的装饰物。

浅草神社

位于本堂东侧的浅草神社，祭祀着当初开创浅草寺的三人，因明治时期的神佛分离制度而独立，其拜殿、币殿、本殿被列为重要文化遗产。

337

姬路城

🏠 | 日本兵库县姬路市本町

　　姬路城自古就是日本三大名城之一，又因外观都是白色的，因此拥有"白鹭城"的美称。春季三之丸庭园的樱花林道衬着背景天守阁最是雅致。

　　现在所看到的姬路城是池田辉政所建，建于庆长六年(1601年)。第二次世界大战时，姬路城主体未受损坏，昭和三十一年(1956年)至三十九年(1964年)曾大肆维修，当时日本文部省总共花费5.5亿日元，将天守阁从内部解体修护并复原完成。修复后的姬路城，于1993年荣登联合国教科文组织评定的世界文化遗产之列。

　　姬路城是非常重要的军事要塞，加上其复杂迂回的防御性城郭设计，使姬路城更是易守难攻，敌军入侵时往往迷路其间，而减缓攻势。现今参观姬路城，须经由大守门(樱门)抵达正面登阁口进入。通过菱门后，参观西之丸的渡橹和化妆橹。走出西之丸，经过二之丸遗迹，从油壁、扇勾配，走进本丸遗迹，然后循线由水之五门进入天守阁。天守阁最顶层有长壁神社，站在那里可以远眺城下景致。最后走出天守阁时，可以行经本丸走回腹切丸，并且参观太鼓橹、阿菊井、埋门、内壕等遗迹。走这一趟可亲自感受日本古城的原型建筑之美，与珍贵的世界文化遗产做近距离接触。

菱门

　　挂着"国宝姬路城"牌匾的菱门是入口，也是昔日守城卫兵站岗之处。

三国堀

　　菱门旁的大沟渠为重要水源，有防火备水功能，为当时统领播摩、备前与姬路共三国的大名(藩主)池田辉政所改筑，故名三国堀。

姬路城立体图

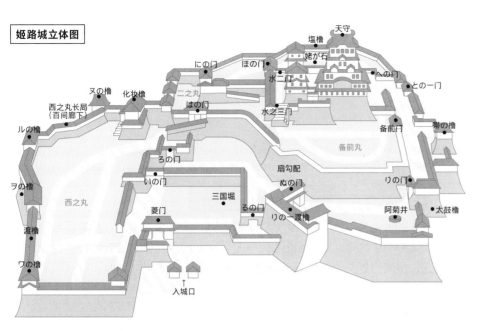

天守
塩櫓
姥が石
にの门
ほの门
二之丸
又の櫓 化妆櫓
への门
との一门
西之丸长局
(百间廊下) はの门
水二门
水之三门
ルの櫓
备前门
带の櫓
ろの门
备前丸
ヲの櫓
扇勾配
りの门
いの门
三国堀
ぬの门
西之丸
菱门
るの门
阿菊井
太鼓櫓
渡櫓
りの一渡櫓
ワの櫓
入城口

勾配

　　堆砌如扇状的城墙，底部急斜，到了接近顶端的部分却与地面呈直转角，此种勾配筑法可令敌人不易攀上城墙，达到防守的目的。

るの门

　　在一般正常通道之外，有从石垣中开口的小洞，此种逃遁密道被称为"穴门"，为姬路城独有。

阿菊井

　　日本知名鬼故事"播州皿屋敷"，诉说婢女阿菊得知家臣策反，密告忠臣助城主逃难，某食客得知遂诬陷阿菊弄丢一只珍贵盘子，将阿菊投井致死，于是深夜的井旁总传来女子凄怨地数着盘子的声音："一枚、二枚、三枚……"

纹瓦

　　姬路城曾有丰臣家、池田家、本多家和酒井家等多位城主进驻，大天守北侧石柱上贴有刻制历代城主家纹的纹瓦，共有八种不同的纹路。

化妆櫓

　　化妆櫓是城主本多忠刻之妻千姬的化妆间，也是平日遥拜天满宫所用的休憩所，相传是用将军家赐予千姬的十万石嫁妆所建。房内有千姬与随侍在玩"贝合"游戏的塑像。

白漆喰

　　姬路城不像欧洲城堡采用石砌，而属木造建筑，所以防火甚为重要。白漆喰就具防火功能，所以姬路城除白色外壁，内部的每处轩柱也涂有白漆喰。

白墙上图形

　　白墙上的圆形、三角形或正方形的洞，称作"狭间"（さま），在古时候是用来放置箭或枪械以供射击。

姥が石

　　传说建城时有位经营烧饼屋的贫苦老婆婆见当时石材缺乏，就将自家用的石臼送给羽柴秀吉（丰臣秀吉本名），引发民众纷纷捐石支援。石墙上用网子保护的白色石头，就是那个石臼。

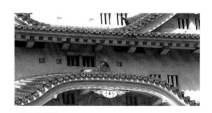

唐破风

　　屋檐下呈圆墩土丘状的屋顶建筑称为"唐破风"，中央突出的柱状装饰物称作"悬鱼"，尽现姬路城建筑之美。

大阪城

🏠 | 日本大阪市中央区

日本三大名城之一的大阪城，无疑是大阪最著名的地标。金碧辉煌的大阪城为丰臣秀吉的居城，可惜原先的天守阁毁于丰臣秀赖与德川家康的战火中，江户时期重建后的城堡建筑又毁于明治时期。第二次世界大战后再次修复成为历史博物馆，馆内展示丰臣秀吉历史文献。除了最醒目的天守阁之外，大阪历史博物馆就位于大阪城公园旁，还有几处古迹文物也不容错过，如大手门、千贯橹、火药库"焰硝藏"、丰国神社等，而庭园、梅林更是赏花季节人潮聚集的景点。

天守阁

按照原貌重建后的天守阁还装设了电梯，可轻松登上5楼，再爬3层登上天守阁顶楼可俯瞰大阪市全景，视野辽阔。

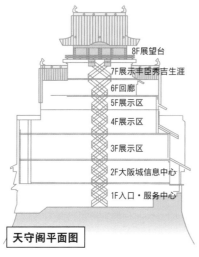

8F展望台
7F展示丰臣秀吉生涯
6F回廊
5F展示区
4F展示区
3F展示区
2F大阪城信息中心
1F入口·服务中心

天守阁平面图

西之丸庭园

西之丸庭园是丰臣秀吉正室北政所宁宁所居旧址，昭和四十年(1965年)开放参观。这里以大草坪与春樱出名，是大阪的赏樱名胜之一。

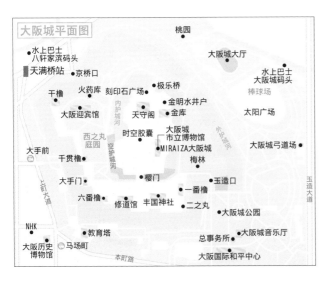
大阪城平面图

时空胶囊

　　大阪城里的时空胶囊是由松下电器与读卖新闻于1970年大阪万国博览会时共同埋设的，分为上下两层，里面有当时的电器、种子等两千多种物品，约定上层每隔100年打开一次，而下层则准备在5000年后开启，留待日后供人类考古研究之用。

金明水井户

　　1969年发现的这一口井居然是与1626年天守阁同时完成的。1665年天守阁受到雷击发生火灾，1868年又历经戊辰战争两度起火，这口井却未受到任何波及，在江户时代更被称为"黄金水"。

大手门

　　此为大阪城的正门，古时称为"追手门"，为高丽门样式，建于1628年，1956年曾被通通拆解修复，已列为重要文化遗产。

刻印石广场

　　刻印石广场上的石块刻着许多大名(幕府时代的臣子)的家徽，是为了表彰江户时代帮助大阪城重建的大名们。为了让更多人看到，遂将所有刻印石头集中在广场上。

梅林

　　大阪城梅林约有1200棵、近100个品种的梅树，每到早春二月梅花开放的时节，人们都会来这里踏青赏梅。

丰国神社

　　丰国神社是祭祀丰臣秀吉的神社。丰臣秀吉与织田信长、德川家康是日本战国时代的三个霸主，丰臣秀吉出身低微，最后却官拜太阁一统天下。除了神社本身，罗列了许多巨石的日式庭园"秀石庭"，也值得一看。

京都古建筑群

京都是日本的千年古都，众多保存完善的木造建筑，以及由特殊宗教文化背景所造就的庭园造景，都是世界艺术文化的宝藏。被列入世界文化遗产名录的京都古建筑就有17处，它们分别是贺茂别雷神社(上贺茂神社)、贺茂御祖神社(下鸭神社)、教王护国寺(东寺)、清水寺、比叡山延历寺、醍醐寺、仁和寺、平等院、宇治上神社、高山寺、西芳寺(苔寺)、天龙寺、鹿苑寺(金阁寺)、慈照寺(银阁寺)、龙安寺、本愿寺(西本愿寺)与二条城等，除此之外还有多处杰出的古建筑，如平安神宫、高台寺等。

其中最有知名度的首推金阁寺金碧辉煌的楼阁，其次龙安寺、仁和寺等，都是游览京都必游之地，这些文化遗产无不紧扣京都1200年的发展历史。上贺茂神社出现在日本最古老的史书《日本书纪》中，那是在公元8世纪左右；二条城是17世纪的产物，日本历史的一大转折"大政奉还"(政权由幕府将军交返天皇手上)，就发生在二条城；醍醐寺内建于公元951年的五重塔，是京都最古老的建筑，展现古都京都文化遗产纵横上千年的建筑特色。

金阁寺
⊙日本京都市北区金阁寺町

金阁寺由足利义满建于1397年，当时日本文化主流由贵族转变成武士，禅宗文化此时达到巅峰，并延续平安时期的庶民文化传统，激荡出了丰富的北山文化。金阁寺在建筑风格上融合了贵族式的寝殿造型与禅宗形式，四周是以镜湖池为中心的池泉回游式庭园，并借景衣笠山。天晴时，金箔贴饰的外观映于水中，甚是美丽；冬季时，"雪妆金阁"更是梦幻秘景。

昭和二十五年七月二日（1950年），金阁寺惨遭焚毁称"金阁炎上事件"，现在所见为昭和三十年（1955年）所重建，30年后再贴上金箔复原。三岛由纪夫以此事件为背景写成《金阁寺》一书，之后金阁寺声名大噪，与富士山并列为日本最具代表性的名景。

银阁寺
◎日本京都市左京区银阁寺町

　　银阁寺与金阁寺一样，都由开创室町时代的足利家族所建，但不同的是，足利义政历经了应仁之乱，这是京都有史以来最惨烈的战役，几乎所有建筑都因此化为废墟。无力平定战乱的足利义政在1482年开始兴建银阁寺（当时称为东山殿），由于财政困难，银阁寺与金阁寺的夺目耀眼大异其趣，全体造景枯淡平朴，本殿银阁也仅以黑漆涂饰，不过也透露素静之美。

　　占地不大的银阁寺，同时拥有枯山水与回游式庭园景观。以锦镜池为中心的池泉回游式山水，由足利义政亲自主导设计，水中倒影、松榕、锦鲤、山石，似乎透露着历经纷乱之后的沉淀与宁静。枯山水庭园的银沙滩上，有一座白砂砌成的向月台，据说在满月之夜能将月光返照入阁。

龙安寺
◎日本京都市右京区龙安寺御陵下町

　　以著名的枯山水石庭闻名的龙安寺，创建于室町时代的宝德二年（1450年）。

　　石庭长30米、宽10米，以白色矮土墙围绕，庭中没有一草一木，白砂被耙扫成整齐的平行波浪，搭配15块石头，若站在廊下望，石头从左到右以5、2、3、2、3的组合排列，象征着浮沉大海上的岛原。白砂、苔原、石块单纯的组合被誉为禅意美感的极致。这座石庭也可由佛教的角度来观览。以无垠白砂代表汪洋，以石块代表浮沉人间以及佛教中永恒的蓬莱仙岛。方寸间见无限，就是枯山水的最高境界。

上贺茂神社
◎日本京都市北区上贺茂本山

　　上贺茂神社正式名称为"贺茂别雷神社"，是京都最古老的神社，朱红色的漆墙、桧皮茸的屋顶、庄重典雅的气质，营造出平安时代的贵族氛围。

　　上贺茂神社的祭神贺茂建角身神，是平安时期阴阳师贺茂一族之祖。神社位置在古代风水学上，正镇守在平安京的鬼门之上。从"一鸟居"走进神社内，参道旁的枝垂樱如瀑布流泻。每年5月5日神社举办"贺茂竞马"，穿着平安朝服饰的贵族策马狂奔，是一年一度的盛事。

　　走进"二鸟居"，可见舞殿前两座圆锥状的"立砂"，

代表阴阳两座神山，有除厄驱邪的功效。楼门前的小桥围着结界，本殿及权殿作"三间社流造"，桧皮茸顶与壮丽梁柱为其特色。

清水寺
⊙日本京都市东山区清水

　　清水寺巍峨的红色仁王门属"切妻"式建筑，是日本最正统的屋顶建筑样式。正殿重建于1633年，样式十分朴素，殿前建于断崖上的木质露台为"清水舞台"，高达12米，使用139根木头，以高超的接榫技术架构而成。初春时，能欣赏如细雪般飞舞的樱花，深秋则可赏宛若烈火般燃烧的红叶。

　　本堂正殿中央供奉11面、42臂的千手观音，每隔33年才开放一次，为清水寺的信仰中心，也是日本重要文化遗产。寺后方的"音羽瀑布"，相传喝了可预防疾病与灾厄，因此有"金色水""延命水"的别称，为日本十大名水之一。

二条城
⊙日本京都市中京区二条通堀川西入二条城町

　　二条城建于庆长八年（1603年），正式名称为"元离宫二条城"，是德川家康守护京都御所的居所。从东大手门进入，沿着白墙而行，左转首见雕刻细腻的

唐门。通过唐门是二之丸御殿，这座御殿是以华丽见长的桃山建筑经典，细工皆包上金箔，屏风装饰更是名家大作。御殿上还有德川幕府的家纹葵纹与象征天皇的菊纹并列，可见德川幕府的至高权力。二之丸御殿内的大广间，也是1867年德川庆喜将军发表"大政奉还"的重要历史发生地。

　　二条城有三个庭园，其中二之丸庭园和清流园都颇负盛名。清流园内有条长达400多米的枝垂樱小径，春日时尤其华美。

东寺

⊙日本京都市南区九条町

　　东寺的正式名称为教王护国寺，建于平安京迁都时期（延历十三年，公元794年），除了有镇守京城的意义外，更有镇护东国（关东地区）的目的，在平安历史上备受尊崇。

　　东寺为对日本文化有着深远影响的弘法大师空海所创。五重塔是东寺最具代表性的地标，57米高的木造塔是日本最高的木造建筑，不过最初建筑遭4次火灾，现在所见为1644年德川家光所建。

　　每月21日是弘法大师的忌日。东寺周遭有俗称"弘法市"的市集，各式摊贩聚集于此，古董杂货、二手和服、旧书、佛器、小吃都有，不妨逛逛。

西本愿寺

⊙日本京都市下京区堀川通花屋町

　　西本愿寺为净土真宗本愿寺派的总本山，建筑风格属于桃山文化，唐门、书院、能舞台，都是日本国宝，也是世界文化遗产。

　　西本愿寺内的唐门是伏见城的遗迹，色泽精致璀璨，雕饰栏砌富丽，又有"日暮门"之称。能舞台据考证是日本现存最古老的一座。与"金阁寺""银阁寺"并称为"京都三名阁"的"飞云阁"则是由丰臣秀吉在京都的宅邸"聚乐第"移过来的，雅致优美。

醍醐寺

⊙日本京都市伏见区醍醐东大路町

　　占地深广的醍醐寺，是日本佛教真言宗醍醐派的总本山，始建于日本平安时代，醍醐、朱雀、村上等三位天皇都曾在此皈依。寺内约有80座建筑物，依照山势而建，山上部分称为上醍醐，山脚部分是下醍醐。

　　樱花季节，七百余株粉色枝垂樱簇拥着塔楼、石坂路，气势壮丽。每年四月第二个周日寺内举行醍醐赏樱大会，人们会遵循古礼穿着桃山时代服装，模仿昔日丰臣秀吉举行的赏花游行。

　　醍醐寺的五重塔建于天历五年(公元951年)，是京都最古老的建筑物，春樱盛开时，流苏般的粉红花串衬着古塔，为醍醐寺最具代表性的景观。

下鸭神社

◎日本京都市左京区下鸭泉川町

有着朱红外观的下鸭神社，拥有古典的舞殿、桥殿、细殿与本殿，全部建筑皆按照平安时代的样式建造，线条简洁却带着浓浓的贵族气息。

本殿不但是国宝级建筑，更是每年5月举行的京都两大祭典——流镝马(5月3日)与葵祭(5月15日)的重要舞台。新年时举行的"蹴鞠初始式"也是一大盛事，穿着平安时代贵族衣饰的人们按照古代的礼仪举行各项活动，时空仿佛瞬间被拉回到千百年前风雅的平安朝。

神社院内遍植花木，4月时楼门前盛开的山樱十分有名；通往本殿的参道在秋天形成红叶隧道，长350米，是京都红叶的名胜之一。

西芳寺

◎日本京都市西京区松尾神谷町

西芳寺创建于奈良时代，原是圣武天皇为了个人修行所盖的别墅，历经多次变迁，到了镰仓末期，由梦窗疏石改为临济宗禅寺。苔庭也是出自梦窗国师之手。

又名"苔寺"的西芳寺，是欣赏苔庭最佳地点。120余种苔布满整个池泉庭园，绿莹莹的有如绒毯，在阳光下闪烁着光影变幻，细看各有独特的色泽与姿态，相当美丽。

天龙寺

⊙日本京都市右京区嵯峨天龙寺芒之马场町

　　天龙寺位于景色优美的岚山，寺庙建于1339年，包括总门、参道、白壁、本堂大殿、曹源池庭园、坐禅堂等建筑，除了曹源池庭园属早期建筑外，其余诸堂都是明治以后重建的。曹源池庭园是梦窗疏石所造的一座池泉回游式庭园，以白砂、绿松，配上沙洲式的水滩，借景后方的远山、溪谷。其设计构想据说来自鲤鱼跃龙门。

　　天龙寺的法堂名叫坐禅堂，内部供奉有释迦如来、文殊、普贤等尊相。寺内种植有染井吉野樱、枝垂樱约200株，4月上旬娇艳的樱花倒映在曹源池中，深秋又有灿烂的枫红来装点，初夏时茶花、杜鹃等也十分迷人。

高台寺

⊙日本京都市东山区高台寺下河原町

　　高台寺是京都红叶的名胜之一，是丰臣秀吉将军逝世后，秀吉夫人"北政所宁宁"晚年安养修佛的地方，因此下方的石叠小径被称为"宁宁之道"。寺庙建于庆长十一年（1606年），在1789年曾受宽永大火波及，火灾之中未受损毁的开山堂、灵屋、伞亭、时雨亭、表门、观月台等，都成为重要文化遗产。

　　伞亭和时雨亭是两座对望的茶席，属双层式建筑，是茶道宗师千利休所造，由伏见城搬移至此。坐在伞亭和时雨亭上层品茶、纳凉，可以清楚地眺望高台寺各殿堂及庭园景致。

平安神宫

⊙日本京都市左京区冈崎西天王町

　　平安神宫是1895年为了庆祝奠都平安京1100年所兴建的纪念神社，以三分之二的比例，仿平安时代王宫而建，共有8座建筑，并以长廊衔接北边的应天门和南边的大极殿。从应天门走进平安神宫，可看见红绿相间的拜殿和中式风格的白虎、青龙两座楼阁。

　　环绕平安神宫的神苑属池泉回游式庭园，每到春天，350株樱树在园里的池塘、桥殿、回廊和茶亭间盛开，是神苑的春樱绝景。除了樱花季，园内一年四季都有不同的花卉可赏。

奈良古建筑群

公元710—784年，奈良是日本的首都，当时称为"平城京"。虽然只有短短70多年，却留下了相当可观的文化遗产，包括东大寺、春日大社、春日山原始林、兴福寺、元兴寺、药师寺、唐招提寺、法隆寺与平城宫迹等多处遗迹，这些古迹浓缩了奈良时代的文化精华。

奈良时代是日本文化的转捩点，"大化革新"就发生在这个时期。日本从中国学习了诸多的典章制度，甚至包括文字，唐招提寺就是来自中国的高僧鉴真所创立的道场。

奈良文化又被称为天平文化，是一种宁乐纯朴的古风。东大寺的大佛殿、唐招提寺的金堂都是这一时期代表性的建筑，线条简练、气势雄伟。奈良是日本的佛教圣地，当地诸多佛寺都是天皇以国家财政力量资助兴建的，天皇还会率皇室与文武百官接受高僧的受戒，佛教之兴盛可见一斑。

东大寺
🔘日本奈良市杂司町

东大寺为奈良时代佛教全盛时期的巅峰之作，起建于天平十三年（公元741年），在当时是全日本位阶最高的寺庙，现在则是奈良最著名的观光点，大佛尤其有名。

东大寺的大佛是全球最大的铜造佛像，高达15米，共用了30万的铸造技工、50多万工作人员，并动用了160万的人力将大佛安顿在莲花座上。大佛自公元752年开眼后，曾遭两度大火，现在看到的大佛头部和上半身是江户时代之后重修的，佛身其余部分是原始造像，历史超过1200年。

出了大佛殿后，沿着石阶梯可抵二月堂与三月堂。二月堂以每年的传统法事活动"取水祭"而闻名，也是眺望奈良市景和大佛殿的好地点；三月堂则收藏了16座古老佛像，其中14座佛像为天平时代所造。

法隆寺

◎日本奈良市奈良县生驹郡斑鸠町

　　法隆寺，意指祈佑佛"法"兴"隆"，是日本历史上最为人赞誉的政治家圣德太子所建，也是目前世界上保存得最完整、最古老的木造建筑。法隆寺在建筑风格、技法与结构上充满了唐朝初期恢宏、简雅的风格，在中国境内已无迹可循的古幽之风，在此重现。

　　法隆寺始建于公元607年，但原始建筑毁于大火，目前所见伽蓝（意指佛教建筑）是在公元8世纪初重建的。广达13万平方米的法隆寺内的佛殿、佛塔与金堂等木造建筑群，已有1300年历史。

　　主要建筑属于日本飞鸟时代，分东院与西院，东院主要的建筑为梦殿，西院则是中门、金堂与五重塔。东院据说为圣德太子起居所在的"斑鸠宫"遗址，梦殿中所祭祀的救世观音据说为仿圣德太子模样而塑造的，值得一看。

药师寺

⚲日本奈良市西之京町

药师寺是天武天皇为祈求皇后病情康复而发愿兴建的佛寺。但佛寺尚未完工天武天皇就已过世，由继位的皇后（持统天皇）将其完成。

落成于公元698年的药师寺，屡遭战火波及，尤其1528年的大火，更将主要伽蓝，包括金堂、讲堂、中门、西塔等尽皆烧毁，直到近年才开始进行大规模的修复工程。也正因为此，尽管有着千年以上的历史，药师寺的主要建筑物都是新的。

唯一仅存的古建筑是药师寺内的东塔，被赞誉为"凝动的乐章"的塔身线条优美，与崭新的金堂和西塔相对照，更显朴素。金堂藏有不少传承至今的宝物，其中包括三尊飞鸟时代的佛像杰作，藏品的佛足石更是世界第一枚佛足石。

唐招提寺

⚲日本奈良市五条町

唐招提寺是奈良与中国最有渊源的接点，此寺是中国高僧鉴真于公元759年所建，已有千年以上的历史，真实地保存了兴建之初的盛唐建筑风格。

走入唐招提寺，首见金堂，其素朴广沉的屋顶、大柱并列的回廊，与中国寺庙风格极其类似，简练明快的线条更增添大气风范。而屋顶上的鸱尾，同样来自中国，旨在防火消灾。

鉴真大师当年来到奈良，最重要的贡献就是将佛教的戒律介绍给当时刚接触佛法的日本众生。唐招提寺里的戒坛也因为这段历史，格外具有意义。

春日大社

⚲日本奈良市春日野町

春日大社是平城京的守护神社，地位崇高。殿内祭奉的鹿岛大明神，相传骑着鹿来到了奈良，奈良鹿从此就以"神的使者"身份定居于神社附近。

春日大社的本殿位于高大的树林间，1.5千米长的参道两旁，两千余座覆满青苔的石造灯笼并立，充满了古朴气息。包含四座建筑的春日大社的建筑形式为春日造，也是神社建筑的典型之一。由朱红色的南门进入后，越接近神所在的正殿，朱漆的颜色越深。殿内千余座铜制灯笼，在每年2月立春的前一天与8月的14、15日都会点亮，充满幽玄的美感。正殿外围也有不少小神社错落林间，气氛宁静。

兴福寺
⊕日本奈良市登大路老街

　　兴福寺为飞鸟与奈良时代权倾一时的藤原家家庙，包括北圆堂、南圆堂、东金堂、五重塔和国宝馆，以及进行复原中的中金堂等。尽管因历经战火，建筑大多为15世纪重建，但国宝馆和东金堂保存有不少古老的佛像。东金堂有本尊药师如来、文殊菩萨等多座佛像，法相庄严，背后的船形光芒金碧辉煌，一旁木造的四天王与十二神将立像都是镰仓时代的国宝级作品。

　　国宝馆里最有名的要数奈良时代的三面阿修罗立像，有着略带愁容的少年脸孔，神情与姿态都相当出众。另外，兴福寺里的五重塔兼具奈良时代与中世纪的特征，高50.1米，是奈良具有代表性的建筑物之一。

元兴寺
⊕日本奈良市中院町

　　隐藏在奈良老街民家里的元兴寺，是由飞鸟时代的苏我马子创建的古寺，也是日本第一间佛教寺庙。元兴寺原位于飞鸟，名为"飞鸟寺"（又称法兴寺），后随迁都平城京而移建，并改名"元兴寺"。

　　寺内的僧房——极乐坊，其屋顶是以名为"行基葺"的瓦葺古法建成，相当特殊，当中有一小部分据说是从创建之初流传至今的屋瓦，也是日本最早的屋瓦。庭院则有大小成排的地藏像，颇有古意。

东亚建筑艺术 ◆ 日韩建筑

351

白川乡合掌造聚落

🏠 | 日本岐阜县大野郡白川村

在白山山脉中，有一传统村落具有特殊的居住形式，这就是合掌造村落。村民以养蚕，生产蚕丝、绢丝制品维持生活，社会结构以每个大家庭为中心，形成一个互助合作的村落。只有这种团结一致的生活形态，才有可能动员全村力量建造或修筑合掌造这种特殊的房舍。"合掌造"的名称，得自厚厚茅草覆盖建成的高尖屋顶，造型宛如两手合掌而成的三角形。

随着工业社会发展，村落人口流失，合掌造村落逐渐消失，仅存荻町等3个较完整的合掌村。直到20世纪50年代，村民开始修复传统合掌造建筑。后来因在德国建筑学家的《日本美的再发现》一书中称合掌造是"极合乎逻辑的珍贵日本平民建筑"，这种特殊的建筑形式

才再度受到重视，并声名大噪。1995年被联合国教科文组织列入世界文化遗产名录。

　　一栋好的合掌造要能挡得住年年的强风大雪，这得靠好的木材、茅草和专业的好手。可惜这些都越来越少了，也因此现存的完整合掌造，更显弥足珍贵。

东京晴空塔

2012年5月22日，兴建近4年的晴空塔终于盛大开幕，取代了东京铁塔成为东京新地标。

晴空塔在初步规划时，以超越中国广州塔的600米为目标，原计划高度为610米，后期为了展现日本建筑的实力，决定以和东京旧国名"武藏国"发音相似的634米为最终高度，并刷新世界最高电波塔的吉尼斯世界纪录。

登塔的入口位于4楼，在此处搭乘专用电梯，来到位于350米处的第一展望台只要50秒，再往上到达位于450米处的第二展望台，即"天望回廊"也只要30秒。在340楼及350楼有景色优美的晴空塔咖啡馆(Skytree Café)，345楼有空中餐厅(Sky Restaurant 634)，别错过设在340楼里的玻璃地板，距离地面340米的高度让人心跳加速。445~450楼还有绕塔一周的360°"天望回廊"，这是一个倾斜的螺旋展望台。

登展望台的最佳时刻是午后，此时光线柔和适合拍照。天晴时还能欣赏夕阳富士，天黑后还有东京都中心夜景，一张门票可以欣赏日夜两种风情。

晴空塔的整体规划称为"东京晴空塔城"(TOKYO SKY TREE TOWN)，也就是除了登塔观景，塔底还是一个综合休闲娱乐区。有7层的室内购物中心"晴空街"(Solamachi)，聚集了餐厅、服饰店、杂货店等，好逛又好吃，当然还可以买到晴空塔限定商品；还有位于西区5楼的墨田水族馆，位于东区7楼的柯尼卡美能达天文馆"天空"等。而晴空塔所在的押上周边一带被人称为"下町"，留存不少早期江户时代的怀旧风情，现在也因为晴空塔而受到关注，成为晴空塔最受欢迎的顺游区域。

乐天世界塔

🏠 | 韩国首尔松坡区奥林匹克路300号

乐天世界塔起建于2011年，花费7年时间于2017年4月开幕，由韩国乐天集团投资兴建，是韩国最高、世界第6高的摩天大楼。外观状似子弹，由下而上渐渐变窄的曲线设计，是结合了韩国传统陶瓷及毛笔的意象。内部融合传统韩屋屋檐形状，将现代科技感与传统文化成功融合。

乐天世界塔高555米，共计123层楼，其中B1F~B2F为乐天世界水族馆。馆内引进650种、超过5万只海洋生物，分为13种海洋主题，巨大的水族槽可观览变化多端的海底世界。7F为乐天艺术博物馆，400坪的大空间展出国际级艺术家及新锐现代美术家作品。

31F为"天空31号"美食街，采用全玻璃透明落地窗，在此用餐或喝咖啡是人生一大享受。记得在乐天世界大厦东门一楼服务台换取通行证，即可搭乘电梯至31F赏景用餐。76F~101F为首尔喜格尼尔酒店，235间客房能一望城市绝景，餐厅更能享用米其林星级主厨监制的美食，酒吧里也可度过绝赞的时光。

117F~123F为"首尔天空"观景台。从B1F的售票处搭乘世界最快双层电梯"Sky Shuttle"，不到60秒就能抵达最高层，可从离地500米的超高展望台，360°瞭望首尔市中心；118F有世界最高透明地板观景台，俯瞰首尔市景更是一大亮点；位于120F有天空露台"Sky Terrace"，可感受高空的新鲜空气迎面吹拂，尽览绝景。

N首尔塔

　　N首尔塔原名叫南山塔，塔高236.7米，建在243米高的南山上，因此海拔达479.7米，是韩国最早设立的电波塔，向首尔和周围地区传送电视和广播讯号。2005年经过全面整修，改名为"N首尔塔"。B1F~4F为Seoul Tower Plaza，5F~T7为N Seoul Tower，顶楼有可360°俯瞰首尔市区的数个瞭望台，塔内还有意式、法式及韩式餐厅，泰迪熊博物馆、纪念品商店和咖啡厅更是不可或缺。N首尔塔是首尔当地人假日热门去处，也是国际观光客必定到访的胜景之一。

　　N首尔塔里有只棕熊吉祥物，它的特征是胸前有大大的白色爱心，站立时身高为185厘米。据说它是一只让爱情顺利进展的熊，能帮助恋爱初期生涩害羞的情侣们迈向热情如火的资深情侣。

　　每天19:00至24:00整点时，N首尔塔会点起缤纷的"首尔之花"LED灯光秀。由建国大学教授所设计的首尔之花，由各个角度向天空发光，在夜空中仿佛一朵盛开的七彩花朵。

爱情锁

到N首尔塔除了看夜景，还有情侣们一定会来挂象征永恒爱情的"爱情锁"，另外还有可以写下爱的留言的瓷砖墙，没有自备道具的人到现场也可以购买。

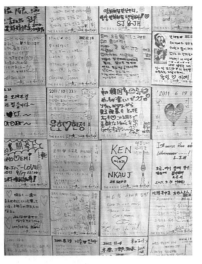

泰迪熊博物馆

在N首尔塔内的泰迪熊博物馆，可爱的泰迪熊大玩角色扮演，将时光拉回朝鲜时代，展示着过去的日常情景与宫廷生活。

搭南山玻璃扶梯及缆车上山

以前上南山要从明洞或会贤站走十多分钟的山路，到达山腰处的缆车站搭车，2009年电动玻璃扶梯完工，游客可搭乘免费的玻璃扶梯来到缆车站，再转搭缆车到南山顶上。透明的玻璃电梯一趟约可容纳20人，随着陡峭的山坡缓缓而上，不但节省许多体力，俯瞰明洞地区的视野也很棒。

南山缆车是早期韩剧常出现的场景，如《我叫金三顺》、《开朗少女成功记》、韩版《流星花园》皆在此取景。因此韩剧迷到N首尔塔总会搭一趟南山缆车，感受一下剧情的温度。

夜色中的七彩N首尔塔也别具意义

近年因雾霾导致首尔空气质量下降，所以每当空气中悬浮微粒浓度在安全指数范围时，N首尔塔就会显示蓝色灯光，像在告诉首尔市民"今日空气指数适合外出活动"。

亮着绿色灯光时，则是在提醒市民"空气质量须留意"。而当浓度超过安全指数，且情况持续两小时以上时，N首尔塔则会亮起红灯并发布警报，警示市民"空气质量不佳须防范因应"。

印度文明与佛教

建筑艺术

印度教与佛教萌芽于印度次大陆，影响却遍及全亚洲。其传播路线主要有两条，一是向北经由中亚、西域，然后传遍全中国及韩国、日本；另一条则是向东南走，通过中南半岛与海路，扩及斯里兰卡及整个东南亚岛屿。

在谈论这两个世界性的宗教文明之前，得先从印度文明溯源。早在4000多年前，位于今天巴基斯坦境内的印度河流域已有大规模的城市出现，北有旁遮普(Punjab)地区的哈拉帕(Harappa)，南有印度河谷上的摩亨佐达罗(Mohenjo-Daro)，城市范围广达5千米，遗迹包括城墙、高塔、碉堡、棋盘状的道路、街道旁的路灯、下水道、集会厅、谷仓、浴场等。

只是这个印度河谷上孕育的高度文明，在公元前1750年突然衰落、消失，乘虚而入的是经由西北边兴都库什山开伯尔(Khyber)山口入侵的印欧民族雅利安人(Aryan)。1000多年间，外来的雅利安人从印度河流域发展到恒河流域，对印度本土的宗教、社会生活和思想产生了极大的影响。而一般人对印度文明起源的印象，多半来自雅利安人，特别是他们创造出的梵文圣诗集《吠陀》(Vedas)。这就是古印度史上一段经

过不断征战、民族互相融合的"吠陀时代",此时阶级出现,种姓制度形成,以城堡为中心的国家建立。

对《吠陀》的信仰后来成为印度教的基础。与此同时,因为人们对婆罗门阶层的权威及其繁复的宗教仪式不满,新的信仰开始出现,其中影响最深远的就是由悉达多王子(释迦牟尼)在公元前500年左右创立的佛教。

公元前316年,印度半岛上首度出现一个中央集权的大帝国"孔雀王朝"。孔雀王朝的第三位继承人阿育王皈依了佛教。对于印度建筑而言,阿育王可以说带来了革命性的变化。

阿育王为印度留下两种伟大建筑,一个是石狮柱,一个是佛塔。前者是阿育王在他辽阔的疆土上到处竖立刻有佛陀教义的高大石柱,柱头上雕刻着狮子。而其中一座四头雄狮的形象就成为现代印度共和国的象征,这是同时兼具艺术、政治及宗教意义的杰出作品。这是印度建筑史上首度运用有雕饰的石头,此后,石材就成为盖庙的神圣建材。

后者就是印度宗教建筑的代表。佛塔由砖石和花岗岩砌成,保存年代久远,用来珍藏佛陀遗骨,当中最负盛名的就是位于印度中部的桑奇佛塔(大窒堵波)。佛塔按照佛教宇宙观而建,以圆形为基本形状,

圆顶上的三层伞状物象征把上天的极乐世界、佛塔周遭圣地、塔内的舍利联系在一起,也有"佛门三宝"佛、法、僧的意涵。而佛塔上的叙事性浮雕,堪称公元前3世纪到公元1世纪印度艺术的精华。

由于佛陀主张过沉思默想的禅修生活,从公元前3世纪开始,出现了石室、石窟建筑。分别建于公元1世纪和公元4世纪的卡尔利(Karli)及阿旃陀(Ajanta)石窟都是代表作,随着佛陀造像(壁画与雕刻)在公元1至2世纪发展成形,更丰富了石窟的艺术价值。

佛陀造像艺术可以说是伴随着犍陀罗(Gandhara)艺术的发展而茁壮的,这得归功于公元1至3世纪的贵霜王朝(Kushan)。就如同孔雀王朝的阿育王,贵霜王朝也有一位皈依佛门的君主迦腻色迦一世(Kanishka I),他大力推广大乘佛教教义。在此之前,佛陀是以菩提树、法轮、伞盖等形象存在,直到大乘教派把佛陀人格化、偶像化。

犍陀罗艺术可以说是东西联姻产生的艺术形式。贵霜王朝统治的区域相当于今天印度恒河流域、巴基斯坦印度河流域及中亚地区,是一个把古代中国、印度、波斯、希腊罗马文化联系起来的地区。犍陀罗创造出的佛像是带着希腊罗马风格的,包括佛陀后面的

头光与基督可能系出同源，有的佛像酷似希腊太阳神阿波罗，有的身形动作则像艺术女神缪斯。

贵霜王朝加上随后于公元4世纪崛起的笈多王朝，并称为印度艺术史上的古典风格时期。在笈多王朝黄金时代，佛陀形象渐具印度本土特征，表现出神圣特质及灵性，以印度中部阿旃陀石窟的雕像及壁画为代表。佛陀形象向北传播过程中，则出现了世界最高立佛阿富汗巴米扬(Bamiyan)大佛及中国西域地区的众多石窟。

笈多王朝之后，也就是在公元7世纪左右，佛教在印度本土日渐式微，到了11世纪伊斯兰教入侵，佛教在北印度几乎绝迹，南印度则转化为印度教。此后，大乘佛教在中国、朝鲜、日本继续发光发热，小乘佛教向南传播，与印度教在中南半岛、东南亚岛屿交替发展。

与佛教、耆那教同样源自婆罗门的印度教，在笈多王朝时代融合印度民间信仰开始转化发展，渐渐形成了梵天(创造神)、毗湿奴(守护神)、湿婆(破坏神)三神一体崇拜的格局。现存最早的印度神庙建于笈多王朝时代，早期只供僧侣使用，规模较小。印度神庙后来的发展愈来愈庞大，庙本身就像是一座圣山，一件巨大的雕塑品，有时俨然一座小镇，但不外三个基本结构：底座、由雕刻装饰成的饰文条，以及居高临下的庙塔。而不论轮廓如何，神庙即代表宇宙。

今天能够永垂后世，代表佛教与印度教的两座伟大建筑，非婆罗浮屠与吴哥窟莫属，它们同样属于佛教与印度教艺术最上乘的杰作。一个在东南亚的爪哇岛上，由一整座山凿刻而成；一个位于中南半岛的柬埔寨，是世界上规模最大的神殿建筑群。

如果一定要区分何者属于佛教，何者是印度教，难免显得一厢情愿。因为这两个宗教一直并存，而且关系密切，不论在中心思想、教条，还是所崇拜的神祇都有重叠之处。婆罗浮屠的基础原本可能是印度教的大型建筑，但历经数代的扩建，最终成为伟大的佛教艺术成就；吴哥遗址的基本架构是由信奉印度教的历任高棉君王所建立，然而这当中也有信奉大乘佛教的君王阇耶跋摩七世(Jayavarman Ⅶ)，他把佛教定为国教，大吴哥城(Angkor Thom)就是他的规划。

婆罗浮屠完成于公元9世纪，吴哥窟在12世纪达到巅峰。13世纪时，泰国、缅甸都乍现过佛陀的光芒，例如泰国的素可泰城以及缅甸仰光的大佛塔。然而随着王朝覆灭，佛教与印度教滋长的土地上，便不再出现超越前人的伟大杰作。

印度文明建筑

泰姬陵Taj Mahal

🏠 | 位于印度阿格拉

印度诗人泰戈尔(Tagore)曾经形容泰姬陵是"永恒之脸上的一滴泪珠"(a teardrop on the face of eternity)。被誉为世界七大奇观之一的泰姬陵位于亚穆纳河畔，是莫卧儿帝国第五代皇帝贾汗(Shah Jahan)为爱妻艾珠曼德(Arjumand)所兴建的陵墓。贾汗昵称艾珠曼德为"慕塔芝·玛哈尔"(Mumtaz Mahal)，意思是"宫殿中最心爱的人"，而泰姬陵的全称泰吉·玛哈尔陵则取自"慕塔芝·玛哈尔"，为"宫殿之冠"含义。

慕塔芝·玛哈尔皇后与贾汗结婚19年，常伴君王南征北讨，总共生下了14名儿女。1630年，慕塔芝·玛哈尔因难产而死，临终前要求贾汗终身不得再娶，并为她建造一座人人可瞻仰的美丽陵墓。

泰姬陵于1631年开始兴建，共动用约两万名印度和中亚工匠，费时23年，样式融合印度、波斯、中亚伊斯兰教等风格。根据历史记载，泰姬陵的白色大理石来自拉贾斯坦邦，碧玉则来自旁遮普邦，玉和水晶来自中国，琉璃来自阿富汗，蓝宝石来自斯里兰卡，约有28种宝石被镶嵌到白色大理石中，征用超过1000头的大象搬运建材。

尽管贾汗在位期间，耗费民脂民膏为爱后兴建陵墓，但他的艺术声名却获得后世极高的评价。不过，随着日益严重的空气污染和酸雨侵蚀，这座尊贵的陵墓面临损毁的危机，因此印度政府在1994年下令在泰姬陵周遭1万平方千米内禁止工业发展，并且在方圆4千米处禁止车辆通行，所以游客必须在外围搭乘环保电动车或马车前往陵墓。

尖塔

泰姬陵主体的四方角落，各竖立着一座尖塔，尖塔高达42米。其造型模仿伊斯兰教清真寺的唤拜塔。

莫卧儿式花园

泰姬陵主体的正前方是一座莫卧儿式花园。中央有水道喷泉，将花园区隔成四方形，然后再以两行并排的树木，将长方形水道划分为4等份。

正门

泰姬陵正门是一座红砂岩建筑，装饰有白色边框和图案，是典型伊斯兰式样。正门的顶端，前后各有11个白色小圆顶，每个圆顶象征1年，代表泰姬陵建造的时间。

主体

泰姬陵主体建筑是一个不规则的八角形，基部由正方形和长方形组合而成，主体中央的半球形圆顶高达55米，周围装饰着四座小圆顶。这座陵墓主体虽为白色大理石结构，却以各类色彩缤纷的宝石、水晶、翡翠、孔雀石，镶嵌拼缀出美丽的花纹和图案。

主体正面门扉装饰着优美的《古兰经》经文。设计师利用人类视觉差异的错觉，将上面的字体设计得比下面大，如此一来，由下往上看，反而给人平衡的感觉。

主体内部

泰姬陵主体内部没有灯光，中央围护着一道精雕细琢的大理石屏风，内有两座石棺。石棺是空的，皇帝与皇后真正的埋葬地点，位于地下另一处地窖中。

清真寺

泰姬陵主体两侧各有一座清真寺，由红砂岩建造而成，中央有白色大、小圆顶，前有长方形水池。

吴哥遗址Angkor

位于柬埔寨西北部暹粒省的首府暹粒(Siem Reap)北方6千米处，距离金边265千米

　　吴哥是昔日高棉吴哥王朝的首都，由于吴哥王朝的国王相信死后将成为神，所以生前都竭尽所能地建造庙宇，留存下来的神殿遗迹，占地广达5000平方千米，在今天柬埔寨西北的丛林中。

　　吴哥人民的生活情景缺乏正式记载，吴哥窟的浮雕及中国使节周达观《真腊风土记》因而成了珍贵资料。今天柬埔寨百姓的生活方式和当时并没太多差异，尤其是乡村，简直就是吴哥窟砂岩上浮雕的写照。

　　吴哥在遭逢弃置迁都时，百姓也随之搬迁，吴哥城被丛林所湮没，居民不再接近这处虎豹出没之地。直到1863年法国自然学家亨利·穆奥(Henri Mouhot)的笔记在巴黎与伦敦出版，才激起西方世界对吴哥的向往。

　　成立于1899年的法国远东学院(Ecole francaise d'Extreme Orient)担任起古迹的维护任务，在让·柯梅尔(Jean Commaille)的带领下，组员开始清理与挖掘吴哥遗址，小吴哥、百茵庙、斗象台……一座座遗址重见天日。让·柯梅尔于1916年遭强盗杀害，葬于百茵庙西南角落丛林中，与吴哥相伴长眠。

　　1992年吴哥遗址被列为世界文化遗产。1993年于东京召开的跨政府会议成立国际合作委员会监管吴哥遗址修复工作，柬埔寨亦成立吴哥管理保护局，简称APSARA(正是吴哥窟浮雕中跳舞仙女的称呼)，所有单位都齐心为恢复吴哥遗址光辉而努力。

　　吴哥遗址区占地广泛，以俗称小吴哥的吴哥窟(Angkor Wat)及俗称大吴哥的大吴哥城(Angkor Thom)为中心，扩展至东部、南部、北部及郊区景点。

吴哥窟
Angkor Wat

建筑时期： 12世纪前期
建筑风格： Angkor Wat建筑形式
统治者： 苏耶跋摩二世(Suryavarman II)

今天世人所称的七大奇景之一，就是这座由"太阳王"苏耶跋摩二世所建的国庙"吴哥窟"(Angkor Wat)。"吴哥窟"一名甚至成为整个吴哥遗址区的代名词。

占地广达200公顷的吴哥窟呈长方形，东西宽1.5千米，南北长1.3千米，外部被宽达190米由红土及砂岩建的壕沟包围，外城墙由红土所筑，中心便是基座长为332米，宽为258米的神殿，是典型的印度教宇宙形式建筑。

拜访吴哥窟，走过长250米的石砌道，就到达建有3座高塔的西城门，由此通往神殿的石道长350米，两侧各有一座藏经阁及池塘。吴哥尖塔在池水中的倒影已成著名一景。

吴哥窟采取尖塔与同轴心式回廊这两种典型的高棉式建筑。主神殿分为3层，每层皆被完整回廊包围，4个角落并各建有1座尖塔。最低层的外围回廊留有美丽繁复的浮雕，可能是苏耶跋摩二世统治晚期(约1140年)的工程。东北段的浮雕甚至迟至16世纪才完工，应是依据先前留存的草图施工的。

最低层与中间层的西侧却被设计成相连的十字形回廊，其中分隔出4个水池，分别给皇帝、皇太后、皇

后、王妃与宫女于入殿祭祀前净身所用。在此十字形回廊的南侧留有佛像，被称为"千佛殿"。

中层回廊东西宽110米，南北长100米，墙上布满各种舞姿曼妙的仙女"阿普莎拉"。根据统计，小吴哥的仙女浮雕多达1500尊，有36种不同的发型。最上层回廊也以十字形回廊相连，以主圣塔为轴心，高达42米的主塔初始供奉毗湿奴，14、15世纪时改为大乘佛教庙宇。周围四门皆被封闭并于其上雕刻佛像，直至1908年，南门才重新打开。如今内部供奉立佛，佛像背后是个深达25米的窟窿，曾是埋藏宝物之处。

吴哥窟的庙宇建筑形态依循印度教信仰所示，神殿皆被包于方形围墙里，以一座或一群高塔为中心，精确地向外延展。中心圣殿象征众神居住的须弥山，在周围小塔衬托下体积尤其庞大，这些圣殿都是献给神明的，一般信众不得接近。所以，登高的阶梯特别窄陡，回廊也特别低矮，以阻碍行径。

大吴哥城
Angkor Thom

建筑时期： 12世纪晚期起，某些遗址存在年代更早，如巴扶恩。

建筑风格： Bayon建筑形式，存在年代较早的遗址所属建筑风格也更早。

统治者： 阇耶跋摩七世及继位者

　　大吴哥城俗称"大吴哥"，以和俗称"小吴哥"的吴哥窟区别。大吴哥一直被阇耶跋摩七世的后继者作为首都，陆续增建重修。Angkor Thom原就是"伟大的城市"之意，它是座长宽各达3千米的正方形王城，外围被100米宽的壕沟包围，极盛时期可容百万市民，规模之雄伟堪与罗马城匹敌。

　　除了东南西北各开有一座城门，大吴哥在东门北侧500米处另开第5座城门"胜利门"。城中主要大道呈十字状，交会于阇耶跋摩七世建的国庙"百茵庙"。

南门South Gate

　　南门保存及修复程度最为完好。前方有壕沟相护，连接的步道两侧有精美雕饰，左为54尊善神，右是54尊阿修罗恶神，两方都在拉扯7头纳迦的身体，争夺长生不老圣水。这段善恶双方翻腾乳海的冲突，在小吴哥东侧南段回廊有精彩的浮雕描述。

百茵庙Bayon

　　这座由阇耶跋摩七世和继位者修建的国庙，其建筑形式复杂，象征意义强烈，在经历印度教的多神信仰和佛教洗礼之后，成为世界上神秘的宗教圣地之一。

　　位居中心的四面佛塔群，据说原有49座，加上5座亦是四面佛塔式城门，代表鼎盛时期吴哥王朝所统辖的54个省份。壮观的佛塔据说是依据阇耶跋摩七世的面容雕刻而成，每张脸庞随着日照角度的变化会产生完全不同的光影与颜色。穿梭其中，只见无数的脸庞展现著名的"吴哥微笑"，迷人且神秘。

斗象台Elephant Terrace
阅兵台Garuda Terrace

　　由百茵庙的北门一直延伸到癞王台这段长达300米的平台，据说是当时国王接见外宾的亭台，因其基座上布满大象浮雕而得名。另有一说为此处是国王于节庆时观赏斗象表演之处，故称"斗象台"。

　　集中于平台中央的3道阶梯，其基座浮雕变成展翅状的鸟神迦鲁达，这段平台被称为阅兵台，是当时国王检阅军队的地方。阅兵台东面是直通胜利门的胜利大道，西面则通往皇宫。

 # 田玛嫩
Thommanon

建筑时期： 12世纪早期

建筑风格： 吴哥时期之吴哥窟式建筑

统治者： 苏耶跋摩二世

　　田玛嫩神殿虽未正式完工，但已具有这一时期单塔神殿的基础，从远处就可看见隐于树丛内的神殿身影。采取传统高棉神庙朝东的主要建筑，包括主殿、前厅及拥有三道门的东正门，彼此以突出的门廊相连。还有一座位于东南角，风格类似前厅的藏经阁。北、西、南侧建有假门廊的主神龛只有一座尖塔，立于2.5米高的基座上，内部供奉保护神毗湿奴。主神殿及门廊的外墙上皆有精致浮雕，特别是女神的服装和头饰，具有和吴哥窟相同的风格。西门门楣的浮雕是骑着鸟神迦鲁达作战的毗湿奴、修行中的破坏神湿婆及乳海翻腾等。

 # 塔普伦
Ta Prohm

建筑时期： 12世纪末到13世纪

建筑风格： 吴哥时期之百茵庙式建筑

统治者： 阇耶跋摩七世，由因陀罗跋摩二世扩建

　　正确地说，它应是庙宇与修道院的结合。根据碑石记载，这是阇耶跋摩七世为纪念母亲而建的神殿，供奉的般若佛母智慧女神便是依据皇太后的脸型而雕。塔普伦保持在19世纪刚发现时的自然模样，一棵棵大树盘踞于神殿、墙角、四面佛塔中。这些大树称为空椰树，可能是经由鸟类啄食排出种子分布在神殿中，根部深入建筑的石缝，并向四方扩散，构成塔普伦的神秘沧桑。虽说大树已成为神殿的天然支撑，但当它死亡或遭狂风吹倒时，神殿亦无法幸免。

 # 巴孔
Bakong

建筑时期： 公元9世纪末期

建筑风格： 吴哥时期之Preah Ko式建筑

统治者： 因陀罗跋摩一世，中央主塔可能是耶输跋摩二世加上的

　　当自称"世界之王"的阇耶跋摩七世于公元835年去世时，以流血方式获得王位的因陀罗跋摩一世在此修建巴孔神殿为国庙，成立第一座神殿山。五阶式的金字塔建筑象征印度教的梅庐山，神殿供奉的是破坏神湿婆。高棉人信仰湿婆，以最原始的阳具"林伽(lingam)"形式来表示：一根石雕圆柱代表神的本质，而此石柱直立于一基座上，基座则代表"瑜尼(yoni)"，也就是女性生殖器官。这种阴阳具"lingam-yoni"的组合石雕被供奉于早期高棉神殿内，祭司便在它的周围举行宗教仪式。

圣剑寺
Preah Khan

建筑时期：12世纪末期

建筑风格：吴哥时期之百茵庙式建筑

统治者：阇耶跋摩七世

　　圣剑寺是阇耶跋摩七世为纪念其父而建。该寺庙坐落的位置可能是先前篡位的权臣特里布婆那迭多跋摩(Tribhuvanadityavarman)的皇宫所在地，他之后被渡过大湖而来的高棉和占婆联军所杀。这里也曾被称为血之湖，据说高棉为收复吴哥而与占婆大战于此，占婆的国王可能在此被杀。

罗来
Lolei

建筑时期：公元9世纪末期

建筑风格：吴哥时期由Preah Ko转变至Bakheng式建筑

统治者：耶输跋摩一世

　　此座神殿原是位于吴哥东南15千米处的因陀罗塔塔迦蓄水池的中央，蓄水池早已干涸，雨季时成为农民的水稻田。平台四周的砖墙及主要方位的门廊因年代久远而毁损，只剩四座神龛塔立着，不过它们并非呈对称方式排列。可能原计划是想建成前后两列共六座神龛塔的形式，但中途计划有变，因为耶输跋摩一世并没有成功征服建塔所需的全部土地。

涅槃寺
Neak Pean

建筑时期：12世纪末期　　**建筑风格**：吴哥时期之百茵庙式建筑

统治者：阇耶跋摩七世

　　此寺庙位于吴哥大城东北的阇耶塔塔迦蓄水池的中央，这里曾经是一座岛屿。根据碑文记载，涅槃寺原先亦是印度神殿，称为Rajyasri，意为"国王的喷泉"。

　　涅槃寺的中央主池为70平方米，东西南北各有一25平方米的小池，是对称式建筑。在主池的中心有座直径为14米的圆形阶梯式小岛，其实这正是主神龛的基座。基座的最底层被两条交缠的巨蛇雕像所盘绕，它们分别是纳迦的国王难陀和邬波难陀。因为这两条蛇连接了印度神话与圣湖阿那婆达多，故而被称为"涅槃"。

女皇宫
Banteay Srei

建筑时期：10世纪后半期

建筑风格：吴哥时期之Banteay Srei式建筑

统治者：罗真陀罗跋摩

位于吴哥北方20千米处接近库棱山脚的女皇宫，因精致的浮雕堪称"高棉艺术的宝石"。它是当时国王的顾问雅吉那瓦哈拉(Yajnavaraha)奉命所建，此神殿于1914年才被法国人发现，1931—1935年的修复工作由马夏尔(Marchal)担任。

女皇宫是座坐西朝东且内外三层的神殿，东门以粉红砂岩筑成，面东的三角楣上是天神因陀罗骑着三个头的大象埃拉瓦塔的浮雕。由此到神殿最外围的东门是长70米的砌道，过砌道的中点左右各有门廊通往南北向的长廊。左边这座长廊的三角楣饰是破坏神湿婆和妻子乌玛骑着黄牛南迪的浮雕，两侧还各有一座较短的长廊；右边这座的三角楣饰则为保护神毗湿奴化身为狮子那罗辛哈的模样，正在撕扯阿修罗国王希罗尼耶格西布(Hiranyakasipu)的胸部。

神殿东西两侧有门廊并筑有步道通往神殿。最外层的这道东门，它面东的三角楣上是悉多被恶魔毗罗陀掳走的浮雕。由于女皇宫的正门是采取由城墙往主神龛逐渐缩小的方式修建，因此主神龛的前厅门廊只有108厘米高。

中间主塔与南塔皆供奉破坏神湿婆，北塔则献给保护神毗湿奴。主塔群的楣饰是高棉文化最精致的呈现。东门面东楣饰是多臂破坏神湿婆以自己的毁灭之舞结束轮回，面西是湿婆之妻化身为可怕的杜尔噶；南侧藏经阁面东楣饰为多臂恶魔拉瓦那摇撼湿婆和乌玛居住的凯拉萨山，面北是爱神伽摩(Kama)向湿婆射箭扰乱；北侧藏经阁面东楣饰为骑三个头大象的天神因陀罗赐雨，面西则是保护神毗湿奴化身的英雄克里希那终于杀死恶魔父亲卡姆萨；主殿前厅北门楣饰为财神俱毗罗，面东的正门为骑三个头大象的天神因陀罗，南门也是财神俱毗罗；与其相连的中间主塔面南楣饰为骑水牛的阎王阎魔，面西者为骑凤的海神伐楼那，面北则为坐在三只狮子驮起之宝座上的财神俱毗罗；南塔面东楣饰为骑着黄牛南迪的湿婆和妻子乌玛，面南为骑着水牛的阎王阎魔，面西为骑凤的海神伐楼那，面北则为骑狮的财神俱毗罗；北塔面南楣饰为骑水牛的阎王阎魔，面西为骑凤之海神伐楼那，面北又是财神俱毗罗，面东则是湿婆化身为狮头人身的克里希那杀死恶魔，并扯出其内脏。

印度文明与佛教建筑艺术 ◆ 印度文明建筑

369

红堡 Red Fort

🏠 | 印度德里旧德里区

红堡的名称来自Lal(红色)、Qila(城堡)，坐落在亚穆纳河西岸，四周环绕着红砂岩城墙与护城河，城墙高度从18米到33米不等，总长达2.41千米，2007年被列为世界文化遗产。

莫卧儿帝国第五代君主贾汗从阿格拉迁都德里，于1639—1648年建造了这座与阿格拉堡十分相似的城堡，采用红色砂岩为建材。不过，贾汗未能在此执政，因为他的儿子奥朗则布(Aurangzeb)将其逼退，并软禁于阿格拉堡内。

拉合尔门与塔楼 Lahore Gate & Tower

红堡主要入口位于西墙正中央，面向莫卧儿帝国第二大城市拉合尔(Lahore，今巴基斯坦境内)，入内后经过拱廊状的有顶市集(Chatta Chowk)，过去这里贩售银器、珠宝和金饰给皇室贵族，而今则林立纪念品商店。

八角形塔楼位于拉合尔门后方，高33米，除宣示帝国权势，更具备防御功能，建筑式样融合了印度教与伊斯兰教风格。

哈斯宫殿Khas Mahal

这里是莫卧儿皇帝私人宫殿，分为祭拜堂、卧室和起居室，室内以精美的白色大理石帘幕装饰。该建筑突出于东墙的八角塔，皇帝每天都会在此出现，探视下方河岸边聚集的民众。1911年当德里成为英国殖民地的新首都时，乔治五世和玛莉皇后就曾坐在这里接见德里民众。

公众大厅Diwan-i-Am

这里是昔日帝王聆听朝臣谏言的地方，民众可直接向皇帝申诉并获得答复。过去拱廊上装饰着大量的镀金灰泥雕刻，墙上高挂织毯，地上则铺着丝质的地毯，而今仅留红砂岩结构及位于中央的宝座。大理石宝座出自欧洲设计师之手，四周装饰着12片珠宝嵌板，曾一度落入大英博物馆，直到1909年在印度总督柯曾(Lord Curzon)奔走下才重回红堡。

彩色宫殿Rang Mahal

名称取自宫殿内多彩的设计，不过现今只剩下几块嵌入的斑驳宝石。这里原是后妃居住处，四周围绕着镀金的角塔，地上雕刻一朵白色大理石莲花，衔接着自八角塔延伸过来的水道，充分表现出伊斯兰建筑特色。

彩色宫殿以拱柱划分为六处，北面和南面称为"镜厅"，从墙壁到天花板贴满了镜片，除了可反射户外的光线，更投映室内装饰的花草绘画图案。

玛塔兹宫Mumtaz Mahal

这里昔日同样属于宫廷女眷的活动区域，极有可能是公主的居所，如今改为考古博物馆，里面展示了莫卧儿帝国时期的绘画、武器、地毯与织品等。

私人大厅Diwan-i-Khas

以白色大理石建造的私人大厅，供帝王招待或接见私人贵宾用，是红堡中最美丽的建筑。大厅由一道道大理石拱廊组成，昔日装饰着琥珀、玉石与黄金，今日在北面和南面墙上可看见一段波斯文字，"如果世界上真有天堂，那么就是这里"，据说出自贾汗的首相之手。大厅中央原本有一个镶满各种宝石的美丽孔雀御座，1739年时，被波斯皇帝纳迪尔(Nadir Shah)当成战利品带回了波斯。

明珠清真寺Moti Masjid

这座清真寺由奥朗则布皇帝兴建于1659年，是他和后宫女眷的私人礼拜场所，外墙由桶状板环绕而成，犹如堡垒般，只在东墙开了一道大门。建筑本身采用大量红砂岩，内部则以纯白大理石打造，祈祷厅的地板以一块块黑色大理石勾勒出礼拜毯的位置。

古德卜高塔建筑群
Qutb Minar Complex

🏠 | 印度德里市区西南方

古德卜高塔建筑群有全印度最高的石塔，始建于12世纪，石柱上刻有令人赞叹的文字和花纹，以记录伊斯兰政权统治印度的胜利。它不但是印度德里苏丹国最早的伊斯兰建筑，同时也是早期阿富汗建筑的典范。后继者不断在该建筑群增建，除高塔之外，还有陵墓、清真寺、伊斯兰学校及其他纪念性建筑。

古德卜高塔Qutb Minar

古德卜高塔为德里苏丹国的创立者古德卜·艾克巴所建，是一座纪念阿富汗伊斯兰教征服印度教拉吉普特王国的胜利之塔。为了展现伊斯兰势力，塔上的铭文宣称要让真主的影子投射到东方和西方。

整个古德卜高塔分5层，塔高72.5米，塔基直径约14.3米，塔顶直径约2.5米。虽然说古德卜高塔是印度伊斯兰艺术的最早范例，不过修建此塔的则是印度当地工匠。环绕塔壁的横条浮雕饰带，既装饰着阿拉伯图纹和《古兰经》铭文，又点缀着印度传统工艺的藤蔓图案和花彩垂饰，融合了波斯与印度的艺术风格。

铁柱
Iron Pillar

古瓦特乌尔清真寺中庭高约7米的铁柱，可追溯至公元4世纪。上头记载着铁柱来自他处庙宇，用来纪念笈多王朝的国王旃陀罗·笈多二世。铁柱的顶端有一个洞，可能原本是毗湿奴的坐骑伽鲁达的所在。铁柱纯度高达百分之百，即使以今日技术都未必能生产出如此高纯度的铁，且该铁柱历经千年却毫无生锈的痕迹。

古瓦特乌尔清真寺Quwwat-ul Islam Masjid

古瓦特乌尔清真寺位于古德卜高塔旁边，是印度最古老的清真寺，由古德卜·艾克巴于1193年下令兴建，并于1197年完工。清真寺建筑群包括中庭、铁柱、回廊和祈祷室。清真寺建立在印度教寺庙之上，因此环绕四周的石柱柱廊，都雕刻有精细的神像和图腾，充分融合了伊斯兰和前伊斯兰时代的风格。而从一些建筑残余碎片中，仍能辨识出原本的建筑为印度教和耆那教寺院。

伊勒图特米什陵墓
Tomb of Iltutmish

陵墓离主建筑有些距离，伊勒图特米什是奴隶王朝第三任德里苏丹王。陵墓的圆顶早已毁坏，外观也无特别装饰，内部则刻有几何图形和传统印度教的图案，例如车轮、莲花和钻石。

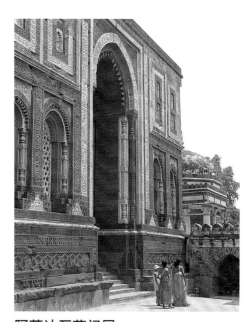

阿莱高塔Alai Minar

这里是一座未落成的唤拜塔，当年古德卜·艾克巴沉浸在征服印度教拉吉普特王国的荣耀中，还想兴建一座比古德卜高塔高2倍的唤拜塔。然而当他过世时，高塔仅建了约25米，自此就停工荒废。

阿莱达瓦萨门屋
Alai Darwaza Gatehouse

位于古瓦特乌尔清真寺南方的红砂岩建筑是清真寺的南面入口，紧邻入口便是阿莱达瓦萨门屋，其样式融合印度教与伊斯兰教风格，拥有尖形拱门、低矮的圆形屋顶和几何图案装饰。

373

阿格拉堡Agra Fort

🏠 | 位于印度阿格拉，泰姬陵西北方2千米处

阿格拉堡原本是洛提王朝(Lodis)的碉堡，1565年被阿克巴大帝攻克后，他将莫卧儿帝国的政府所在地自德里迁往阿格拉，自此阿格拉堡转变成皇宫。

阿格拉堡周围环绕着护城河及高约21米的城墙，阿克巴采用红砂岩修建阿格拉堡，并加入复杂的装饰元素。他的孙子贾汗偏爱白色大理石材，并镶饰黄金或多彩的宝石。大致来说，阿格拉堡内的建筑混合了印度教和伊斯兰教的元素，比如堡内明明象征伊斯兰教的图案，却反而以龙、大象和鸟等动物，取代伊斯兰教的书法字体。

贾汗年老时被儿子奥朗则布软禁于阿格拉堡的塔楼中，仅能远距离窥视泰姬陵来思念爱妻。1857年，莫卧儿帝国与英属东印度公司在此交战，莫卧儿帝国战败，自此印度便沦为英国的殖民地。

玛奇宅邸Macchi Bhavan

又称"鱼宫"的玛奇宅邸里设计有水道，原本是供君王钓鱼的地方，现如今马赛克壁画已遗失，皇家浴池的砖墙也被偷盗，只留干枯池子和空荡荡的房间。

公众大厅Diwan-i-Am

大理石结构的公众大厅是由贾汗皇帝建造，为昔日帝王聆听臣民谏言的地方，中央的宝座镶嵌着美丽的孔雀装饰。大厅旁是宝石清真寺和宫廷仕女市集(Lady's Bazar)。

宝石清真寺Nagina Masjid

以大理石打造的宝石清真寺，由贾汗于1635年下令兴建，主要供后宫嫔妃祈祷用。清真寺朝三面开放，中央为主殿，两边为侧翼，三座洋葱顶展现高低落差，上方还装饰着莲花花瓣。

什希宫殿Shish Mahal

什希宫殿因为墙壁上镶嵌有镜片、宝石等装饰，又称为"镜宫"。它是贾汗皇帝的夏宫，拥有两座以水道相互连接的水池，以降低气温带来凉意。

哈斯宫殿
Khas Mahal

这里前临安古利巴格花园，后倚亚穆纳河，是贾汗为心爱的女儿所建的私人宫殿。整体建筑以大理石为材质，中央大厅两旁分别有通往侧房的对称回廊，回廊的金色屋顶在阳光照射下显得异常醒目。

贾汗季宫Jehangir's Palace

贾汗季宫原本融合了印度和波斯建筑的样式特色，后来被改成莫卧儿风格，是阿格拉堡内最大的私人住所，采用红色砂岩结构，墙壁上镶嵌着白色大理石图案。宫前放置着一个巨大的石雕浴缸，据说贾汗季的皇后曾在此泡玫瑰花瓣浴。

安古利巴格花园Anguri Bagh

"安古利巴格"是"葡萄园"的意思，据说名称由来是因为昔日遍植玫瑰，每当玫瑰盛开，犹如成串的葡萄般花团锦簇。花园中央有一座铺设大理石的喷水池，这里是后宫女子私密的活动空间。

私人大厅Diwan-i-khas

私人大厅建造于1636—1637年，是昔日帝王接见高官、外国使节和贵宾的地方。大厅原有贾汗季皇帝的黑色大理石宝座和一个镶嵌着美丽孔雀装饰的宝座，后者现今流落于伊朗。大厅前方露台上有一座仿黑色大理石宝座，供民众拍照留念。

八角塔Musamman Burj

八角塔面对东方，以红砂岩兴建而成，在阿克巴和贾汗季任内作为早晨礼拜堂，后来贾汗以大理石重建。贾汗晚年被儿子囚禁在阿格拉堡时，就是从这座八角塔远眺泰姬陵的。

卡修拉荷寺庙群Khajuraho Group of Monuments

位于印度的印度中央邦(Madhya Pradesh)，即德里东南方约500千米处。西群寺庙近市中心，东群寺庙距市中心约600米，南群寺庙则在东群寺庙以南约500米处

卡修拉荷寺庙群的性爱雕刻，其实无关色情，纯粹是一种艺术或宗教形式。卡修拉荷寺庙群的雕刻，无论形状、线条、姿态和表情，都是精彩绝伦的艺术创作。

印度教寺庙主要供奉湿婆神、毗湿奴神、戴维女神以及神祇的坐骑。湿婆神代表破坏，也象征创造，毗湿奴神代表保护，戴维女神代表性力。

印度教徒相信湿婆神和戴维女神的结合，就是人类创生的原动力，所以在印度教寺庙中，一般都可看到象征男性生殖器的林伽置于象征女性生殖器的瑜尼之中。卡修拉荷寺庙的雕刻之所以离不开性爱的呈现，主要还是来自宗教上的意义，与性力、生育、多产有着密切关系。卡修拉荷寺庙所雕刻的女性神像都是体态丰腴、乳房饱满，代表母性的温柔和生育能力。而男女神像交媾的画面，除了充满债张的情欲，还展现出不可思议的瑜伽动作。

卡修拉荷寺庙群的建筑样式属于典型的北印度寺庙风格，其特色就是中央的圆锥形屋顶(Shikara)。印度教寺庙中供奉神像的地方，被称为胎房(Garbha-grihya)。湿婆神庙供奉湿婆林伽，毗湿奴神庙供奉毗湿奴神像或化身，戴维女神庙有的供奉女神各种化身，有的则是无形的象征。卡修拉荷寺庙群虽以描绘性事驰名，但是从寺庙的建造技巧和装饰风格看来，堪称早期印度工匠最伟大的艺术成就。

西群寺庙 ◆
戴维·迦甘丹巴寺Devi Jagadamba Temple

戴维·迦甘丹巴寺是卡修拉荷早期寺庙建筑的代表，建于1000年左右。原本供奉毗湿奴神，后来又献给雪山女神帕尔瓦蒂(Parvati)。帕尔瓦蒂是戴维女神的化身之一。戴维女神的化身还包括温和的吉祥女神(Lakshmi)、凶猛的卡莉(Kali)、学习女神妙音天女(Sarasvati)和女战神杜尔噶(Durga)等。这些女神都以不同的形象和神力受到印度教徒的崇敬。

戴维·迦甘丹巴寺墙上装饰着许多神像和性爱雕刻，包括三头八臂的湿婆神，以及化身侏儒或公猪造型的毗湿奴神。

西群寺庙 ◆
肯达利亚·玛哈戴瓦寺
Kandariya Mahadeva Temple

肯达利亚·玛哈戴瓦寺是高约31米、长约20米的湿婆神庙，建于1025年。肯达利亚(Kandariya)意指"洞穴"，说的正是传说中湿婆神居住的冈底斯山。

寺庙基坛高约5.4米，正面是一条长长的阶梯，周围有回廊环绕。寺庙供奉一具巨大的湿婆林伽，庙内有两百多座雕像，外壁的雕像有六百多座，每座石刻雕像的高度约1米。寺庙样式是典型的北印度寺庙风格，中央建有圆顶。这座比例完美的寺庙，里里外外都布满男女交合的繁复雕刻。

西群寺庙 ◆
毗湿瓦纳特寺与南迪神龛
Vishvanath Temple & Nandi Shrine

虽名为毗湿瓦纳特寺，其实是一座湿婆神庙，由昌德拉王朝著名的统治者丹迦迪夫(Dhanga Dev)建于1002年。寺内供奉两具湿婆林伽，分别为石头和翡翠材质。寺庙墙壁上的雕刻，都与性爱、情欲和瑜伽动作有关。

毗湿瓦纳特寺的另一端是一座凉亭式建筑，由12根柱子所支撑，中央供奉一只巨型公牛石雕。公牛南迪是湿婆神的坐骑，象征多产和性力旺盛。此雕像是用一整块石头雕刻而成，几百年来经过信徒的抚触和岁月的打磨，牛身已经散发出美丽的光泽。

西群寺庙 ◆
拉希玛纳寺Lakshmana Temple

拉希玛纳寺是卡修拉荷最大的祭祀场所。寺庙里面供奉了一尊来自冈底斯山的毗湿奴神像。该寺庙由昌德拉王朝最受人民爱戴的耶输跋摩所建造。

拉希玛纳寺基坛上雕刻了许多大象和人物的雕像，寺庙样式融合了不同的建筑风格。该寺庙由一座中心圣坛和四座附属圣坛组成。寺庙周围墙壁所雕刻的男女雕像，动作特别大胆。

西群寺庙 ◆
玛泰吉什沃尔寺Matangeshwar Temple

玛泰吉什沃尔寺兴建于公元900—925年，是昌德拉王朝哈薛夫国王(Harshdev)打败因陀罗三世(Indre Ⅲ)后所建造的。里面供奉一具相当巨大的湿婆林伽，每天都有许多印度教徒捧着鲜花和蒂卡到此膜拜。

西群寺庙 ◆
瓦拉哈神龛Varaha Shrine

瓦拉哈神龛建于公元900—925年，是一座凉亭式建筑，里面供奉公猪瓦拉哈雕像，它是毗湿奴神的坐骑。这座雕像以整块巨石雕刻而成，瓦拉哈的身体和四肢上整齐排列着674尊男女浮雕，堪称卡修拉荷最精致的石雕。

西群寺庙 ◆
契特拉古波塔寺
Chitragupta Temple

契特拉古波塔寺兴建于1000年左右，里面供奉着驾骑七匹马双轮战车的太阳神苏利耶(Surya)。七匹马象征一周七天。寺庙有圆锥形屋顶，周围墙上装饰着精致的雕像和图案。

东群寺庙 ◆
帕尔斯瓦那特寺Parsvanath Temple

　　帕尔斯瓦那特寺是一座耆那教寺庙，是东群寺庙中规模最大、最美的一座寺庙，由昌德拉王朝的丹迦迪夫国王建于公元954年。寺庙早期供奉耆那教第一位祖师阿迪那特(Adinath)的雕像，目前供奉尊者帕尔斯瓦那特(Parsvanath)。 此庙样式融合印度式和耆那寺庙风格，装饰的舞蹈动作雕像和条纹相当细致，墙壁上装饰有格子窗，窗周围雕刻有花卉图案。

东群寺庙 ◆
阿迪那特寺Adinath Temple

　　阿迪那特寺兴建于11世纪，是一座小型的耆那教寺庙，寺庙里面供奉着造型现代的阿迪那特祖师。

南群寺庙 ◆
杜拉朵寺
Duladeo Temple

　　杜拉朵寺建于1100—1125年，以前供奉肯达利亚(Kartikeya)，现在则是一座湿婆神庙。墙上装饰的雕像有手持花朵、吹奏长笛或挥舞武器的女神像。

印度文明与佛教建筑艺术 ◆ 印度文明建筑

琥珀堡 Amber Fort

🏠 | 位于印度斋浦尔北方11千米处

琥珀堡伫立于山丘上，在阳光的照射下呈现出温暖的金黄色调，透出高贵与优雅的气质。琥珀堡是1592年时由曼·辛格(Raja Man Singh)大君开始建造，历经125年才完工。在长达一个世纪的时间里，它扮演着拉杰普特王朝(Kachhawah Rajputs)首都的角色。

琥珀堡地势险要，下方有一条护城河，周围环绕着蜿蜒的高墙。整座城堡居高临下，由不同时期的宫殿组成。大君和王后以及350位后宫嫔妃居住于此，直到18世纪迁都斋浦尔后，琥珀堡便遭到遗弃。从保留下来的建筑可以发现，它融合了拉杰普特王朝和莫卧儿王朝的建筑艺术。

加勒中庭
Jaleb Chowk

名称来自阿拉伯文，意思是"士兵聚集游行的广场"。中庭东西方分别为太阳门(Suraj Pol)和月亮门(Chand Pol)。加勒中庭是琥珀堡的四座中庭之一，两旁建筑的底层为马棚，上层为大君贴身保镖的活动空间。

公众大厅
Diwan-i-Am

这里是昔日帝王聆听臣民谏言的地方，建有双层圆柱和格子状走廊。附近有印度教的卡莉女神庙(kali Temple)和西拉戴维寺(Shila Devi Temple)。

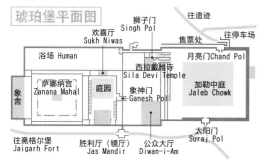

琥珀堡平面图

往遗迹
往停车场
狮子门 Singh Pol
售票处
欢喜厅 Sukh Niwas
月亮门 Chand Pol
浴场 Human
西拉戴维寺 Sila Devi Temple
萨娜纳宫 Zanana Mahal
庭园
加勒中庭 Jaleb Chowk
象舍
象神门 Ganesh Pol
往斋格尔堡 Jaigarh Fort
胜利厅（镜厅）Jas Mandir
公众大厅 Diwan-i-Am
太阳门 Suraj Pol

狮子门 Singh Pol

狮子门是正式进入皇宫的关卡，"狮子"象征着力量，也成为皇室家族的姓氏。城门外观装饰着大量壁画，昔日有哨兵轮值站岗。基于防御，进入城门的通道呈直角转弯，以防敌人长驱直入。

象神门 Ganesh Pol

这座三层结构的大门非常华丽，建于1640年。大门是衔接皇宫内厅的主要通道。二楼小而精致的厅堂有精美的雕花天花板和彩色玻璃，还有蜂窝状的大理石窗格，嫔妃们能在窗后观看公众大厅的活动。

欢喜厅 Sukh Niwaa

大理石打造的欢喜厅，是从前王公举行宴会或舞会的地方。外观雕刻花瓶与花草植物，并涂上浅黄、淡绿、粉蓝色，厅内地面设置水道，墙壁上则刻着一条条细密的导水道，这种早期的空调系统，为印度夏天炎热的气候提供消暑的作用。

胜利厅 Jai Mandir

这里是大君接见贵宾的私人大厅，是琥珀堡内最美丽的宫殿。宫殿四壁都镶嵌着宝石与彩色玻璃镜片，在黑暗中点燃一盏烛光，可看见经过折射后的烛光有如钻芒漫天闪烁，因此又被称为"什希宫"（Sheesh Mahal），也就是"镜厅"。

宫殿的拱形屋顶、几何图形的细格子窗棂、大理石廊柱和花朵植物雕刻，都受到莫卧儿王朝时期建筑风格的影响。

梅兰加尔堡Meherangarh Fort

🏠 | 印度拉贾斯坦邦久德浦尔(Jodhpur)旧市区西北方

梅兰加尔堡矗立在125米高的巨崖上，是拉贾斯坦邦最壮观且保存最完善的城堡。城堡最初由久德浦尔大君拉·久德哈兴建于1459年，之后继任者陆续增建，从分属不同时期兴建的7道城门便可看出。

穿过一道道城门后，一座座宫殿环绕着中庭，因此有人说梅兰加尔堡像由无数中庭组成的聚落。这些宫殿同样建于不同时期，各具特色，目前部分已改建成博物馆。

除了欣赏建筑之美，穿梭于皇宫阳台时别忘了眺望久德浦尔旧城，一片蓝色的景致非常壮观。

花宫Phool Mahal

花宫兴建于1724年，是大君用来欣赏音乐、舞蹈和诗歌表演的场所，被视为梅兰加尔堡内最漂亮的房间。窗户装饰着色彩缤纷的玻璃，建筑四周绘有金银细工图案及五颜六色的花卉。

铁门Loha Pol

这是第6道城门。铁门下方的通道是直角设计，以防敌人长驱直入，门上装饰着尖锐的刺钉，同样为了阻敌。铁门之后可看见15个红色手印，是1843年曼·辛格大君的遗孀们根据印度传统习俗，陪葬前留下来的印记，称为Sati。

加冕中庭Sangar Chowk

这座中庭是历任大君举行加冕典礼的地方，两旁围绕着皇后宫(Jhanki Mahal)和武器宫(Sileh Khana)。广场上有一个大理石宝座，四周的砂岩建筑雕饰着华美的镂空格子窗，让后妃能在举行典礼时观赏。

塔哈特宫Takhat Vilas

这里是久德浦尔第32任大君塔哈特·辛格(Takhat Singh)的私人卧室兼娱乐室。他于1873年过世，也是最后一位住在梅兰加尔堡内的统治者。

在塔哈特·辛格统治期间，印度沦为英国的殖民地，从房间的布置便能瞧出端倪：天花板上挂着圣诞树彩球，取代了传统的镜片装饰；墙壁上除了彩绘传统的印度神祇外，还出现了欧洲仕女。种种迹象显示，他和英国统治者之间有着和谐的关系，因此才能在此处安居。

梅兰加尔堡平面图

铁门 Loha Pol
珍珠宫 Moti Mahal
塔哈特宫 Takhat Vilas
花宫 Phool Mahal
胜利门 Jai Pol
武器宫 Sileh Khana
皇后宫 Jhanki Mahal
加冕中庭 Sangar Chowk

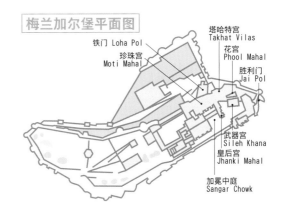

梅兰加尔博物馆 Meherangarh Museum

皇后宫和武器宫已辟为博物馆，里面收藏了久德浦尔大君的皇室生活用品，包括象轿(Howdha)、宝座、古代枪炮、武器、旗帜、婴儿摇篮、地毯、壁画等历史文物。象轿大多镀金或镀银，并雕刻象征权势的狮子，其中价值连城的是贾汗赠送的银轿。武器宫藏有阿克巴大帝的宝剑及各式各样的匕首武器。

珍珠宫Moti Mahal

珍珠宫是一座古老的厅房，兴建于16世纪，由于在石灰泥中混入了压碎的贝壳，产生珍珠般的光泽，因而得名，昔日为会议厅。彩色玻璃窗户为室内增添色彩。墙壁上的壁龛里都放有油灯，可以反射天花板上的镜片和镀金装饰，让墙壁产生大理石般的效果。而位于拱门上方的五座大型壁龛是秘密阳台，后妃们可坐在这里聆听会议。

玛玛拉普兰(默哈伯利布勒姆古迹群)
Mamallapuram(Mahababalipuram)

🏠 | 位于印度金奈以南58千米处

　　玛玛拉普兰是泰米尔纳德邦最著名的一级景点，早在1984年，就被列入了世界文化遗产名录。

　　玛玛拉普兰曾经是一座港口城市，公元7世纪时由帕拉瓦(Pallava)国王那罗新诃·瓦尔玛一世(公元630—668)所建，整座古迹群就坐落于孟加拉湾的海岸边，呈椭圆形分布。岩石雕刻的洞穴圣堂、巨石构成的神坛、战车造型的神庙都是帕拉瓦艺术风格的代表。石雕传统延续至今，周遭许多雕刻工作室的铁锤、凿子的击打声传遍整个村落。玛玛拉普兰拥有宜人的海滩、海鲜餐厅、特色手工艺品店和石雕工作室，以及泰米尔纳德邦最受重视的舞蹈艺术节，因此游客络绎不绝。

甘尼许战车及黑天的奶油球
Ganesh Ratha & Krishna's Butter Ball

　　在石壁雕刻《阿周那的苦修》的西北侧，有座甘尼许战车，原是湿婆神的寺庙，后把湿婆神的林伽移走后，就变成象头神甘尼许的神坛。在战车北侧的山坡上有个巨大石球，被称作"黑天的奶油球"，立在斜坡凝住不动，成为游客猎取镜头的焦点。

五部战车神庙Five Rathas

这五部战车神庙是公元7世纪帕拉瓦建筑艺术的最佳典范。以巨石雕刻而成的神庙象征五位英雄人物的战车，战车分别以古印度圣典《摩诃婆罗多》(Mahabharata)中五位兄弟及他们共同的妻子德劳帕蒂(Draupadi)命名。战车长埋于沙堆中达数个世纪，直到两百年前才被英国人挖掘出来。尽管最后没有完工，但这些战车对后世的影响十分深远，后来南印的寺庙都延续这样的建筑风格。

第一部战车是德劳帕蒂战车(Draupadi Ratha)，献给杜尔噶(Durga)女神。神庙中四只手臂的杜尔噶女神站立于莲花之上，两旁则跪拜着她的信徒，神庙外头挺立着一头石狮。

紧接着是阿周那战车(Arjuna Ratha)，献给湿婆神。神庙的后面有一尊牛神南迪，神庙外墙则雕刻着黎俱吠陀众神之王因陀罗(Indra)及诸多神祇。

位于阿周那战车之后的是弥马战车(Bhima Ratha)，这部巨大的矩形战车，顶部呈筒形，献给毗湿奴。神庙里刻着一尊入睡的毗湿奴。

达尔玛拉战车(Dharmaraja Ratha)的顶部有三层，外加一个八角形的穹顶，也是最高的一部战车。神庙的外墙刻着许多神祇，包括因陀罗、太阳神苏利耶，以及帕拉瓦国王那罗新诃·瓦尔玛一世。

进门右手边的战车名为那库拉·萨哈德瓦(Nakula-Sahadeva)，是献给因陀罗的。旁边耸立着一头几可乱真的大象，名为Gajaprishthakara，意为"大象的背影"，被公认为印度最好的一座大象雕刻。

阿周那的苦修Arjuna's Penance

玛玛拉普兰最著名的岩石雕刻就属这块《阿周那的苦修》，浮雕刻在一块巨大的石块上。这片天然的垂直石板长12米、宽30米，上头雕刻着大象、蛇、猴子、神祇、半兽神，描绘的是《薄伽梵歌》(Bhagavadgita)中印度圣河恒河从天而降，诸神兽见证阿周那苦修的寓言故事。

在《阿周那的苦修》石壁左手边，是"黑天曼达帕"(Krishna Mandapa)，属于比较早期的石壁神庙。浮雕中黑天高高举起哥瓦尔丹山(Govardhana)，保护人民免受暴雨袭击。

海岸神庙Shore Temple

面对着孟加拉湾，海岸神庙孤独地挺立在一块岬角上，庙身不大，但形态优雅，代表了帕拉瓦艺术的最高杰作。神庙最早由国王那罗新诃·瓦尔玛一世兴建于公元7世纪中叶，用来崇拜湿婆神。东西两侧塔形的神坛是由继任者那罗新诃·瓦尔玛二世所盖，供奉湿婆的林伽。还有一座早期的神坛献给毗湿奴。神庙内部的雕刻保存良好，神庙周边围着一道矮墙，上头是一整排的牛神南迪。

佛教建筑

素可泰古城Old Sukhothai

🏠 | 位于泰国中央平原，曼谷以北427千米处

在高棉帝国势力盘踞在泰北的11—12世纪，素可泰城是这个入侵帝国的北方要塞。直到13世纪前叶，泰族领袖坤邦钢陶(Pho Khun Bang Klang Thao)揭竿起义推翻高棉的统治，为泰人拥戴为印拉第王(King Sri Indraditya)，开创泰国第一个独立王朝"素可泰"。素可泰城遂成为名震四方的国都。

这座广纳佛教艺术精华的古都，东西宽1400米，南北长1810米，辟有4道城门，由内、中、外三重城墙，一道护城河环绕巩卫，固若金汤。八百年后的今天，经过泰国政府及联合国教科文组织十多年的努力，素可泰古城已修复城内21座寺庙及建筑，城外5千米范围内另有超过70座佛教或婆罗门教的寺庙，重现了素可泰王朝昔日的威势。

卓旁通寺Wat Trapang Thong

在泰文中，"卓旁"是"池塘"的意思，"通"是"金子"之意，"卓旁通寺"就是"金池寺"。这座寺院的大雄宝殿是30多年前才盖的，塔是锡兰式的，参观重点则是凉亭中供奉的佛脚印，是从素可泰西南方的大脚印山(Big Footprint Hill)搬来的，脚印上有108个须弥山上的吉祥图案，显示佛与须弥山合而为一，而且是宇宙的中心。

卓旁通寺的南岸小市场里有间小庙，庙里有个半身陷在地里的石像，立在石像前的是素可泰开国君王帕峦王的塑像。传说当时高棉王派了个精通奇门遁甲的人探听帕峦王的情况，这高棉人从地中钻出来时恰好撞见了帕峦王，而神话英雄帕峦王具有出口成真的能力，便让高棉人不能钻出地面，困成了一座石像。后人便借此显示泰国国王的神力及伟大。

386

司里沙外寺Wat Sri Sawai

司里沙外寺是一座高棉式寺庙，在素可泰王朝之前已有，那时供奉的是印度湿婆神。寺中最显著的3座高棉塔从左至右各代表大梵天、湿婆神和那莱天王，塔中的佛像均移至博物馆中收藏。塔上装饰有繁复的灰泥图样，每个小佛龛都有一条龙吐出三条龙的图样。这就是传说中的动物叫蚋干，它是狮子、龙马、角龙、麒麟和鳄鱼的混合体，它会吐出似蛇似龙的蚋。在泰人的习俗中，奇数是吉祥数字，所以蚋干吐出的蚋一定是1、3、5等奇数数目。

玛哈泰寺Wat Mahatta

玛哈泰寺位于素可泰古城的中央，四面有沟渠环绕，由印拉第王开始建造，直到1345年完成于李泰王时期，属于皇室宗庙。寺中留存有纯素可泰式的主塔，周围环绕着4座室利佛逝(Srivijaya)兼锡兰式小塔和4座高棉式小塔。玛哈泰寺拥有素可泰主僧院、大城时期主僧院、李泰王骨灰塔、南北各有两座内含9尺立佛的蒙朵，还有黄昏时可拍摄美丽剪影的大雄宝殿。

玛哈泰寺的主塔是一座上部呈含苞莲花状的纯素可泰式佛塔，这是因为李泰王把原来的高棉佛塔包了起来，又在其外面建造纯素可泰式的佛塔。这样的例子还有，比如主僧院前还有一个主僧院，这是到了大城时期，国王为了遮住旧有素可泰主僧院，所以在它的前面又盖了一座。

387

卓旁通兰寺
Wat Traphanthong Lang

与西昌寺相同属于蒙朵式建筑的卓旁通兰寺立于素可泰城的东郊，其最重要的遗产是寺内的西、南、北面各有一幅佛陀浮雕。北、西两面雕有佛陀向父亲、妻子说法的故事，南面叙述佛陀从忉利天下凡，并且四周有仙女拥护。这些浮雕被视为素可泰艺术经典。

索拉萨克寺Wat Sorasak

索拉萨克寺是座由24头象支撑的锡兰式佛塔。这块地是一位名叫索拉萨克的大臣献给国王的，所以国王盖了这座塔以纪念他。由此寺找到的一块碑文得知，那时大概是1412年，李泰王时期。

柴图鹏寺Wat Chetuphong

柴图鹏寺的主要建材是石板，用在门、门楣、墙及地板上，接头是用榫的方式。由石头上留存的一个小凹槽，可推断当时工程技术非常先进。寺中有一个蒙朵式的佛龛，里面有四面搭配坐、卧、行、站四种姿态的佛像。紧邻的另一个小佛龛，里面供奉着未来佛。在索拉萨克寺中发现的碑文曾经提及此寺，可见索拉萨克寺在1412年以前已经存在。

卓旁难寺Wat Trapang Ngon

卓旁难寺就是银池寺，在玛哈泰寺的后面。主塔是一座矮矮胖胖的莲花苞状的塔，塔上的佛龛中有面对四个方向的站佛，与玛哈泰寺的主塔很相像，也是李泰王时建造的。许多游客喜欢跨桥到池中小岛欣赏美景。

菩培峦寺Wat Phra Phai Luang

菩培峦寺距素可泰城墙约有1千米远，有护城河围绕，寺中立有3座高棉塔，由左至右分别代表大梵天王、湿婆神与那莱天王。据推测此寺建于12世纪末，素可泰还是高棉王国的一部分，在位者为高棉阇耶跋摩七世。

1965—1966年修复此寺时，寺中一座四角塔上的灰泥装饰坐佛倒塌，露出里面许多较小的佛像头部与躯干，又是后世的人将原先的佛像遮住的情况，所以可看见许多只有头，而身体陷在塔中的佛。位于较西边的一座蒙朵中也有四面佛，东面是行走佛，其他三面是立佛。

沙攀辛寺Wat Saphan Hin

沙攀辛寺又称为石桥寺，有一座大石铺成的似桥长阶，200米，虽还能通行但已倾圮，使人们走起来心惊胆战。高高立在沙攀辛寺中的阿塔洛佛高12.5米，伸出右手，默默地保护这整个城市。据蓝坎亨王留下的石碑记载，沙攀辛寺曾是一位高僧住的地方，同时也是蓝坎亨王看地势替整个城市寻找水源之处，每到重要节日他也会骑着大象来此敬拜。

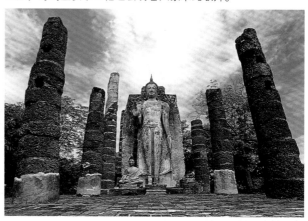

西昌寺Wat Si Chum

一进西昌寺，总是立即被那巨硕的佛像震慑住。这尊坐佛与蓝坎亨石碑上提到的"阿迦纳佛"相似，右手手指指地，呈镇魔姿，高15米，两膝宽11.3米，佛像修整得非常完美。一般认为这尊佛像原本是露天的，后来才加盖了蒙朵。

这间蒙朵长、宽各32米，高15米，墙厚3米，左侧有通道通到屋顶。西昌寺的另一个瑰宝就是沿着通道有超过50幅的石版画，描绘本生经及佛陀10次转世的故事，可惜现在已经不开放供游人参观了。

曼谷卧佛寺Wat Pho

🏠 | 泰国曼谷Sanamchai Rd., Pranakorn

卧佛寺是曼谷最古老的寺庙，也是泰国最大的寺庙。卧佛寺又称菩提寺，这座从大城王朝(或称艾尤塔雅王朝)时代留下的古寺受到却克里王朝皇帝的喜爱，从拉玛一世到四世都曾重修，加盖了三座佛塔和一座卧佛殿，持续到现在。

特别提醒，来这里参观时要注意衣着，需整齐，不要太暴露，着长裤、长裙为佳。

卧佛殿

一进寺庙最先看到的就是卧佛殿，门拱及窗拱绘以花瓶及花束装饰，脱鞋进入便可看到敷满金箔的卧佛。这尊卧佛长46米，高15米，每只脚掌便长达5米，上面有用贝壳镶嵌的108幅吉祥图案。佛殿四面墙壁皆有壁画，每50年会邀请画师自愿入寺进行修复工作。民众可以在卧佛前的铜钵中献金。

大雄宝殿

大雄宝殿在拉玛一世时期建造，后在拉玛三世时期经过重建与扩建。殿内供奉神造佛(Phra Buddha Theva Patimakorn)，为大城王朝时期的坐佛像。拉玛一世的部分骨灰安放于佛像的基座内。

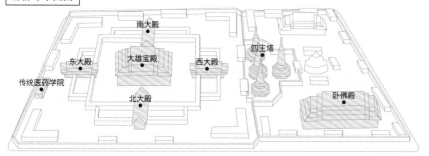

卧佛寺平面图

佛塔

　　卧佛寺中有99座佛塔，其中最大、最显眼的就是四王塔，塔上以碎瓷盘装饰，特别有中国味。拉玛一世是佛像保留的大功臣，他从大城遗址中寻得1200多座雕像，目前有689座放在卧佛寺中。这些佛像被沿着大雄宝殿外两层走廊摆放或置于塔顶。

庭院·排亭

　　拉玛三世将卧佛寺改造成开放式的大学，可以说是泰国首间大学，并在寺中墙上绘出和战争、医疗、天象学、植物学、历史学等学科相关的壁画。介于四王塔与主殿间的排亭里就有泰式按摩的手法说明，花园里也有很多尊摆出按摩姿势的人形塑像。此外，据说园中的菩提树也是从印度引进的树种。

压舱石

　　卧佛寺中有许多压舱石，都是19世纪时泰国商人载货到中国贸易，回程时因为货品较少，所以便载了一些被雕刻成中国的门神、戴着高帽子的外国人、动物、细致的七宝塔等的石像作为压舱石的。这些压舱石被献给拉玛三世，拉玛三世将它们摆放在佛寺中。

传统医药学院

　　卧佛寺至今仍是研究草药及健康按摩的中心。寺中后方就有一间传统医药学院和一间按摩房，想试试传统按摩的游客可以在此享受专业服务。

印度文明与佛教建筑艺术　◆　佛教建筑

婆罗浮屠Borobudur

🏠 | 位于印度尼西亚爪哇岛，距离古都日惹(Yogyakarata)约40千米

世界最大的佛教遗迹"婆罗浮屠"约建于公元8世纪后半期到9世纪之间，由统治爪哇的夏连特拉(Sailendra)王朝的三位国王，先后完成整个建筑。当时发源自印度的佛教大乘密宗，经海上及陆路贸易的路线流传至东方，其中便经过印尼爪哇岛，婆罗浮屠即是在其影响下的产物。

婆罗浮屠长和宽均为123米，高32.5米，上下九层，呈金字塔形，本身即是佛教密宗曼荼罗图像的立体化。最底层石壁上的浮雕刻画了人们的日常生活。在底层之上第一层回廊中的壁雕，则以古代印度悉达多王子，也就是释迦牟尼一生的故事，来昭显人的另类潜能。此层回廊中共有120幅壁雕，浓缩了经文中的精彩片段。

参访者必须从东边的入口进入回廊，由左侧开始，以顺时针方向行进。自第一层的佛传浮雕绕到第四层回廊，映入眼帘的便是《华严经》之《普贤行愿品》中提及的"大庄严重阁"里数以千计的菩萨。按佛教的灵魂净化论，这些菩萨全是从凡夫一路走来的，而这便是婆罗浮屠曼荼罗式建筑所欲揭示的：由人间走向佛陀境界，即人类臻于真理的途径。

婆罗浮屠于1973年开始大规模全面性地整修，整修召集了世界各领域的专家，如化学家研究岩石如何受侵蚀、清洗复原，工程专家及物理学家们研究如何加强建筑结构，并利用电脑重组上百万块乱石。工程总经费超过1650万美元，耗时10年，婆罗浮屠终于重现了千年前的面貌，于1983年2月23日重见天日，接受人们的崇敬。

佛陀诞生地蓝毗尼
Lumbini, the Birthplace of the Lord Buddha

⌂ | 位于尼泊尔蓝毗尼（**Lumbini**），距离首都加德满约360千米

　　佛陀的诞生地蓝毗尼坐落在喜马拉雅山脉脚下，1997年为联合国教科文组织列入世界文化遗产目录，

目前规划成一座园区。园区里有三个重点，一是佛陀母亲摩耶夫人庙(Mayadevi Temple)，二是阿育王石柱，三则为水池和菩提树。相传摩耶夫人因夜梦白象由右侧腋下进入，感而受孕，遂生佛陀。园中布局，似乎是尽量在还原当年的种种传说故事。

　　摩耶夫人庙供奉着一块模糊不清、由黑岩雕刻的摩耶夫人产子像，隐约可以看出摩耶夫人高举右手、扶着树枝的姿态。摩耶夫人庙后方的树是她当年产子的地点，水池则是佛陀出生后净身的地方，尽管这些都已非当年的树木与水池。倒是庙另一侧竖立的阿育王石柱，铭文上说，阿育王登基后的第21年，亲自在佛陀诞生地参拜并立柱。

　　圣人出世总有圣迹异象，例如悉达多王子一出生便行走七步，步步生莲，一手指天，一手指地，并说："天上天下，唯我独尊。"虽为传说，却能满足后人对圣者崇拜的心理，并为圣地带来更多传奇色彩。

摩诃菩提佛寺 Mahabodhi Temple

🏠 | 印度菩提迦耶(Bodhgaya)

　　摩诃菩提佛寺又称为大菩提寺，高50米。远看摩诃菩提寺，似乎只有一座高耸的正觉塔，其实整座寺院腹地庞大，布局繁复，包括七周圣地、佛陀足印、阿育王石栏楯、菩提树、金刚座、龙王池、阿育王石柱，以及大大小小的佛塔、圣殿和各式各样的钟、浮雕和佛像。有些为原件，有些则是经过重修的，部分雕刻收藏于加尔各答国家博物馆、伦敦的维多利亚和阿尔伯特(Victoria & Albert)博物馆。

　　寺中最受瞩目的焦点便是菩提树和七周圣地。当年

玄奘曾跪在菩提树下，热泪盈眶，感叹未能生在佛陀时代。今天所看的菩提树，已非当年佛陀打坐悟道的原树，这树跟摩诃菩提寺一样命运多舛，不断与外道、伊斯兰对抗，并遭到焚毁与砍伐，最后则是从斯里兰卡的安努拉德普勒(Anuradhapura)带回菩提子，长成现在的绿荫满庭。据说这菩提子是公元前3世纪阿育王的女儿僧伽密多(Sanghamitta)前往斯里兰卡宣扬佛教时，从菩提迦耶原本的菩提树带来的分枝，开枝散叶所繁衍的后代。

　　至于七周圣地则是佛教经典中，佛陀正觉后，各花七天冥想和行经的地方。这包括：第一周在菩提树下打坐；第二周在阿弥萨塔，不眨一眼望向成道之处；第三周是佛陀双足落地，便有莲花涌出之处；第四周是佛陀放出五色圣光，也就是现在全世界佛教红、黄、蓝、白、橙五色旗的由来；第五周在一棵榕树下禅定，提出众生平等的思想；第六周在龙王池度化龙王；第七周有两位缅甸商人供养佛陀，佛陀回赠其八根佛发，目前被供奉在缅甸仰光的大金塔里。

　　而今的摩诃菩提佛寺就好比是一座多姿多彩的小社区，来自四面八方的信众，各自占据一个角落，修行功课，并以自身的文化表达其对佛祖的崇敬，寻找心灵的答案。可以看到泰国僧人领着信众，在金刚座前诵经并绕行正觉塔七周；也可以看到苦修的藏人铺着一方草席，不断面向正觉塔行三跪九叩大礼；还有中国台湾朝圣团前来做一百零八遍的大礼拜，行一日一夜的八关斋戒；斯里兰卡、缅甸、日本等信众，以及川流不息的世界各地游客，总是把整个摩诃菩提佛寺挤得热闹非凡，每个小角落，每天都有故事在不断上演。

普纳卡宗Punakha Dzong

🏠 | 不丹普纳卡

　　普纳卡宗过去被称为Pungthang Dechen Phodrang，意思是"大幸福宫殿"。有人认为普纳卡宗是不丹最美的一座宗堡，它前有莫河(Mo Chhu，意为母亲河)，后有佛河(Pho，意为父亲河)。1637年，雷龙国的创建者夏尊·拿旺·拿姆噶尔(Zhabdrung Ngawang Namgyal)选择在两河交汇处的河滩地上，兴建这座宗堡，其后山

看起来像头沉睡的大象，而普纳卡宗就位于象鼻顶端。

　　在20世纪50年代廷布成为首都之前，普纳卡宗一直是不丹政府所在地，乌赣·旺楚克(Ugyen Wangchuck)于1907年就在此加冕登基。普纳卡宗是不丹第二大宗，长180米，宽72米，乌策(Utse)中央大殿高达6层。中庭(Dochey)多达三座，行政区的中庭有一座白色大佛塔和一株高大的菩提树；第二座中庭则是宗教区，中间被乌策隔开；第三座中庭位于最南端。玛辰寺(Machen Lhakhang)供奉了不丹历史上两位重要人物的舍利，一是夏尊，另一位则是贝玛林巴(Pema Lingpa，1450—1521)。

　　位于最南侧的"百柱大殿"有54根柱子，供奉着释迦牟尼佛、莲花生大士及夏尊的金色雕像，每一根柱子都被围上金色金属板。此外，普纳卡宗的乌策里则收藏了堪称不丹最珍贵的宝藏，那是夏尊当年从中国西藏带到不丹的一尊"自生千手观音像"(Rangjung Kharsapani)。

虎穴寺Taktsang Goemba(Tiger's Nest Monastery)

位于不丹帕罗市中心北边10千米处的山上

　　虎穴寺是不丹最具代表性的宗教性地标，位于海拔3120米的高崖上，与帕罗谷地落差高达900米。车子仅能抵达山脚下的基地营，其余则得靠双脚，山路崎岖陡峭，从山麓至山巅徒步要花三四个小时。登顶后，只见虎穴寺嵌在黄铜色的绝壁上，上方的岩石形如莲花生大士的脸，下方的松林如树海，一碧万顷。

　　虎穴寺名称的由来是，相传公元8世纪，莲花生大士骑着一头飞虎来此，在洞穴里打禅入定3年3月3天3时，降服了恶魔，并让帕罗人改信佛教，此洞穴被视为圣地。1692年，不丹雷龙国第四任领导者杰西·丹增·立杰(Gyalse Tenzin Rabgay)在洞穴四周建寺庙。1998年寺庙遭大火焚毁，2005年政府耗资13亿不丹币重建此寺。

　　远看虎穴寺是由4座寺庙构成，入内之后，才发现这座紧贴山壁而建的寺庙，还有不同的厅、殿与洞穴，攀上爬下，若无带领，容易迷失在这些大小厅殿中。首先来到当年莲花生大士打禅的地方，洞穴外有一尊愤怒金刚(Dorje Drolo)雕像，即莲花生大士骑着飞虎的模样，另有莲花生大士八个化身之一狮吼莲师的壁画。

　　除此之外，还供奉有莲花生大士另一个化身莲花王(Pema Jungn)。曾叶拉康上师主殿(Guru Tsengye Lhakhang)里则供奉17世纪虎穴寺的建庙者杰西·丹增·立杰，并且从这里可以向下探看莲花生大士打坐的洞穴，据说可以看出一只老虎的形状。

佛国寺

佛国寺建于新罗时代的公元751年，不过壬辰倭乱时，大部分的木造建筑都毁于战火中，其后经过数次的整修才建成今日的面貌。由于重建时都是以当年的石坛或础石建造，而多宝塔、释迦塔等石造建筑也维持创建时的姿态，就文化与艺术价值来说实为登峰造极之作，1995年为联合国教科文组织列入世界文化遗产名录。

紫霞门为主殿大雄殿的中门，之前有青云桥和白云桥，意味着从俗世通往净土的通道；安养门为极乐殿的中门，也有石桥象征着进入极乐净土的世界，现在皆列为国宝级的文化遗产。旅客必须从寺院的右边绕道而行，欣赏这些已有千年历史的花岗岩梁石、基柱，赞叹声不绝于耳。

今日所见的大雄殿是1659年重建的，完全不使用任何钉子，内部供奉释迦牟尼佛，两旁则是弥勒菩萨和羯罗菩萨像。在大雄殿前右方的多宝塔又称为七宝塔，是一个造型复杂优美的花岗岩石塔。正方形的基坛是用来表示佛教基本教理"四圣谛"，塔身的上部为八角形，用以表示"八正道"。

大雄殿左边的释迦塔又名三层石塔，造型简洁，为新罗时代的典型塔身样式，1966年进行修补工程时，在第三层塔身发现世界最老的木板印刷物等多样文化遗产。

石窟庵

🏠 | 韩国庆尚北道庆州市进岘洞891号

位于佛国寺东边吐含山上的石窟庵，和佛国寺遥遥相对。两寺据文献记载都是由金大城所兴建，但风格却大异其趣。1995年为联合国教科文组织列入世界文化遗产名录。

出身穷苦的金大城靠帮佣过日子，一日他梦到一位和尚告诉他，若要摆脱现在的生活，必须将家中所有的财产布施出去。他在征求母亲的同意后真的这么做了，不久却生病去世，死去的同时有个宰相家中正好有妇人生产，小孩出生时手中握着一个金牌，上面即写着金大城。金大城长大后，为了纪念前世和今世的父母，分别在土庵山和吐含山的山头上建立佛国寺和石窟庵。

整个石窟庵和佛像都是从花岗岩石壁挖凿出来的，前室雕有八部众像，通路的左右壁雕有四大天王像，主室的周围有十大弟子像，本尊的后方则有十一面观音像。

主室安奉的本尊释迦如来座像高3.26米，面部表情祥和优雅，姿态、衣着皆带有律动感，堪称新罗文化艺术的最高代表作。

大金塔Shwedagon Paya

🏠 | 缅甸仰光(Yagon)市区北边

高99.36米的大金塔，是缅甸人的精神地标。塔上贴的金箔重达53吨，另有7000多颗宝石、钻石放置在塔顶的宝盒中，其中最惊人的是那颗重达76克拉、世界最大的钻石。

大金塔的身世历史回溯至公元前6世纪，相传当时科迦达普陀兄弟运稻米前往印度救济饥民，途中遇释迦牟尼便献上斋食，佛祖拔下8根头发回赠，并告诉他们要将此发和前三尊佛祖的宝物埋在一起。小乘佛教的信仰里，第一尊佛祖留下的宝物是拐杖，第二尊留下滤水的布，第三尊留下钵。这些都埋在现今大金塔所在的位置，缅甸国王便在此建塔供奉释迦牟尼的头发与前三位佛祖的宝物。

据说大金塔一开始只有8米高，15世纪时，女王信修浮(Shinsawbu)翻建塔身并敷上金箔。16世纪，东吁王朝的开国皇帝莽瑞体(Tabinshwehti)，以他和王后体重总重4倍的黄金量修缮此塔。1775年雍笈牙王的儿子孟驳(Hsinbyushin)将塔修成现今高度及样貌。

上了平台，须以顺时针方向绕行，北门前有块微微高起的地板，被视为圣地，若想向埋藏四尊佛祖宝物的大金塔祈愿，可跪在这块地板正中央的星星中祈求。

围绕大金塔的除了82座大大小小的佛塔，还有最受欢迎的7座生肖神。缅甸人的生肖算法和中国不同，周一至周日的生肖分别为老虎、狮子、象、老鼠、天竺鼠、龙、大鹏鸟。

康提圣城 Sacred City of Kandy

🏠 | 位于斯里兰卡南部中央的山丘上

　　康提坐落于斯里兰卡正中央一个海拔500米的山丘上，是僧伽罗王朝统治下的最后一个首都。历经葡萄牙人和荷兰人的挑衅，1815年时这个古王国不堪列强的长期侵略，终于对英国人投降，正式宣布整个国家沦陷为欧洲人手中的殖民地。

　　四周环绕起伏山丘的康提，在葡萄牙人抵达斯里兰卡的16世纪末，成为僧伽罗第三个主要王朝的首都。在这处拥有明媚风光和凉爽宜人气候的地方，康提逐渐发展成为全国的文化、政治、宗教中心。虽然欧洲列强步步逼近，让这座城市逐渐孤立，不过也让它发展出非常独特的文化。例如节奏感强烈的双面鼓和华丽的服饰配件交织而成的康提舞，便是当地不可错过的特色之一。

　　除此之外，这座城市一直都是佛教徒心中的圣地。佛牙寺每年七八月间举行的佛牙节(Esala Perahera)庆典，是佛教徒甚至所有人一生都想经历一次的特殊体验。1988年，康提为联合国教科文组织列入世界文化遗产名录。

印度文明与佛教建筑艺术 ◆ 佛教建筑

蒲甘建筑群Bagan

🏠 | 缅甸曼德勒省西部

在这块40平方千米广、背临伊洛瓦底江的平原上，自公元1世纪起便有孟族居住在此，到了公元9世纪时孟族受到南诏的攻击，缅甸族趁机据地为王，开启蒲甘长达500年的历史。

1044年，阿奴律陀(Anawrahta)取得王位，将蒲

甘王朝带进前所未有的辉煌时期。当时蒲甘王朝信奉带有浓厚密宗色彩的大乘佛教，阿奴律陀最重要的变革就是改国教为小乘佛教。阿奴律陀的儿子奇安纪萨更是使蒲甘成为传说中的"四百万佛塔之城"，国力达到最顶峰。奇安纪萨的孙子阿隆悉都(Alaungsithu)奠定蒲甘以农立国的基础，强化了王国的命脉。其后的几位国王继续大兴佛寺，耗费所有的人力、钱财建塔塑佛，导致国力慢慢衰微。蒲甘王朝最后由于那罗梯诃波帝(Narathihapate)不愿向中国元朝进贡，被蒙古大军一举入侵。缅甸第一个统一的帝国就此终结。

蒲甘平原历经1225年的大火灾、1972年的大地震，至1978年统计，留存有2230座保存完好或半倾圮的佛教建筑，而据13世纪的官方数据显示，当时有4446座建筑。但学者认为，在蒲甘平原最强盛的200年里，平原上曾布满多达12000座金碧耀眼的寺庙。那是何等壮观的场面，想想都令人动容。

阿难陀寺Ananda Temple

精巧对称的设计加上保存良好，令阿难陀寺博得蒲甘平原上最美佛殿的赞誉。相传1105年奇安纪萨国王在8位印度圣人帮助下建成阿难陀寺。寺院是典型的希腊十字(Greek Cross)建筑，同时神奇地结合了孟族的佛殿精神，如外墙窗子装饰性大于实际功用，这是因为孟族人认为佛殿内要幽暗才能显出佛的神秘与庄严感。

阿难陀寺是四方对称的设计，四个大殿分别面对四方，各有一尊高9.5米的立佛坐镇。由于年代久远，只有南、北两面的佛像是原始的。设计者在对应佛脸的走廊壁上开有圆形天窗引光，颇具巧思。仔细看，西面立佛脚下还有两个人形浮雕，左边是国师阿罕，右边就是国王奇安纪萨。

瑞西贡佛塔Shwezigon Pagoda

　　瑞西贡佛塔是蒲甘最古老的佛塔，造型简单，由三层方形平台为基座，上接一层八角形的平台连接钟形塔，稳重庄严，成为后来蒲甘平原上许多宝塔的范本。佛塔的四方还各有一座大佛龛，各供奉一尊高4米的立佛。

　　由于前来进香的人众多，所以现在塔上几乎都覆上了金箔，耀眼四射。附近还有间佛龛放有两尊很像不倒翁的神像，当地人说是一对父子神，模样逗趣。

瑞山都佛塔Shwesandaw Pagoda

1057年，阿奴律陀王为了得到小乘佛教的经典而发兵攻下打端(Thaton)王国，凯旋归国后，阿奴律陀就盖了瑞山都佛塔以为纪念。瑞山都佛塔的塔顶是个钟形，由于位于蒲甘平原上的最高点，又位于蒲甘旧城的东方，因此瑞山都佛塔是拍摄蒲甘平原寺庙高塔剪影的最佳地点，傍晚落日时分总吸引无数摄影爱好者攀登。它的阶梯非常陡，曾有游客发生跌落意外，所以登顶拍照要非常小心。塔的南边有一个卧佛殿(Shinbinthalyaung Temple)，殿内供奉一尊长21米的大佛像，是蒲甘平原上最大的卧佛。

瑞古意塔
Shwegu Gyi Phaya

1131年12月落成的瑞古意塔是阿隆悉都王的心血结晶，也是蒲甘中期建筑的代表作。它的基本造型是传统的孟族庙宇，搭建在高高的平台上。

瑞古意塔外观装饰有繁复的灰泥雕饰，且建造了大量的窗、门，采光极佳，内殿有两块石碑，上面刻有100节的梵文诗，歌颂阿隆悉都的伟大及创建此塔的宗旨。由于它的位置离古皇宫遗址不远，所以学者认为是皇室专用的佛塔，也被称为"黄金洞穴庙"。

提罗明洛寺Htilominlo Temple

"Htilominlo"一说是纳达努姆亚(Nadaungmya)王的别称，但有学者认为Htilominlo是孟族梵文中"祝福天、地、人三界"的误译。无论如何，都不减提罗明洛寺的庄严。提罗明洛寺是最后一座缅甸风格的寺庙，高46米，每边长43米。外墙上的灰泥雕饰繁复异常，有几何图形的排列堆砌、吉祥兽的立体浮雕，令人赞叹。殿内壁画仍依稀可见，入口处的天花板壁画以圆圈等几何图形为主。一楼殿内设有楼梯可通二楼，两层楼都一样在朝着四方的出入口处各有一尊坐佛。

玛哈柏蒂寺Mahabodhi Temple

小乘佛教传入缅甸后，蒲甘王朝的人也对佛陀悟道成佛的菩提迦耶多所向往。历史记载奇安纪萨国王曾派人到菩提迦耶考察，带回北印度寺庙的装饰艺术，从而影响了蒲甘平原上的寺庙景观。到了13世纪初，蒲甘王朝开始引用印度的庙宇建筑式样，玛哈柏蒂寺就是其中之一。

玛哈柏蒂寺从名称到外观都抄自菩提迦耶的摩诃菩提寺，由高耸的基座和陡峭的四方锥塔组成，且外观是一尊尊坐在小佛龛里比画着触地印的坐佛。这种佛像从佛殿中移往外观的形式，是小乘佛教和印度式宗教建筑传入的明证。

404

达玛扬吉寺Dhammayan Gyi Temple

　　据推测，达玛扬吉寺约建于1165年。一派学者认为此寺是杀害父亲的拿勒胡(Narathu)为了赎罪盖的。他要求工人必须将砖头叠得非常紧密，如果砖和砖之间能够插进一根针，就要砍断工人的手指。所以每个前来参观的人都很仔细地用手摸摸那紧密的接缝。

　　达玛扬吉寺另一个谜就是最内部回廊不知何故被人用砖块堵了起来。佛殿里理当有两道回廊，但只留下东面的佛殿及佛像，让人大惑不解。经由盗墓者挖的小通道，学者得以见到一部分东面的内部回廊，里面有灰泥雕饰，也有剥落了的壁画，显示此回廊是在完全完工后才被人封起来的，其原因着实令人不解。现在参观达玛扬吉寺的内部，只能走外围的走廊。

苏拉玛尼寺Sulamani Temple

　　1183年，苏拉玛尼寺盖成，它是蒲甘晚期建筑的代表作，二层楼的建筑，巍然庄重。苏拉玛尼寺拥有全蒲甘最美的灰泥雕饰，每一个门上都装饰有半浮雕的小塔，以及像美人尖般的门楣，大量的火焰状及三角造型也被运用在门柱上，使得这栋雄伟的建筑更加光彩。

　　苏拉玛尼寺的室内光线良好。壁画有坐佛、卧佛及在蒲甘很少见的行走佛，东南边还绘有当时人的生活，如划龙舟等，虽然学者认为可能是后人所画，但仍值得一看。

大皇宫The Grand Palace

🏠 | 泰国曼谷市中心Na Phra Lan Road

大皇宫面积有218400平方米，由拉玛一世亲手擘画，兴建于1782年。原本郑王达信以湄南河的西岸作为皇宫根据地，拉玛一世即位后将国都迁到东岸，并将原来的中国人聚集区搬移到皇宫范围之外。

现任的泰皇已不住在皇宫里，因拉玛八世曾于大皇宫的寝宫内遭到暗杀，所以为了保护皇室成员安全，泰国王室于拉玛九世时迁居到吉拉达宫(Chitralada Palace)。

内部有部分区域开放，允许民众参观。其中的玉佛寺是皇室举行宗教仪式的地方。入内需注意服装仪容，不得穿短裙、短裤、无袖上衣和拖鞋。

玉佛寺大雄宝殿
Chapel of The Emerald Buddha

玉佛寺(Wat Phra Kaew)位于大皇宫内，由拉玛一世在兴建大皇宫时一并建造，并于1784年3月27日迎请玉佛到寺中供奉。玉佛寺不仅是皇室举行宗教仪式的地方，亦为曼谷最重要的寺庙。

关于玉佛浪迹各国的传说很多。相传这尊佛像在公元243年在印度完成，为印度和斯里兰卡两国争夺不休，后出现在吴哥、老挝、甘彭碧(Kampangpetch)的寺庙。1390年，清迈国王将玉佛珍藏在清莱玉佛寺(Wat Phra Kaeo)的塔中，之后玉佛在南邦停留近40年，直到1468年，提洛卡拉王将玉佛带回清迈，珍藏在圣隆骨寺(Wat Chedi Luang)的佛龛中。而后因泰、寮战争，玉佛一度被带至老挝龙坡邦。目前本尊完好地供奉在曼谷玉佛寺大雄宝殿内，每年换季时分，国王都会亲自来为玉佛更衣。

藏经阁Phra Mondop

　　藏经阁位于碧隆天神殿旁，拥有方形尖顶，屋檐呈特殊的锯齿状，4个门口都有夜叉驻守。藏经阁前小亭陈列着代表每一世泰皇的白象及国徽。在藏经阁北边的吴哥窟模型，小巧逼真，是拉玛四世下令依照柬埔寨的吴哥窟而建的。

碧隆天神殿
Prasart Phra Debidorn

　　在大雄宝殿北边的大台基上有许多金碧辉煌的建筑，最东边的就是碧隆天神殿，呈十字形，殿顶有一个高棉塔，神殿前方的两个角落各有一座金塔，是拉玛一世为了纪念父母所建。神殿四周围绕以12角柱，柱头皆以莲花装饰。碧隆天神殿算是皇室宗庙，仅于每年4月6日开放。

节基皇殿Cakri Group

　　节基皇殿是拉玛五世于1876年访问新加坡和爪哇回来后兴建的，兼具欧式与泰式风格。最顶层存放历代国王、王后的灵骨，中间层是谒见厅，是接待各国使节和臣民的地方。参观重点则是撑着九层华盖的御座，最下层是御林军的总部，目前为兵器博物馆。

博罗马比曼宫Boromabiman Hall

　　由玉佛寺进入大皇宫，左手边就是传说中拉玛八世泰皇被刺杀身亡的地点——博罗马比曼宫。

兜率皇殿Dusit Hall

　　兜率皇殿是一栋纯正的暹罗建筑，呈十字形，屋顶有一个七层尖顶。殿内也有一个御座，是拉玛一世指派工匠利用镶嵌贝壳做的，现已被列为泰国第一级的艺术品。

阿蓬碧莫亭Aphonphimok Prasat Pavilion

节基皇殿的右边有一个精美的阿蓬碧莫亭，这座凉亭位于宫墙上方，是拉玛四世建来作为登上御座大象用的。1958年在比利时布鲁塞尔举行的万国博览会上，泰国文化艺术厅盖了一座复制品，得到各国人士赞美，于是成为泰国知名的建筑之一。

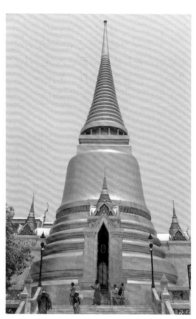

乐达纳舍利塔
Phra Sri Rattana Chedi

乐达纳舍利塔位于藏经阁旁，这座圆形金塔于拉玛四世时期建造，内部有一座供奉佛陀舍利子的小塔。

回廊壁画

围绕整个玉佛寺的回廊上共有178幅图画与韵文，讲述《罗摩衍那》(Ramayana)神话故事。回廊壁画在拉玛一世时绘成，后经两朝国王及艺术部门整修，完整保存了泰式描绘风格。

伊斯兰建筑艺术

公元622年伊斯兰圣者穆罕默德(Muhammad)率领家人和追随者从麦加(Mecca)逃往北方480千米处的麦地那(Medina)。作为社会和宗教的改革者，他以麦地那这个穆圣之城为根据地，创始面朝麦加的礼拜，开启了伊斯兰的新纪元。这一年，也正是伊斯兰历法的元年，10年之内，穆罕默德身兼政治和军事领袖，统治了阿拉伯半岛大部分区域。

公元7世纪之后，从阿拉伯半岛崛起的军队，挟着伊斯兰的信仰，以极快的速度向西扩张至地中海沿岸，包括土耳其、埃及、北非、伊比利亚半岛南部，向东延伸至波斯、中亚、印度等地区。

伊斯兰(Islam)原意为"臣服"，其教徒穆斯林(Muslim)就是一个服从的人，也就是归顺于唯一真神安拉的意志，禁绝任何偶像崇拜。伊斯兰教义很简单，也表现在日常生活中：穆斯林每日进行五次礼拜，每周五聚集礼拜，每年斋戒月(Ramadan)时则行斋戒，在此期间，穆斯林每天从日出到日落都禁食。此外，穆斯林禁酒，禁食猪肉，一生至少一次前往麦加朝圣，资助穷人，同时要遵守《古兰经》的道德规范。而这些教义规范，从穆罕默德创教至今，历经千

余年没有太大变化。

伊斯兰从沙漠的游牧民族崛起，完全没有伟大建筑的传统。加上穆罕默德一直在一个极简单的环境中生活和礼拜，使得伊斯兰艺术和建筑，都是顺着这个背景与思维发展出来的。

伊斯兰建筑类型主要包括清真寺(Mosque)、伊斯兰经学院(Madressa)、陵墓(Mausoleum)，以及伊斯兰世界里较少被保存下来的宫殿。

伊斯兰最具象征性的建筑物就是清真寺，它是供教徒聚集祈祷的场所。由于伊斯兰不崇拜偶像，所以任何一座建筑都可以作为清真寺。清真寺的阿拉伯文"masjid"，就是指一个可以跪下祈祷的地方。

现存最古老的伊斯兰建筑是位于耶路撒冷的岩石圆顶清真寺(Dome of the Rock)，它建于公元685年左右，金黄色小圆顶高耸于耶路撒冷的西侧城墙。据说公元639年穆罕默德在此地升天。公元706—715年，当时的伊斯兰首都大马士革所建的大清真寺(Great Mosque)，是最早注意到艺术形式的清真寺，对后来的伊斯兰建筑有很大的影响，至今仍然保留许多清真寺发展的典型特征，尤其改建自基督教教堂尖塔的宣礼塔(Minaret)，也是伊斯兰史上的第一座宣礼塔。

经过几个世纪的演变，清真寺建筑发展出几个共同元素，包括庭院、宣礼塔、喷水池或净身池、拱廊，以及麦加朝向墙(Qibla)与壁龛(Mihrab)。

高耸的宣礼塔是清真寺外观最明显的标志，顾名思义，宣礼塔具有向教徒宣告祈祷时间的作用，所以又称为叫拜塔。每日逢黎明、正午、下午、日落、晚间等5段时刻，宣礼人(Muezzin)便爬上宣礼塔召唤信徒祈祷。

任何清真寺的中庭通常有一座喷水池或净身池，供前来祈祷的穆斯林饮用或净身。之所以有这样的设计，或许是因为伊斯兰从沙漠中发展出来，"水"对穆斯林具有高度的意义，仿佛沙漠中的绿洲。

伊斯兰的教义中明示，在安拉面前人人平等，每一个穆斯林都可以经由祷告直接和安拉接触。将这样的思维表现在建筑上，就是其内部空间一览无遗。因为所有参拜者都有均等的权利来祈祷，所以清真寺里并没有所谓专供神职人员献祭的圣殿(Sanctuary)。因此在高挑的圆顶之下，开阔大厅里最重要的地方，就是伊玛目讲道的讲坛(Minbar)，以及麦加朝向的圣龛，让穆斯林知道要朝正确的方向祈祷。

从这里可以看出，伊斯兰圣城麦加在伊斯兰建筑

中，扮演了关键性的角色。它不仅决定了建筑物轴向，而且高耸的穹窿门厅和雕琢华丽的圣龛都特别强调朝向麦加方向的重要性。

伊斯兰从阿拉伯半岛生根之后，历经伍麦叶(Umayyads)、阿拔斯(Abbas)两个王朝，随着时代推移，以及伊斯兰征服不同地域，逐渐产生了不同风格的建筑艺术。

在伊比利亚半岛南部，先是科尔多瓦(Cordoba)的大清真寺，发展出一种双层圆拱的系统，以及繁复的三个圆顶穹窿。后则有格拉纳达的"西班牙-摩尔"风格(Hispano-Moresque)，代表性建筑是阿尔汗布拉宫。建筑物中的经典狮子亭，在原本属于希腊风格的廊柱上注入伊斯兰的思维和文化，此外有抽象图案的灰泥装饰和赞颂安拉的铭文，都充满着伊斯兰的神秘宇宙观。

12世纪之后，受到蒙古大军横扫欧亚大陆的影响，从波斯，经由中亚，到中国西域地区这片广大的草原及沙漠地带，如今都成了安拉的领土。这其中以帖木儿(Timur)在撒马尔罕(Samarkand)所建立的帖木儿王朝，以及以波斯为根据地的萨法维(Safavid)王朝最为显赫。由彩釉陶覆盖肋架撑起的特殊瓜形圆顶，以及巨大敞开的穹窿门厅，是波斯与中亚建筑艺术的最大特色。

在土耳其，奥斯曼帝国的崛起，使建筑融合了原本的拜占庭、塞尔柱土耳其的元素，土耳其最伟大的建筑师锡南又将其发挥到极致。由浅式的圆顶覆盖，组成一个庞大的室内空间；各种造型的玻璃窗和红白砖拱的搭配，协调而不夸饰；从外观看，像四支削尖的铅笔似的宣礼塔矗立在侧。

16世纪伊斯兰教传入印度之后，莫卧儿帝国把伊斯兰艺术推向巅峰，最具象征性的建筑就是泰姬陵。莫卧儿建筑形式源自波斯，融合了印度传统，成为数百年来印度建筑风格的代表。莫卧儿建筑偏好红砂岩或大理石结构，大量采用细格子花纹或几何图形的雕刻，墙壁上的绘饰，不是花叶植物图案，就是伊斯兰经文。而且建筑物前面都有一座对称设计的花园，中央都辟有水道和喷泉。莫卧儿建筑上的拼花雕嵌技术，目前已经成为北印度最著名的工艺。

随着伊斯兰大军征战各地，伊斯兰建筑融合不同地方色彩，再次开出伊斯兰模式的花朵。而这个从宗教发展出来的建筑艺术，在沙漠炽阳照射下，更显出广大虔诚穆斯林对安拉无上的臣服。

科尔多瓦大清真寺 Mezquita-Catedral in Córdoba

西班牙科尔多瓦(Córdoba) C/ Cardenal Herrero n. 1

这座清真寺正是伊斯兰文化在西班牙安达鲁西亚所遗留下来的最佳文化遗迹，具双重功能：一是现今西方世界中的最大清真寺，占地24000平方米；一是表现出伊斯兰艺术最佳典范的重要宫殿。

这座清真寺的历史可追溯到伊斯兰威麦亚王朝的阿布杜勒·拉曼一世(Abd al Rahman I)。公元785—789年，他下令兴建一座超越巴格达的伊斯兰清真寺，随后历经数次的扩建而成为一座可容纳25000人的大型清真寺。

由于工程耗费多时，其间综合了多种建筑风格，到了10世纪时哈卡姆二世(Hakam II)更添加了豪华的装饰，包括壁龛和伊斯兰式的中庭建筑。然而到了天主教徒收复科尔多瓦后，在清真寺损毁部分的原址建造了礼拜堂，并且在16世纪时更大肆兴建一座天主教堂。文艺复兴风格的主祭坛和唱诗班席大刺刺地坐落于清真寺的正中央，成为一座既有清真寺又有教堂的奇特建筑。也正因为如此，才得以见到科尔多瓦当时在伊斯兰教和天主教文化交互影响下，所遗留下来的精彩遗迹。

寺中有超过850根的花岗岩、碧玉和大理石的圆拱石柱，这些石柱多半取自西哥特人和罗马人的建筑。众多的梁柱在昏暗的清真寺内时常造成一种令人视觉上眩晕的感觉，不过也因为处在一丝丝的折射光线下，烘托出一种神秘的氛围。

赎罪门和唤拜塔
Puerta del Perdon y Minaret

赎罪门是座穆德哈尔式的大门，是天主教政权统治下于1377年兴建的。据说凡通过此门的信徒，所有的罪孽都将被赦免。

至于今日被当成钟楼使用的唤拜塔，由带领科尔多瓦迈向盛世的阿布杜勒·拉曼三世所建。1593年遭大风暴破坏，后来天主教廷委任赫南·鲁伊斯二世(Hernán Ruiz II)将它改建成钟楼。钟楼上方耸立着圣拉斐尔(San Rafael)的雕像，出自艺术家戈麦斯·德尔·里奥(Gómez del Río)之手。

维列委西奥萨礼拜堂
Capilla de Villaviciosa

这里是1371年第一座于清真寺内兴建的礼拜堂，也是清真寺脱胎换骨的第一次改装。礼拜堂内有造型特殊的多重叶瓣拱形门柱。

拱门与梁柱Arches and Pillars

清真寺中超过850根的立柱形成一股神秘的气氛。红白两色砖石打造出的马蹄状拱顶，压在一根根细致的柱脚上，数十列一字排开，形成一座柱林，既如格状般整齐，又如迷宫般迷离。

主教堂Cathedral

卡洛斯五世自1523年开始在寺内兴建主教堂。在不破坏哈卡姆二世扩建部分的前提下，工程从阿布杜勒·拉曼三世和曼苏尔(al-Mansur)增添的部分下手，历经两个世纪完工，形成这座拥有拉丁十字结构的建筑。哥特式拱顶和文艺复兴式圆顶的下方是17世纪建的大理石祭坛，两旁为大理石和桃花心木打造的讲坛，邱里格拉风格的唱诗班席刻满了图案。整座教堂结合16—17世纪的法兰德斯、文艺复兴和早期巴洛克的建筑风格。

壁龛Mihrab

位于清真寺南边的壁龛是摩尔宗教艺术的精华。这座以一整块大理石打造成贝壳状顶棚的壁龛和两旁的侧厅，全以金碧辉煌且巧夺天工的拜占庭镶嵌艺术装饰，令人叹为观止。地面上一片带有磨痕的石板，显示它是昔日教徒行一日七跪的祷告处。

橘园中庭Patio de los Naranjos

因庭园里植满橘子树而闻名，同样经过多次整建，这里是伊斯兰教统治时期用来举办公众活动的场所，包括政策宣扬与教导。中庭有一个阿蒙斯尔水池，昔日供信徒祷告前净身使用。

阿尔汗布拉宫 La Alhambra

🏠 | 西班牙格拉纳达(Granada) Real de La Alhambra, s/n

任谁都无法否认，这是一座美得令人神魂颠倒的宫殿。精致的摩尔艺术在此展现得淋漓尽致。"阿尔汗布拉宫"的名称来自阿拉伯语，意思是"红色的城堡"，因为宫殿的大型红色城墙和高塔，在莎碧卡山丘(La Sabica)的衬托下显得特别醒目。

阿尔汗布拉宫原为一座摩尔式碉堡，可能始建于13世纪，穆罕默德曾加以修复，在他的儿子继位后也陆续

加盖。约14世纪时，在两位摩尔国王尤素福一世(Yusuf I)和穆罕默德五世(Muhammed V)的努力下，才开始兴建王宫，范围包括正义门、浴室(baños)、格玛雷斯塔(Torre de Comares)和其他塔楼。穆罕默德五世执政时，他除了将王宫兴建完毕，还修筑了美丽的狮子宫殿。

1474年，费南度与伊莎贝尔联姻，天主教势力大增，1492年天主教统一西班牙的夙愿终于实现。阿尔汗布拉宫于是落入天主教徒手中，他们陆续增建教堂、圣方济各修道院和要塞。之后，曾在这座宫殿中度过几个月的卡洛斯五世，更以自己的名义增建新建筑，因而有了卡洛斯五世宫殿。

18—19世纪初，阿尔汗布拉宫逐渐荒废，这里竟成为罪犯和小偷的聚集场所。拿破仑的军队也曾在此扎营，撤退时又炸毁了碉堡，仅留下七层塔(Torre de los Siete Suelos)和水塔(Torre de Agua)两座塔楼。直到1870年，这里才被西班牙政府列为纪念性建筑。尔后，在众人的努力修复下，阿尔汗布拉宫才有今日的美丽面貌，让世人得以重见这座精心雕琢的摩尔宫殿。

王宫 ◆
格玛雷斯宫Comares

  格玛雷斯宫又被称为纳萨里耶斯宫(Palacios Nazaríes)，原是摩尔国王的起居室，更是阿尔汗布拉宫中最具艺术价值的建筑。格玛雷斯宫是王宫中最重要的地方，极简的线条和左右平衡的设计，让它拥有最美丽的景观。它由使节厅(Salón de los Embajadores)、加冕厅、爱神木中庭(Patio de Arrayanes)组成。

  爱神木中庭是从前国王召见大臣共商国是的地方，同时也是访客晋见苏丹王的等候处。中庭内有一长方形的水池，两旁植满爱神木，格玛雷斯塔在水中的倒影清晰可见，"对称"的设计理念无处不在。

  使节厅建于1334年到1354年，象征纳斯里德王朝的伟大权力，被视为在欧洲建造的最后一座伊斯兰厅堂。每样建筑元素都很细致，在入口处的拱门上贴有金箔雕饰，厅堂内布满复杂灰泥壁饰与阿拉伯文。而令人赞叹的顶棚，则代表着伊斯兰教宇宙观的七重天。

王宫 ◆
梅斯亚尔宫Mexuar

  这是王宫保存至今最古老的部分，被认为是摩尔皇家的审判场所，后来被天主教君王增建了礼拜堂。祷告室位于王宫的尽头，面对着阿尔拜辛区。在北边的墙上有4个拱形窗，上面雕刻有精细的灰泥壁饰和阿拉伯经文。梅斯亚尔中庭(Patio del Mexuar)内的墙壁原布满阿拉伯经文，但后来又被天主教徒改成天主教的祈祷文。

417

王宫 ◆
狮子中庭 Patio de los Leones

狮子宫是国王的后宫，但根据历史记载，苏丹曾在此举办过政治和外交活动。根据1362年穆罕默德五世执政时的记录，并没有狮子宫的相关文件，因此这里和周遭的建筑应是后来才建的。

由124根柱子围成的狮子中庭，其中央有一个由12只大理石狮子托起的喷泉。廊柱间的拱形帘幕，雕饰着精细的装饰花纹，上方还有一排斯里德王朝"唯一的征服者是安拉"的格言。围绕着狮子中庭的有双姊妹厅(Sala de las Dos Hermanas)、国王厅(Sala de Rey)和阿本瑟拉黑斯厅(Sala de los Abencerrajes)。双姊妹厅是狮子中庭中最古老的殿堂，其顶棚有5416块密如蜂窝的设计，光线由顶棚旁的小窗户渗透。

国王厅被划分为5块区域，其中有3间为厅堂，其光线来自中庭和里面的小窗，中央的厅堂顶棚上方绘有大型的彩色画作。至于阿本瑟拉黑斯厅，传说上演过一场血腥的鸿门宴，大权在握的阿本瑟拉黑斯家族中的所有男性一夜之间在此全遭行刑被处死。

城堡 Alcazaba

城堡建于公元9世纪，是最早的王宫遗迹，如今仅存城墙与一些残石。最高点有守望塔(Torre de la Vela)，从此处可观赏内华达山脉和格拉纳达市区的景色。

卡洛斯五世宫殿 palacio de Carlos V

这座文艺复兴宫殿是阿尔汗布拉宫内唯一在天主教徒的统治时期所建立的宫殿，由托雷多的画家佩德罗·马丘卡(Pedro Machuca)于1527年所建造，不过迄今仍未完工。中庭被32根圆柱所包围，分上下两层，下层有阿尔汗布拉宫博物馆(Museo de la Alhambra)，上层则有一美术馆(Museo de Bellas)。

轩尼洛里菲花园 Generalife

轩尼洛里菲宫位于王宫的东侧，主要由数个精致的花园和一个宫殿组成，它供国王暂时抛开政事享受片刻宁静，因此有"高处天堂的花园"之称。

整个花园仍维持伊斯兰风格的设计，有宫殿、中庭、花园步道、水池、高大的柏树林。宫殿中的主要中庭长池庭(Patio de la Acequia)是典型的西班牙混伊斯兰风格的花园，被东西两个宫殿所包围。隔壁的苏塔娜中庭(Patio de la Sultana)又名"柏树中庭"，里面有一株年约700岁的巨柏。传说某位苏丹抓到他的爱人苏塔娜在此和阿本瑟拉黑斯家族的一员幽会，因而导致这个家族的男子全部被杀的惨剧。

岩石圆顶清真寺Dome of the Rock

🏠 | 以色列耶路撒冷老城中心

耶路撒冷是犹太教、基督教、伊斯兰教这三大宗教共同的圣城，巍巍城墙，层层堆叠出三千年的复杂历史恩仇。千百年来，虔诚信徒八方而来，穿过城门，沿着朝圣之路接踵在曲折狭窄的古老巷弄，迈向属于各自宗教的圣地，行他们一生中最神圣的一次朝拜。

经过重重严格的安检，来到老城中心的神殿山(Temple Mount)。鎏金圆顶、外墙缀满蓝色马赛克和《古兰经》经文的岩石圆顶清真寺(Dome of the Rock)傲踞在神殿山正中央，是耶路撒冷老城最闪亮的精神地标。清真寺内成列的柏树、开阔的广场、巨石铺设的地面，与周边阴暗狭窄的巷弄大异其趣。

神殿山原本是犹太人的圣地，也就是传说中亚伯拉罕(Abaham)将儿子以撒(Isaac Genesis)献祭给上帝之处，因此，所罗门王(King Solomon)早在三千年前就在此起造了犹太人的第一座圣殿。然而自从公元七世纪犹太人被穆斯林征服，并宣称先知穆罕默德在此升天之后，神殿山便与麦加(Mecca)、麦地那(Medina)齐名，名列伊斯兰世界三大圣地。如今，这里由约旦管辖，犹太人被禁绝在外。空中传来的声音，是叫拜塔的高亢诵经声。能入内朝拜的，尽是覆头巾、罩面纱的穆斯林。

爱资哈尔清真寺 Al-Azhar Mosque

🏠 | 埃及开罗市克汗卡利利市场东南方，邻近侯赛因广场

伊斯兰与埃及亲密结合发生在公元7世纪，当时的阿拉伯世界在《古兰经》意旨的感召下，已凝集成一股强大势力。因而当拜占庭帝国与埃及基督徒发生猛烈的宗教纷争时，巴格达的伊斯兰势力趁乱进入埃及夺取了政权。这批伊斯兰入侵者与埃及人民维持了一段相敬如宾的日子，当时进驻埃及的为传统的逊尼派(Sunni)。至10世纪末，转由激进的什叶派(Shia)掌握政权。在这两派刚柔并济的推动下，阿拉伯语与伊斯兰教终于成为埃及的官方语言与宗教。

伊斯兰最具象征性的建筑物就是清真寺，它是供教徒聚集祈祷的场所，每日逢黎明、正午、下午、日落、晚间等5段时刻，寺中的领拜人伊玛目即登上宣礼塔大声吟哦召唤教徒入寺祈祷。

埃及清真寺的建筑结构大体分为两大类：一类为四面拱廊(Riwaq)环抱着建有水池的中庭(Sahn)，圣堂及圣龛参照圣地麦加的方位设置在主拱廊的后方；另一类建筑结构为四座拱形大厅(Liwan)成十字形环抱中庭，其中的一座大厅为圣堂所在。12世纪时，萨拉丁(Salah Al-Din)引进波斯的马德拉沙(Madrasa)推展伊斯兰教育，自此，许多清真寺增建了这项新建筑。

紧邻开罗市克汗卡利利市场(Khan Al-Khalili)的爱资哈尔清真寺，被行色匆匆的观光客和虔诚的伊斯兰教徒一致崇拜仰视。事实上，爱资哈尔清真寺从落成的那一日开始，就树立了无与伦比的地位及权威。它不仅是埃及最古老的清真寺，在伊斯兰教义的传承研究方面，也具有非常崇高的地位。

爱资哈尔清真寺诞生在一个充满危机却又希望无穷的年代。当时的埃及已臣服在伊斯兰势力之下，这个新

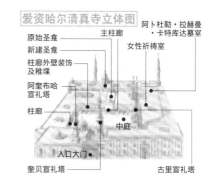

爱资哈尔清真寺立体图

阿卜杜勒·拉赫曼
·卡特库达墓室

主柱廊

原始圣龛
新建圣龛
柱廊外壁装饰
及稚堞
阿奎布哈
宣礼塔
柱廊

女性祈祷室

中庭

入口大门

奎贝宣礼塔

古里宣礼塔

兴的伊斯兰帝国面临的是逊尼派及什叶派间的斗争，暗潮汹涌。公元969年，什叶派法蒂玛家族(Fatima)旗下的军事将领乔哈尔(Gawhar Al-Siqilli)，趁伊赫什德(Ikhshid)王朝陷入群龙无首之际，一举夺得政权，结束两派之争。他迅速打造新城开罗(Al-Qahira)作为首府，并耗费3年建立宣扬伊斯兰文化的爱资哈尔清真寺，并将一流的学府、秘密的达瓦(Dawa)组织也都设在这座清真寺内。

占地将近600平方米的爱资哈尔清真寺，为典型的廊柱式结构，四面方正的拱门柱廊环抱着中庭，圣堂位于列有5排立柱的主柱廊内，形式和伊本·图伦清真寺

相仿。今日所见的规模是历经多次扩建整修的结果，5座宣礼塔分属于4个时期兴造，就是最鲜明的证据。

直到今天，爱资哈尔清真寺依然维持着学术中心的崇高地位。目前大约有9万名来自各国的学生在此攻读神学、法律、语法学、修辞学等9门专业，附属的图书馆约有60000册藏书以及15000卷手稿。

除却学术地位，爱资哈尔清真寺还蕴藏着政治层面的象征性。1989年，埃及总统穆巴拉克(Mubarak)携沙特阿拉伯国王法赫德(Fahd)至爱资哈尔清真寺祈祷一举，即表明埃及同意重返阿拉伯组织的态度。显然这座清真寺不仅拥有复杂的建筑群，还具备了深不可测的影响力。

伊本·图伦清真寺 Mosque of Ibn Tulun

🏠 | 埃及开罗市Sharia al-Saliba

伊本·图伦清真寺落成于公元879年,历史已超过一千多年,在现代华丽清真寺的环伺下,自有一股成熟的韵味,令人倾倒。

公元868年,阿马德·伊本·图伦(Ahmad Ibn Tulun)奉阿拔斯家族之命,自巴格达(Baghdad)前来接管埃及,当时他是土耳其驻埃及和叙利亚总督,年仅33岁。5年后他掌握大权,组织军队自立为王,并打造了一座新都城阿斯卡(Al-Askar)。气象万千的新都城容纳了住宅区、花园、市集、竞技场等,伊本·图伦清真寺就坐落在其中心位置。

这座清真寺是现有展现阿拔斯时期辉煌历史的唯一建筑,不同于后期清真寺大量运用石材的风气。该清真寺以伊本·图伦的故乡,也就是今日伊拉克的撒马拉清真寺(Mosque of Samarra)为蓝本,采用红砖涂抹灰泥

的素净手法,建造了这座占地广达2.5公顷的圣殿,显露出不凡的气派。这里的中庭足以容纳当时所有居民于周五礼拜,四面环抱的柱廊密刻着《古兰经》经文,朝东的一面罗列着5排拱形柱廊,讲坛及圣龛安置其中。

拱廊
拱廊的拱门造型并非浑圆,呈现罕见的尖形。

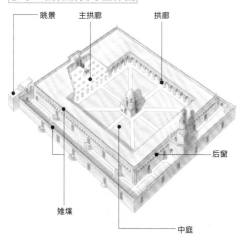

伊本·图伦清真寺立体图

眺景　主拱廊　拱廊

后窗

雉堞

中庭

眺景

紧邻的盖尔·安德生博物馆顶楼，是眺望伊本·图伦清真寺的最佳地点。

雉堞

　　严格地说，伊本·图伦清真寺并没有正门，其北、南、西三面建有高墙，维持清真寺遗世独立的安宁。三面墙面辟有19道小门供出入，墙头顶端饰有人形雉堞，造型特殊。

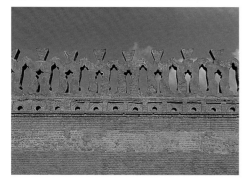

主拱廊

东面罗列着5排拱廊，形成主拱廊，气势万千。

中庭

　　中庭面积相当辽阔，位于中央的喷泉小亭是13世纪重建的建筑物。由中庭可望见呈螺旋外形的砖造宣礼塔，造型独一无二。

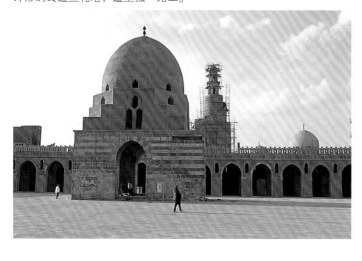

后窗

　　后墙共辟有128扇窗，每扇窗内的花式造型都不同。

穆罕默德·阿里清真寺
Mosque of Mohammed Ali

埃及开罗市大城堡内

穆罕默德·阿里清真寺是大城堡中最醒目的建筑物。穆罕默德·阿里于1805—1848年统治埃及，他耗费了18年在城堡中建筑这座清真寺，并赋予它现代化埃及的象征意义，犹如金字塔之于古埃及一般。

穆罕默德·阿里在埃及近代史上享有崇高的声誉，他行事虽专制，但对提升埃及现代化不遗余力，并带领埃及蜕变为可与奥斯曼帝国抗衡的强国。而今日最能彰显其荣耀的，就是宏伟的穆罕默德·阿里清真寺。

清真寺竣工于1857年，建筑师沿袭奥斯曼形式打造，极具土耳其风韵。由于大量运用雪花石膏装饰门面，因而有"雪花石膏清真寺"的昵称。虽然清真寺的大胆造型惹来不少批评，但始终无损其无可取代的地位与价值。

中庭

清真寺包含两部分，一是室内的祈祷室，一是室外的庭院。美轮美奂的中庭面积约3000平方米，比祈祷室的面积大，四面柱廊环绕，柱廊顶端覆盖着47座小型的圆顶，相当别致。

中庭中央的水池位于玲珑的小亭内，供信徒进入祈祷室时净身使用。隔着水池与祈祷室对望的是一座钟塔，塔内那座镶满彩绘玻璃、黄铜的精致大钟，是法皇路易·菲利普(Louis Philippe)于1846年回赠埃及的礼物，以感谢埃及将卢克索神庙前的方尖碑致赠法国。而那座漂流在外的方尖碑，自1836年起即矗立于巴黎协和广场上。

祈祷室

宽敞、高耸且华丽的祈祷室是清真寺极为惊人的部分，4根巨大的石柱撑起圆顶，最高的中央圆顶高达52米，平面直径为21米，另外，还有4个相同大小的圆顶环绕着。中央圆顶的四个角落装饰有阿拉伯字圆盘，上面以书法字体写有先知穆罕默德等人的名号。

大拱顶下方除了宽敞的祈祷空间，还有两座讲道坛，绿色的大理石讲道坛较小，位于圣堂中央的则是全埃及最大的讲道坛。穆罕默德·阿里即长眠在祈祷室东北角的大理石坟墓中。

挑高的建筑结构及对开的出入口，让这处位于燠热的开罗市区里的清真寺显得相当舒适，136扇窗户令通风与采光均佳，圆顶上的彩色天窗亦可以让自然光透射进来。

圆顶与宣礼塔

清真寺有两座尖塔、一座巨大圆顶，这种造型带有浓厚的土耳其风格。因为建筑师是来自土耳其的尤瑟夫·波斯塔克(Yousof Boshtaq)，所以这座清真寺基本上是阿曼大清真寺与土耳其圣索菲亚大教堂的混合体。

除了巨大至极的圆顶，还有两座全埃及最高的尖塔，达82米。至于尖瘦造型的宣礼塔为奥斯曼时期的代表作品。

伊斯兰建筑艺术 ◆ 清真寺与伊斯兰宫殿建筑

425

图书在版编目（CIP）数据

世界伟大建筑奇迹 / 朱月华·墨刻编辑部编. —北京：世界图书出版有限公司
北京分公司，2021.6（2023.10 重印）
ISBN 978-7-5192-7852-6

Ⅰ.①世… Ⅱ.①朱… Ⅲ.①建筑艺术—介绍—世界 Ⅳ.①TU-861

中国版本图书馆CIP数据核字（2020）第163356号

本书经四川文智立心传媒有限公司代理，由墨刻出版股份有限公司正式授权，
同意世界图书出版有限公司北京分公司独家发行中文简体字版本。非经书面同意，
不得以任何形式任意复制、转载。本书仅限于中国大陆地区发行。

书　　名	世界伟大建筑奇迹
	SHIJIE WEIDA JIANZHU QIJI
编　　者	朱月华·墨刻编辑部
责任编辑	赵　茜
封面设计	蔡　彬　佟文弘
出版发行	世界图书出版有限公司北京分公司
地　　址	北京市东城区朝内大街137号
邮　　编	100010
电　　话	010-64038355（发行）　64033507（总编室）
网　　址	http://www.wpcbj.com.cn
邮　　箱	wpcbjst@vip.163.com
销　　售	新华书店
印　　刷	北京中科印刷有限公司
开　　本	889mm×1194mm　1/16
印　　张	27
字　　数	1064千字
版　　次	2021年6月第1版
印　　次	2023年10月第3次印刷
版权登记	01-2020-2995
国际书号	ISBN 978-7-5192-7852-6
定　　价	188.00元